高等学校计算机基础教育课程"十二五"规划教材·卓越系列

网络管理与维护

（第二版）

李振银　吴　健　编著

中国铁道出版社有限公司
CHINA RAILWAY PUBLISHING HOUSE CO., LTD.

内 容 简 介

本书系统地介绍了计算机网络管理的基础知识、基本理论和基本原理,包括对网络管理的内容、原理和方法,常用的计算机网络操作系统(Windows Server 2003),计算机网络常用的网络设备(交换机和路由器)及其配置,常用的网络工具,网络故障诊断与维护等知识。

本书语言通俗易懂,注重理论联系实际,并配有大量的图解和实例,从实用性、易懂性出发,重点突出、内容丰富、深入浅出。

本书适合作为应用型大学本科、高职高专和成人高校计算机专业的教材,也可作为在职人员的培训教材、网络管理人员和计算机网络爱好者的自学教材。

图书在版编目(CIP)数据

网络管理与维护 / 李振银,吴健编著. —2 版. —
北京:中国铁道出版社,2012.2(2019.12重印)
高等学校计算机基础教育课程"十二五"规划教材. 卓越系列
ISBN 978-7-113-14064-9

Ⅰ. ①网… Ⅱ. ①李… ②吴… Ⅲ. ①计算机网络—管理—
高等学校—教材②计算机网络—维修—高等学校—教材 Ⅳ.
①TP393.07

中国版本图书馆 CIP 数据核字(2012)第 009043 号

书　　　名:网络管理与维护(第二版)
作　　　者:李振银　吴　健　编著

策　　划:吴宏伟　　　　　　　　　读者热线:(010)63550836
责任编辑:周海燕　彭立辉
封面设计:刘　颖
封面制作:刘　颖
责任印制:郭向伟

出版发行:中国铁道出版社有限公司(100054,北京市西城区右安门西街 8 号)
网　　址:http://www.tdpress.com/51eds/
印　　刷:北京捷迅佳彩印刷有限公司
版　　次:2004 年 5 月第 1 版　2012 年 2 月第 2 版　2019 年 12 月第 11 次印刷
开　　本:787mm×1092mm　1/16　　印张:14.75　字数:351 千
印　　数:31 001~31 500 册
书　　号:ISBN 978-7-113-14064-9
定　　价:29.20 元

第二版前言

随着计算机网络的飞速发展和普及，计算机网络已经在社会活动、工作及人们日常生活等各个领域发挥着越来越重要的作用，已经改变了人们的工作方式和生活方式。在当今飞速发展的信息化社会里，网络管理的质量直接影响着计算机网络的稳定性和可靠性，是计算机网络高效运行的一个基本保障，是良好运行状态的基本要求。

在计算机网络的质量体系中，网络管理是一个关键环节，网络管理的质量会直接影响到网络的运行质量。一般来讲，只要有计算机网络系统，就会有对网络管理的需求，有了网管为网络把脉，就可查看全网的网络连接，检查各种设备可能出现的问题，检测网络性能瓶颈出在何处，并进行自动处理或远程修复，促进网络的高效运转。

本书在第一版的基础上进行了修订，第 2 章网络管理的功能、模型和网络管理的标准及相关组织等内容基本保持不变,只做了少量修订；由于目前普遍使用的网络操作系统是 Windows 2003 Server，因此，改写了第一版中的 Windows 2000 Server 网络操作系统的内容，更新为 Windows 2003 Server 网络操作系统；由于集线器已基本被淘汰，删除了有关集线器的内容，并在第一版的基础上重新编写了第 5 章"交换机的管理"。本书具有如下特点：

（1）内容比较全面和完整，结构安排合理，由浅入深，循序渐进，突出了高校学生的需求，体现了计算机网络管理的实用性，反映了教学改革和课程建设的新成果，能有效提高学生动手能力、基本素质和应用能力。

（2）以培养高技能人才为出发点，以强化技术应用能力为主线，着眼于培养学生操作能力和综合应用能力，同时兼顾了学生的可持续发展需要。

（3）兼顾了教材的实用性及不同层次的各类培训班的教学需要。

本书内容共分为 7 章：

第 1 章介绍了计算机网络管理的基本概念、基本要素、目标和网络管理员的任务等内容。

第 2 章介绍了网络管理的功能、模型和网络管理的标准及其相关的组织。

第 3 章介绍了网络管理协议，并着重介绍了目前使用较为普遍的简单网络管理协议。

第 4 章介绍了 Windows 2003 Server 网络操作系统的安装和配置。

第 5 章介绍了网络交换机的基本组成、管理及其配置。

第 6 章介绍了路由器的基本组成、管理及其配置。

第 7 章介绍了网络故障的诊断与网络维护的有关知识。

本书结合实例进行讲解，每章都附有小结和习题，书后给出了各章部分习题的参考答案。带 "*" 号的内容为提高部分，可作为选学内容。

本书由李振银、吴健编著，其中第 1 章、第 2 章、第 3 章、第 6 章、第 7 章由李振银编写，第 4 章和第 5 章由吴健编写。全书由李振银统稿。

由于时间仓促，编者水平有限，书中难免有错误和不妥之处，恳请读者批评指正。

李振银

2011 年 11 月

第一版前言

FOREWORD

随着计算机网络的发展和普及，计算机网络在教育、金融、商业、交通、通信、制造业、服务业等社会生活的各个领域发挥着越来越重要的作用。计算机网络的重要性在于能够提供大量信息快速而有效地访问。在当今高度发展的信息化社会，计算机网络的稳定性和可靠性是计算机网络高效运行的一个基本保障，是良好运行状态的基本要求。要达到这一要求就必须了解网络管理。

在计算机网络的质量体系中，网络管理是一个关键环节，网络管理的质量也会直接影响到网络的运行质量。一般来讲，只要计算机系统有一定规模并联网的企业，就会有对网管的需求，尤其是办公地点分散的企业，有了网管为网络把脉，就可查看全网的网络连接关系，检查各种设备可能出现的问题，检测网络性能瓶颈出在何处，并进行自动处理或远程修复，促进网络的高效运转。

网络管理的研究、开发、建设和使用与自然界的其他事物一样，都有其内在的规律。认识、掌握和使用这些规律，将促使网络管理从经验型技术向工程型技术转化，对提高网络管理的质量是很重要的。

随着我国信息化建设的迅速发展，对计算机网络管理的人才需求也迅速增长。由于计算机网络技术的迅速发展和网络规模的不断扩大，对网络的维护和管理工作也越来越复杂，因此从事网络管理的人员必须具备一定的专业素质、实践经验和较强的敬业精神。

笔者长期从事计算机网络及相关课程的教学工作，同时负责计算机校园网的设计、建设和维护管理工作，积累了丰富的教学经验和实践经验。本书的内容比较全面和完整，结构安排合理。全书共分为 8 章：

第 1 章介绍了计算机网络管理的基本概念、基本要素、目标和网络管理工作者的任务等内容。

第 2 章介绍了网络管理的功能、模型和网络管理的标准及其相关的组织。

第 3 章介绍了网络管理协议，并着重介绍了目前使用较为普遍的简单网络管理协议。

第 4 章介绍了 Windows 2000 Server 网络操作系统的安装和配置。

第 5 章对目前最强大的网络操作系统 Windows Server 2003 进行了简介。

第 6 章介绍了集线器与交换机的管理、配置和连接。

第 7 章介绍了路由器的基本组成、管理及其配置。

第 8 章介绍了网络故障的诊断与网络维护的有关知识。

本书结合实例进行讲解，每章都附有小结和习题，书后给出了各章习题参考答案。

本书第 1 章、第 2 章、第 3 章、第 6 章、第 7 章和第 8 章由李振银编写，第 4 章和第 5 章由吴健和李振银共同编写。本书在编写过程中，得到了玛尔孜亚、李莉和刘海蔚等同志的热情帮助和支持，在此表示衷心的感谢。

由于时间仓促和编者水平有限，书中难免有不妥和错误之处，恳请读者批评指正。

编　者

2004 年 3 月

目录

第1章 计算机网络管理概述

网络管理是网络发展中一项很重要的技术，对其发展有着很大的影响，并已成为现代信息网络中最重要的问题之一。网络管理的重要性已经在各个方面得到了体现，并为越来越多的人所认识，随着网络规模的扩大和复杂性的增加，网络管理已经成为整个网络系统不可缺少的重要部分，是网络可靠、安全、高效运行的保障和必要手段。

网络管理集中了通信技术和计算机网络技术两个方面，是通信技术和计算机技术结合最为紧密的部分。它不仅包括了信息的传输、存储和处理技术，而且还包括了各种信息服务、仿真模拟、决策支持、专家系统、神经网络以及容错技术，它们运用于网络管理之中，形成了比较完整的技术学科。

1.1 网络管理的基本概念

网络管理是指监督、控制网络资源的使用和网络的各种活动，使网络性能达到最优的过程，即对计算机网络的配置、运行状态和计费等所从事的全部操作和维护性活动。它提供了对计算机网络进行规划、设计、操作运行、监测、控制、协调、分析、测试、评估和扩展等各种网络资源的手段，维护整个网络系统能正常、高效地运行，使网络资源得到更加有效的利用，当网络出现故障时能及时报告和处理。简单地说，网络管理实际上就是通过合适的方法和手段使网络综合性能达到最优。网络管理是一个不断发展的过程，它从早期的人工管理、分散式管理，到现在的集中管理和分布式管理，管理方法更加科学，管理手段更加合理，管理技术更加先进。

通常，我们讨论的网络管理主要指计算机网络管理，实际上，网络管理并不是一个新的概念。从广义上讲，任何一个系统都需要管理，只是根据系统的大小、复杂性的高低，以及在整个系统中的重要性，其管理也就有重有轻。网络管理广义上还包括电信网络管理。为了与传统网络管理区分，可以把目前的网络管理称为现代网络管理，其追求的目标应是集成化、开放型、分布式的网络管理。

目前，网络管理已经成为计算机网络和电信网研究建设中最重要的内容之一。网络中采用的先进技术越多，规模越大，网络的维护和管理工作也就越复杂。计算机网络和电信网的管理技术是分别形成的，但到后来渐趋同化，基本上具有相同的管理功能和管理原理，只是在网络管理的具体对象上有些新差异。

早期的网络管理是指对电信网的监控，包括监视和控制两个部分。当计算机网络出现以后，网络管理的内容扩大到了网络日常维护和运营的各个方面，网络管理的概念也渐趋完善。随着网络管理技术的发展和网络管理工作的加强，为了适应电信技术和计算机网络技术的飞速发展，国际电信联盟（ITU）出版了电信管理网（TMN）建议书。而国际标准化组织（ISO）则早就开始了开放系统互连的网络管理标准化工作。这两个组织的网络管理标准虽然面对不同的网络，但它们定义了几乎相同的管理功能。其中，计算机网络既是网络管理的对象，同时又是电信管理网的基础。

1.2　网络管理的基本要素

网络管理的基本要素主要有 3 个：网络管理对象、网络管理方法和网络管理系统。

1．网络管理对象

网络管理对象可以理解为网络管理的环境。网络管理的对象主要可以分为以下 3 类：

（1）网络上的结点设备：网络上的结点设备可以是各种业务结点设备（如计算机网络中的主机、网桥、网关、路由器、网络交换机、集线器、服务器，以及提供电话业务的交换机、提供智能网的业务控制点设备、提供移动电话业务的移动交换机、提供 DDN 业务的 DDN 结点机、提供卫星通信业务的转发器等）、传输设备（如 PDH 传输设备、SDH 传输设备、DWDM 传输设备等）、接入设备、信令设备等。

（2）网络：网络上的各种设备按照一定的方法建立相应的联系，这种联系实际上描述了网络上设备之间的关系，这种关系就是网络。通常在说网络时，一般都是指网络上的结点设备和结点设备间的关系。

（3）网络上的业务：网络面向用户的界面就是网络上提供的各种业务。作为管理对象、业务、网络和网络上的结点设备在形态上有很大的区别。网络上的结点设备是物理上存在的实体，是人们可以看得见、摸得着的。网络虽然没有像结点设备那样有非常显著的物理存在特征，但人们可以通过业务结点设备和传输设备感觉到。对于业务来说，其物理上的存在形态就不如结点设备和网络那样明显。

2．网络管理方法

网络管理方法根据划分的标准，可以分为很多种类，下面是一些常用的网络管理方法的分类。

（1）根据分布或集中，可以分为基于分布处理的网络管理方法和基于集中处理的网络管理方法。

（2）根据网络管理环境，可以分为面向狭义网络管理环境的网络管理方法和面向广义网络管理环境的网络管理方法。

（3）根据采用标准的程度，可以分为基于标准的网络管理方法和基于非标准的网络管理方法。

（4）根据是否具有智能，可以分为智能化的网络管理方法和常规的网络管理方法。

3．网络管理系统

网络管理系统是在网络管理环境中，实现网络管理方法的计算机应用系统。

1.3　网络管理的目标和内容

最初的网络管理往往指实时网络监控，以便在不利的条件下（如过载、故障时）使网络仍能运行在最佳或接近最佳状态。"监控"包括监测和控制两个方面，监测是从网络中获取信息，而控制则是改变网络的状态。如今网络管理的范围几乎已经扩大到了网络中的通信活动以及与网络的规划、组织、实现、营运和维护等有关的所有过程。

网络管理的目的就是最大限度地增加网络可利用的时间，合理地组织和利用系统资源，提供安全、可靠、有效和优质服务，保证网络正常、经济、可靠、安全地运行。或者说，网络管理的目标就是对网络资源（硬件和软件）进行合理分配和控制，以满足业务提供者的要求和网络用户的需要，使网络资源得到最大限度的利用，使整个网络更加经济地运行，并能够提供连续、可靠和稳定的服务。

现代网络管理的内容通常可以用运行、控制、维护和提供来概括。

（1）运行（Operation）：针对向用户提供的服务而进行的、面向网络整体进行的管理，如用户质量管理和用户的计费等。

（2）控制（Administration）：针对向用户提供的有效服务、为满足服务质量要求而进行的管理活动。例如，对整个网络的管理和网络流量的管理。

（3）维护（Maintenance）：针对保障网络及其设备的正常、可靠、连续运行而进行的管理活动，如故障的检测、定位和恢复，对设备单元的测试。维护又可分为预防性维护和修正性维护。

（4）提供（Provision）：针对网络资源的服务而进行的管理活动，如安装软件、配置参数等。为实现某个服务而提供资源、向用户提供某个服务等都属于这个范畴。

1.4　网络管理员的任务

为了保证网络的正常运行，通常需要一个或多个被称为网络管理员（网络管理工作者）的计算机系统专家负责网络的安装、维护、故障诊断与排除等工作。网络管理员的基本工作是保持网络平稳地运行。一旦出现故障，有些使用计算机及其网络所进行的工作就不得不被中断。如果网络管理不善，有网络甚至比没有网络时的工作效率还要低。世界上因为网络不通而中断工作的例子不胜枚举。另外，大量的资料、数据存放在计算机中，如果管理不善就会造成因共享而泄密，就有可能会造成不可估量的经济损失，因此，网络管理员的工作尤其重要。

网络中为了安全，通常要为用户设置权限和密码。网络管理员设置的超级管理员密码，一般应告诉另一个人（此人可以不会操作计算机网络）或记录在安全的地方，以防因一段时间内不进行网络设置而忘记密码或由于人员流动等其他原因，本公司或本单位无人知道这个密码，造成不必要的麻烦。

许多网络用户需要花费相当多的时间来学习计算机和网络的操作使用方法，而真正花费在工作上的时间却只是一小部分。这在西方雇员流动比较大的公司里尤其明显。因此，网络管理员的首要任务就是让网络给工作人员（用户）带来方便，提高工作效率，使他们工作起来得心应手。

另一方面，由于工作人员在使用网络的过程中不小心，或由于其他外界方面的原因，网络会出现各种各样的问题。例如，不小心碰了电源插头或意外掉电等不起眼的小事件就可能造成网络服务中断。因此，网络管理员的另一个任务就是保证网络在出现故障后能够及时恢复，不至于因故障而造成数据丢失。

对于一个小型网络来说，有一两个网络管理员就够了，其要对网络进行日常维护，对数据进行定期备份及清理，更新主页，并及时对网络的需求变化做出评估，重新对网络做出规划，最大限度地提高网络资源的利用率。

通常，对一个小型计算机网络的管理员需要做如下工作：

（1）硬件维护：如查找并更换有故障的网卡、添加新的打印机、安装新的网络工作站、更换电缆、扩充计算机内存和更新网络硬件等。

（2）软件维护：如在网络服务器上安装新的应用软件、清理过时没用的文件、重新安装工作站软件和升级安装更高版本的应用软件等。

（3）网上添加或删除用户，以及添加网络结点等。

（4）确保网络安全，设置不同用户的权限，防止普通用户访问重要数据文件，隔离网络上的病毒，确保网络上的每个用户只能修改指定（一般是自己的）目录下的文件等。

（5）定期备份网络服务器上的文件。对服务器上的文件经常进行备份，以便在用户因偶然误操作或因计算机病毒等原因所引起的数据丢失之后的数据恢复，或者可以恢复因掉电而被破坏的数据库文件。

（6）保存日志和记录：如保存软件的许可证和硬件的序列号，记录各个结点地址、结点名称等网络信息，对网络的规划提出建议。记录还包括对网络故障及其处理进行记录。

（7）排除故障，在用户遇到问题时要给予及时、明确地解答和帮助。当用户遇到故障时，要及时地进行诊断并排除故障，在网络出现性能下降时应及时予以纠正。

（8）对主页要及时地进行更新，充分利用网络展示本公司或本单位的形象。

（9）对网络进行扩展。根据网络发展的需要，网络需求越来越大，网络应用也越来越多，为了满足网络的应用和需求，应做出网络需求和扩展规划。

（10）对网络进行优化，一个典型的网络具有数百个不同的设备，每个设备有其自己的特性，只有通过认真仔细地优化设计，才能使它们在一起协调地工作，以保证网络处于良好的运行状态。

*1.5　网络管理系统的主要指标

网络管理系统的指标是进行设计和验收的基础，同时，也是对不同网管系统进行比较的标准。网管系统的指标分为两类：

1．通用指标

网络管理系统（简称网管系统）是一种计算机应用系统，计算机应用系统的一些通用指标，都可以作为网络管理系统的指标，如可靠性和可维护性等。

2．专用指标

网管系统作为一个专门应用于网络管理的计算机应用系统，还有一些和网络管理有关的专用指标。

常用的专用指标如下：

（1）网络管理功能的覆盖程度。一般来说，管理功能是一个网管系统的基本指标。通常用管理功能的覆盖程度作为衡量一个网管系统管理功能的指标。管理功能的覆盖程度是指人们评价对象的网络管理功能对标准的网络管理功能的覆盖程度。

（2）网络管理协议的支持程度。网络管理协议是网管系统及其相关设备互连的基础。因此，网络管理系统对网络管理协议的支持程度是衡量一个网管系统互连能力的一个重要指标。通常，用网管系统支持网络管理协议的数量作为网络管理协议支持程度的度量。

（3）网络管理接口动态定义的程度。网络管理接口是网管系统和被管系统进行交换的参考点，而网管系统从被管系统取得数据（网管系统主动采集或被管系统主动上报）的数量、内容是网管系统网络管理质量的基础。如果网络管理接口在系统使用后就固定下来，则网管系统从被管系统取得数据的数量和内容就基本固定了，因而网管系统的管理质量就基本可以确定。如果网络管理接口在系统使用后，可以在一定程度上和一定范围内进行网络管理接口的重新定义（通常称为网络管理接口动态定义），就可以保证和提高网络管理的质量。因此，网络管理接口动态定义的程度可以作为衡量网络管理质量的一个标准。

（4）网络管理容量。容量是一个系统处理能力的重要指标。网络管理容量是一个网络管理系统可以管理被管系统的数量。

小　　结

本章主要介绍了网络管理的基本概念、基本要素、目标和网络管理工作者的任务等内容。

网络管理是指监督、控制网络资源的使用和网络的各种活动，使网络性能达到最优的过程，即对计算机网络的配置、运行状态和计费等所从事的全部操作和维护性活动。网络管理的目的在于提供对计算机网络进行规划、设计、操作运行、监管、分析、控制、评估和扩展的手段，从而合理地组织和利用系统资源，提供安全、可靠、有效和优质服务。

网络管理的基本要素主要是网络管理对象、网络管理方法和网络管理系统。

现代网络管理的内容通常可以用运行、控制、维护和提供来概括。

网络管理系统的主要指标分为通用指标和专用指标两类。专用指标主要包括网络管理功能的覆盖程度、网络管理协议的支持程度、网络管理接口动态定义的程度和网络管理容量。

习　　题

简答题

1. 什么是网络管理？
2. 网络管理的基本要素有哪些？
3. 网络管理的目标是什么？
4. 现代网络管理的内容通常是如何概括的？
5. 网络管理员主要有哪些任务？
6. 网络管理系统常用的专用指标有哪些？

第2章 计算机网络管理的基本技术

网络管理系统是保障网络安全、可靠、高效和稳定运行的必要手段，网络管理涉及网络资源和活动的规划、组织、监视以及计费和控制等各个方面。本章主要介绍网络管理的五大功能（配置管理、性能管理、故障管理、安全管理和计费管理）、网络管理模型及网络管理的相关组织。

2.1　网络管理的功能

国际标准化组织（ISO）在网络管理框架（ISO/IEC 7498–4）中为网络管理定义了五大功能，并被广泛接受。这五大功能是：配置管理、故障管理、性能管理、安全管理和计费管理。

2.1.1　配置管理

现代网络设备是由硬件和设备驱动程序组成。适当配置设备参数可以更好地发挥设备的作用，获得优良的整体性能。

配置管理（Configuration Management）是最基本的网络管理功能，它负责监控网络的配置信息，使网络管理人员可以生成、查询和修改软件和硬件的运行参数及条件，以保证网络的正常运行。具体地讲，就是在网络建立、扩充、改造以及工作的开展过程中，对网络的拓扑结构、资源配备、使用状态等配置信息进行定义、监测和修改。配置管理的目的在于维护及优化网络。

网络配置管理主要实现以下功能：

（1）网络资源的自动发现和视图化表示。视图是直观地向用户显示网络配置的接口。用户需要适当的接口软件，能够显示各种网络元素和网络拓扑结构，还应具有显示和修改设备参数的界面，通过界面启动和关闭网络中的各种设备。采用什么样的视图接口取决于所用的操作系统。当前的网络管理系统几乎都采用了图形用户接口（GUI）软件，这种软件也用在其他的系统管理（如故障管理、性能管理和记账管理）中。设计图形用户接口要符合人机工程学的原理，使用的方法和操作习惯应该与基础操作系统保持一致。例如，在 Windows 2000 下实现，使用下拉菜单、工具条和输入框的图形、文字、布局等要与 Windows 2000 保持一致，使得用户不需要学习或很少地学习就可以掌握。

图形用户接口应该具有导航和放大功能。导航就是引导用户进入需要的显示和操作模板，而放大则是指分层次地显示网络配置的各个细节。为了方便用户操作和理解，同时显示多窗口和帮助信息也是必要的。

视图设计的关键技术是把所有的网络资源定义为管理对象，并适当地确定和表示这些管理对象之间的关系。

（2）网络资源清单管理信息。资源清单管理也是配置管理的基本功能，它联机提供当前安装的成分及其配件的记录。需要列入资源清单中的资源主要包括：

- 设备：如调制解调器、复用器、交换机、主机、微机、控制单元、关键设备等。
- 线路：设备之间的物理连接线路及逻辑连接线路，可能包含多条物理线路。
- 网络：如局域网（包括虚拟局域网）、广域网、本地网等。
- 提供的服务：业务提供者向一个或多个客户提供的特定的网络功能。
- 客户：接受服务的用户。
- 厂商：提供设备的厂商。
- 地点：被管对象或管理人员所在场所。
- 软件：系统软件和应用软件。
- 联系人：厂商负责特定的地点、功能或设备的人员。

利用标准的管理信息结构（SMI）的方法，将这些资源定义为被管对象，重点描述其属性、连接以及状态。通过建立资源管理信息库（MIB），提供对资源清单的提取、增加、删除和修改等功能。

（3）虚拟网络管理。在局域网的网络体系结构中，虚拟局域网（Virtual LAN，VLAN）是一个重要的组成部分。局域网交换技术的发展，允许空间或地理位置上分散的用户计算机在逻辑上组成一个独立的网络。通过 VLAN 的合理设置，用户可以方便地在网络中移动，而不需要硬件线路的改动。这样从逻辑上对用户和其他网络对象进行分组，并设定相应的安全和访问权限，然后由计算机自动根据配置形成相应的虚拟网络工作组，充分发挥和体现计算机局域网的高速、灵活、易管理、方便及高效的优势。VLAN 是通过网络管理软件来实现，因此具有较高的灵活性。

VLAN 技术还使得网络管理者可以在同一个物理网络中根据不同用户组的工作需要，按照用户计算机入网的物理端口建立不同的 VLAN。一个物理端口可以隶属于多个 VLAN。VLAN 的每个端口可以和该网的其他端口通信。使用 VLAN 可以减少来自其他网段不必要的通信量，避免拥塞现象或广播风暴的发生，并能实现网络安全保密和故障隔离的目的。

（4）网络资源的对象化管理，设置并修改被管对象和管理对象有关的参数。

（5）被管对象和管理对象组的命名管理，初始化、启动和关闭被管理对象。

（6）设备端口状态。

（7）根据要求收集系统当前状态的有关信息，通过标准化协议通知给管理工具。

（8）IP 地址资源分配与管理、网络 IP 地址与 MAC 地址对应及 IP 地址冲突检测。

（9）子网及主机情况。

（10）获取系统最重要的变化信息。

（11）系统配置信息，更改系统的配置。

（12）设置路由信息，设置开发系统中有关路由操作的参数。

2.1.2　故障管理

故障管理（Fault Management）是网络管理中最基本的功能之一。故障管理是用来动态地维持网络服务水平的一系列活动，这些活动保证了网络有高度的可用性。故障管理的目的是检测、记录日志，通知用户，尽可能地自动修复网络故障，维持网络的正常运行。故障并非一般的差错，而是指网络已无法正常运行，或出现了过多的差错。用户都希望有一个可靠的计算机网络。当网络中某个组成失效时，网络管理者必须迅速查找到故障并能及时给予排除。因为网络故障的产生原因往往相当复杂，特别是由多个网络共同引起故障的时候。在此情况下，一般先将网络修复，然后再分析网络故障的原因。分析故障原因对于防止类似故障的再次发生相当重要。

故障管理的主要内容包括故障检测、故障诊断、故障修复和故障记录。

故障管理的首要任务是在出现故障的情况下恢复业务。第二个任务是找出第一个故障的原因和出现故障的网络部件（通常是最小可修复的部件）。第三个任务是及时、有效地修复故障。第四个任务是收集和分析故障管理的有效性，即业务中断时间和修复成本，分析的结果用于指导资源的分配，以达到业务与成本的最佳平衡。

网络故障管理能够实现以下功能：

（1）检测管理对象的故障现象，或接收管理对象的故障报警。

（2）创建和维护日志记录库，并对故障日志进行分析。

（3）进行故障诊断，追踪故障点，确定故障性质，明确故障解决方案。

（4）当存在冗余设备和迂回路由时，提供新的网络资源用于服务，即利用空余网络对象替代故障对象提供临时网络服务。

（5）维修、排除对象故障，恢复正常网络服务。

2.1.3　性能管理

性能管理（Performance Management）涉及网络通信信息（流量、是谁在用、访问什么资源等）的收集、加工和处理等一系列活动。性能管理的目的是保证在使用最少的网络资源和具有最小延迟的前提下，网络提供可靠和连续的通信能力，并使网络资源的使用达到最优化的程度。

故障管理侧重于故障发生后的诊断与处理，而性能管理侧重于预防故障，防患于未然。

1. 网络性能管理的功能

网络性能管理能够实现以下功能：

（1）实时采集与网络性能相关的数据。基本功能是跟踪系统、网络或业务情况，为判别性能收集合适的数据，及时发现网络出现拥塞或性能不断恶化的情况。

（2）分析和统计数据。对实时数据进行分析，判断是否处于正常水平，对当前的网络状况做出评估，并自动形成管理报表，以图形方式直观地显示出实时的网络性能状况；分析和统计历史数据，绘出网络历史数据的图形，建立性能分析的模型，用一定的模型来评价一个系统是否满足吞吐量的要求；是否满足有足够的网络响应时间；是否过载或系统是否得到有效的使用；预测网络性能的变化趋势，并根据分析和预测的结果，找出性能的瓶颈、优化和调整网络拓扑结构及各种设备的配置和参数，逐步达到最佳性能。

（3）维护并检查系统日志。

（4）为每个重要的指标决定一个合适的性能阈值，当性能超过了某一用户定义的阈值时，就意味着出现了值得注意的网络故障。

（5）系统性能监视预警。

管理实体不断地监视性能指标，当某个性能阈值超过时，就产生一个报警，并将该报警发送到网络管理系统。

2．网络性能评测方法

计算机局域网络的操作系统平台多种多样，网络设备、传输媒介及网络拓扑结构都有很大的区别，因此网络性能评测是非常复杂的，一般采用以下测评方法：

（1）直接测量法：在已建立的计算机网络上对信道利用率、碰撞分布和吞吐率等参数进行动态数据统计分布，以得到测评结果。

（2）模拟法：对已建立的计算机网络建立数学模型，运用仿真程序通过数学计算得出网络有关参数指标。同时也可以与实测结果比较对照，经过多次校正以获得真正的测评结果。

（3）分析法：通过采用概率论、过程论和排队论等数学工具对各种计算机网络进行模拟，其分析结果可以对未建立的网络进行优化设计。

3．常用的网络性能评测指标

（1）吞吐量（Throughput）：吞吐量是指单位时间内通过网络设备的平均比特数，单位为比特/秒（bit/s）。由于数据分组可能出错，所以当测试吞吐量时，一般只包括无差错的数据分组的比特数。对整个或局部正常稳态网络来说，其输入和输出速率是相等的，因此吞吐量为进入或离开一段网络时每秒钟的平均比特数。吞吐量又可定义为网络设备在不丢失任何一个数据帧情况下的最大转发速率。以太网吞吐量最大理论值称为线速，即指网络设备有足够的能力以全速处理最小的数据封包转发。

吞吐量是反映交换机性能的最重要的指标之一。由于交换机在不同的工作模式下，其吞吐量也会不同，所以需要分别进行测试。

（2）包（帧）延迟（Latency）：包（帧）延迟指数据分组（帧）的最后一位到达输入端口和输出数据分组（帧）的第一位出现在输出端口的时间间隔，即 LIFO(Last In First Out)延迟。快速转发模式下延迟定义为：输入数据分组（帧）的第一位已到达输入端口和输出数据分组（帧）的第一位出现在输出端口的时间间隔。无论是网络延迟还是由用户/工作站链路所引起的延迟，都可能超过用户–用户的响应时间。根据吞吐量，可以测出网络在每秒钟处理的比特数或数据分组数的平均值。很多网络用延迟–吞吐量的关系曲线来描述网络性能。目前，由于网络的复杂应用，许多应用对延迟是非常敏感的，如音频及视频等。

对于交换机而言，延迟是衡量交换机性能的又一重要指标，延迟越大说明交换机处理帧的速度越慢。另外,网管型交换机和非网管型交换机由于系统负载不同、处理方式的区别，在帧转发延迟上会存在较大差异。

（3）丢包（帧）率（Frame Lost Rate）：丢包（帧）率指正常稳定网络状态下，由于缺少资源应转发而没有转发的数据包（帧）所占的百分比。丢包率的大小显示出网络的稳定性及可靠性。丢包（帧）率可以用来描述过载状态下交换机的性能，也是衡量防火墙性能指标的一个重要参数。虽然以太网协议中规定的丢失重发保证了丢包后不会影响数据的正确性，但大量的数据丢失也降低了网络的利用率和实用性能。

（4）背对背（Back to Back）：背对背指对于给定的媒体，从空闲状态开始，以最小合法的时间间隔发送连续的固定长度的帧。背对背用于显示网络设备缓冲数据包能力的一个指标，反映了交换机处理突发帧的能力。网络上经常有一些应用会产生大量的突发数据包（例如，NFS、备份和路由更新等)，而且这样的数据包丢失可能会产生更多的数据包，强大的缓冲能力可以减小这种突发现象对网络造成的影响。

2.1.4　安全管理

安全管理（Security Management）的责任主要是保证网络资源的安全，包括保护网络设备在内的各种网络资源，防止非法入侵；不会被非法使用和破坏；确保网络管理系统本身也不被非法使用；维护系统日志，以及对加密机构的密钥进行管理；保证整个网络体系的安全。

网络安全管理功能包含以下功能：

（1）识别重要的网络资源（包含系统、文件和别的一些实体），数据加密。

（2）确定重要的网络资源和用户之间的关系集合，控制和维护授权设施。

（3）授权机制，控制对网络资源的访问权限。

（4）加密机制，密钥分配和管理，确保数据的私有性，防止数据非法获取。

（5）防火墙机制，阻止外界入侵。

（6）监视对重要网络资源的访问，防止非法用户的访问。

（7）维护和检查安全日志，在日志中记录对重要资源不适当的访问情况。

（8）审计和跟踪。

（9）计算机病毒的防止。

（10）支持身份鉴别，规定鉴别的过程。

安全管理一直是网络系统的薄弱环节之一，而用户对网络安全的要求往往又相当高，因此网络安全管理就显得非常重要。网络管理者必须充分意识到潜在的安全性威胁，并采取一定的防范措施，尽可能减少这些威胁带来的恶果，将来自企业或公司网络内部和外部对数据和设备所引起的危险降到最低程度。

2.1.5　计费管理

计费管理（Accounting Management）是负责监视和记录网络用户对网络资源的使用情况，并核收费用，目的是控制和监测网络操作的费用和代价。这对一些公共商业网络尤为重要。计费管理所涉及的网络资源包括网络软件和硬件资源、网络服务及网络设施的额外开销，如运行、维护费用。计费管理可以估算出用户使用网络资源可能需要的费用和代价，以及已经使用的资源。网络管理者还可规定用户使用的最大费用，从而控制用户过多占用和使用网络资源，这也从另一方面提高了网络的效率。另外，当用户为了一个通信目的需要使用多个网络中的资源时，计费管理能计算出总费用。对于内部网络，虽然内部用户不用交费，由于计费系统可以统计网络利用率和网络资源的使用情况，这对于内部网络的运行管理也是非常有用的。网络管理的计费管理应包括以下功能：

（1）使用的网络资源数据采集，如拨号数据、网络流量等。

（2）维护用户基本信息。

（3）输入计费政策。

（4）计算网络资源数据，并根据用户基本信息和计费政策计算用户账单。

（5）财务数据维护，包括计算用户费用结余和欠款等。

（6）计费信息查询。

上述的 OSI 网络管理定义的功能只是网络管理最基本的功能，这些功能不是互相孤立的，完成某项管理功能往往需要其他管理功能的配合，比如故障管理要从性能管理得到当前的运行分析结果，从配置数据库得到设备的配置信息。一旦确定发生故障，通过配置管理修复配置参数，修复、替换或隔离故障设备或部件。由此可见，网络管理可看做是一组过程和任务的集成。除了这些功能外，还有一些非 ISO 网络管理功能，如面向用户的服务支持、网络规划和分析、网络工程支持、账单管理功能、支持系统综合功能、资产管理和人员管理等。

2.2　网络管理模型

2.2.1　网络管理的分层模式

现代网络管理的发展使得网络变得越来越大，也越来越复杂，传统意义上的集中式管理已不能满足网络发展的需要，一个中心式的网络管理机构不可能独自管理覆盖广大区域的网络，更不用说能管理好这个网络了。于是分层网络管理就应运而生，该网络管理模型如图 2-1 所示。在网络的分层管理模式中，首先对网络分层。在网络管理层次的顶端是顶级网络管理中心，接下来是次级网络中心，然后逐层划分，最后到每个联网的用户。除了顶级管理的层次外，在网络管理的每一个层次，网络管理被划分为互不重叠的不同区域的范围，而又覆盖整个网络，每个范围又分别属于上一层次管理中心。这样就构成分层分布式网络管理模式。每一层的网络管理中心只管理下一层从属于它的管理中心的网络用户，同时要接受从属的上一级网络管理中心的管理。这种管理模式有效解决了网络跨地域给管理带来的困难，使每一层的网络管理都只需负责有限的网络对象，大大地减轻了网络管理的负担与难度。

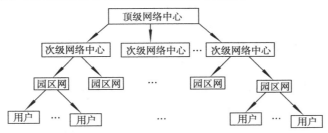

图 2-1　网络管理分层模型

2.2.2　网络管理的基本模型

在网络管理中,网络管理人员通过网络管理系统对网络资源（如网桥、网关、路由器、集线器、工作站、微机、机柜中的插件板、通信软件等）的管理，普遍遵循的结构都是管理者-代理（Manager-Agent）的管理模型，如图 2-2 所示。

图 2-2　管理者-代理者之间的通信

概括地说，一个网络管理系统从逻辑上可以认为由管理进程（Manager）、管理协议（Management Protocol）、管理代理（Agent）和管理信息库（Management Information Base，MIB）4 个要素组成。

管理者（即管理进程）可以是工作站、微机等对网络设备和设施进行全面管理和控制的软件，一般位于网络系统的主干或主干位置，运行于网管中心工作站上，负责发出所有的控制与管理操作的指令，实现对 Agent 的操作与控制，并接收来自代理的信息。管理代理则位于被管理设备的内部，是应用进程中负责与管理相关的受管理对象的部分，其管理软件运行于被管网络部件上或被管网络应用处，实现搜索被管部件原始状态。它把来自管理者的命令或信息请示转换为来自设备特有的指令，完成管理者的指示，或反馈它所在的设备信息。另外，代理也可以把在自身系统中所发生的事件自动地通知给管理者。每次网管活动都是通过网管请求的给予者（网管中心的管理者进程）和网络请求的接收者（代理系统中的代理进程）之间的交互式会话实现的。

网络操作员首先通过特定的请求窗口向管理者提交网管请求，然后通过本地的网络通信模块把该请求发送给指定的远程代理，并等待执行结果的返回。远程代理在接收到该请求后，向被监控的网络资源发出执行该网管请求的命令。此时，远程代理将等待执行结果，或在被监控的网络资源出现异常情况时产生事件报告（该报告是由于系统故障或超出阈值而自动产生的，与该网管请求无关）。然后，远程代理通过其网管通信模块向网管中心发回网管结果。网管中心的管理者在接收到网管结果或事件报告后，经过分析处理再通过指定窗口把结果显示出来。

一个管理者可以和多个代理进行信息交互，同时一个代理也可以接受来自多个管理者的管理操作，但此时代理需要处理来自多个管理者的多个操作之间的协调问题。

一般的代理都是返回它本身设备的信息，在网络管理中还有另一种代理——转换代理，它提供关于其他系统或其他设备信息。使用转换代理，管理者可以管理多种类型的设备，这是因为管理者和代理之间使用的是同一种语言，对于不能理解这种语言的设备，则可以通过转换代理完成通信，如图 2-3 所示。

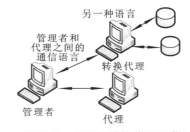

图 2-3　管理者、代理与转换代理通信示意图

每一个管理代理都拥有自己的本地 MIB，管理代理的本地 MIB 不一定具有 ISO 或 Internet 定义的 MIB 的全部内容，而只需包括与本地设备或设施有关的管理对象。MIB 中的变量对应着相应的管理对象。管理员与代理之间通信协议为 SNMP 和 CMIP，它们分别为 Internet 标准和 ISO 标准，其不同之处在于各自定义被管对象和对被管对象进行分类的原则与标准不同，前者较简单实用，后者较严格与规范。

2.2.3　网络管理的信息模型

网络管理者和管理代理之间共用同一个管理信息模型来统一对被管网络资源的认识，协调管理两端的管理操作与动作。网络管理信息模型的主要作用是描述物理的或逻辑的网络资源，模型中规定管理系统中有关的资源特性、参数及其表示方法。在 ISO 标准中定义了如下的管理信息结构：要管理的资源抽象为管理对象（Managed Object，MO）；资源的有关信息抽象为被管理对象的属性（Attribute）；资源之间的关系定义为管理对象的关系（Relationship）；具有相同属性的管理对象集合称为对象类（Object Class）；具体的某一管理对象称为对象实例（Object Instance）。其中，对象类的定义包括：从外部看到的属性、作用于管理对象上的网管操作、管理对象对操作所做出的反应（即行为，Behavior）以及操作完毕后管理对象向管理者发回的通报（Notification）。

这些管理信息通常是放在管理信息库（MIB）中，MIB 仅是一个概念上的数据库，实际中并不存在这样的数据库。它应理解为分布在网管中心的 MIB（即中央数据库），以及所有代理系统中的本地 MIB 库的集合。因此，管理数据库用于记录网络中管理对象的信息。例如，状态类对象的状态代码、参数类管理对象的参数值等。

2.3　网络管理的标准化及相关组织

20 世纪 80 年代末，随着计算机网络的发展，网络管理系统的迫切需求及网络管理技术的日臻成熟，为了支持不同网络结构的网络之间的互连及其管理，网络管理系统应遵循一个统一的标准就显得非常突出，网络管理系统需要有一个国际性的标准。

在众多的标准化组织中，目前国际上最著名、最具有权威性的是国际标准化组织（ISO）和国际电信联盟（ITU）。在计算机网络中，Internet 工程任务组（IETF）的因特网技术标准已经成为事实上的国际标准。

2.3.1　国际标准化组织

国际标准化组织（ISO）源于希腊字，代表 equal 之意，具有"平等"的意思，后来转为一致与标准的思想，该组织的英文全称是 International Organization for Standardization 。ISO 是世界最庞大的一个非政府性国际标准化研究的专门机构，也是联合国的甲级咨询机构，总部设在瑞士的日内瓦。ISO 是国际标准化领域中一个十分重要的组织，在国际标准化中占主导地位。其宗旨是：在世界范围内促进标准化工作的发展，以利于国际物资交流和互助，并扩大知识、科学、技术和经济方面的合作。其主要任务是：制定国际标准，协调世界范围内的标准化工作，与其他国际性组织合作研究有关标准化问题。

ISO 成立于 1947 年，其前身是 1928 年成立的"国际标准化协会国际联合会"（ISA），美国的 Howard Coonley 先生当选为 ISO 的第一任主席。我国于 1947 年加入 ISO 组织。ISO 和一百多个国家标准组织及国际组织就标准化问题进行合作，它是国际电工委员会（IEC）的姐妹组织。

ISO 现有 117 个成员，包括 117 个国家和地区。ISO 的最高权力机构是每年一次的"全体大会"，其日常办事机构是中央秘书处，设在瑞士的日内瓦。中央秘书处现有 170 名职员，由秘书长领导。

ISO 来自于 1906 年成立的世界最早的国际标准化机构 IEC，IEC 主要负责电工、电子领域的标准化活动。而 ISO 负责除电工、电子领域之外的所有其他领域的标准化活动。IEC 打算在其他技术领域中发展国际标准是在 20 世纪 30 年代。因此，由国际标准化组织致力于标准化工作并不是由 ISO 的建立才开始的。1946 年，来自 25 个国家的代表在伦敦召开会议，决定建立一个新的国际组织，其目的是促进国际间的相互合作和工业标准的统一。于是，ISO 这个新的组织便于 1947 年 2 月 23 日宣布正式成立。

ISO 的成员都是各国在标准化方面最具有权威的团体或组织，每个国家在 ISO 中只能有一个成员。ISO 的成员分为 P 成员和 O 成员两类。其中 P（Participation）成员有表决权，而 O（Observer）成员不参加 ISO 的技术工作，只是与 ISO 保持密切联系。

ISO 的技术工作由其技术委员会（Technical Committee，TC）具体负责，每个 TC 可以成立分技术委员会 SC（Subcommittee）或工作组（Working Group，WG），其成员是各国的专家。 ISO 通过 2 856 个技术机构开展技术活动。其中技术委员会共 185 个，分技术委员会共 611 个，工作组 2 022 个，特别工作组 38 个。ISO 的 2 856 个技术机构技术活动的成果是"国际标准"。ISO 现已制定出国际标准共 10 300 多个，主要涉及各行各业各种产品的技术规范。ISO 制定出来的国际标准编号的格式是：ISO+标准号+[杠+分标准号]+冒号+发布年号（方括号中的内容可有可无），例如，ISO 8402:1987、ISO 9000–1:1994 等，分别是某一个标准的编号。ISO 的标准化工作包括了除电气和电子工程以外的所有领域。

网络管理标准是由 ISO 的第 97 委员会（即信息处理系统技术委员会）下属的第 21 分委员会中的第 4 工作组制定的。这个工作组通常记为 ISO/TC97/SC21/WG4。

每个 ISO 标准的出台都要经过下面 5 个步骤：

（1）每个技术委员会根据其工作范围制定相应的工作计划，并报理事会下属的计划委员会批准。

（2）相应的分技术委员会的工作组根据计划编写原始工作文件，称为工作草案。

（3）分技术委员会或工作组再把工作草案提交给技术委员会或分技术委员会作为待讨论的标准建议，称为委员会草案（Committee Draft，CD），而 ISO 则要给每个 CD 分配一个唯一的编号，相应的文件将标记为 ISO CD ××××。CD 之前的文件称为建议草案（Draft Proposal，DP）。

（4）技术委员会将委员会草案发给其成员征求意见。若 CD 得到多数 P 成员的同意，则委员会草案就成为国际标准草案（Draft International Standard，DIS），其编号不变。

（5）ISO 的中央秘书处将国际标准草案分别送给 ISO 的所有成员投票表决。有 75% 的成员国投赞成票则通过。经 ISO 的理事会批准以后就成为 ISO 的国际标准（International Standard，IS），其编号不变，并记为 ISO ××××。

ISO 规定每 5 年对国际标准进行一次复审，过时的标准将废除。

ISO 还有一些文件被称为技术报告（Technical Report，TR）。TR 是没有提交相应委员会通过的文件，为非标准。TR 是技术委员会在制定标准过程中形成的一些中间结果，也给予一个编号，记作 ISO TR××××。

当各阶段的标准文件需要补充修订时，ISO 在相应标准文件的后面增加一个补充篇 AM（Amendment），补充篇前面分别冠以标准的名称，如委员会草案补充篇 CDAM。

由于 ISO 的 TC97 所研究的问题是有关信息处理问题，与另一个重要的国际标准化组织 IEC 的 TC83（有关信息技术设备）有密切联系，因此，为避免重复，ISO 和 IEC 联合成立了一个联合技术委员会 JTC（J 代表 Joint），共同制定有关信息处理方面的标准，同时 ISO 于 1987 年撤销了 TC97。代替原 TC97 的是信息技术联合技术委员会 ISO/IEC JTC 1，而其下属的各个分委员会仍按照原 ISO TC97 中各分委员会的编号。在查阅有关标准时会看到有的标准标记为 ISO/IEC ××××，而有时也省略其中的 IEC，仍记为 ISO ××××。

ISO 对网络管理的标准化工作始于 1979 年，目前已经产生了一部分国际标准。尽管 ISO 的网络管理标准因为过于复杂而未能得到广泛应用，但其他一些国际性、专业性或区域性的标准化组织还是经常采用 ISO 的网络管理标准作为他们自己的标准，有时只是换一个编号而已。如

MAP/TOP3.0 就采用了 ISO 制定的 CMIP 的早期草案来实现其自己的管理工作。此外，还有许多厂商宣布支持 ISO 的管理标准。

2.3.2　国际电信联盟

国际电信联盟（International Telecommunication Union，ITU)是一个政府间的组织，总部设在瑞士的日内瓦，是联合国下属的 15 个专门机构之一，也是联合国机构中历史最长的一个国际组织，简称"国际电联"、"电联"或"ITU"。1989 年，ITU 下设 5 个常设机构，包括总秘书处、国际电报电话咨询委员会(CCITT)、国际无线电咨询委员会(CCIR)、国际频率登记委员会（IFRB）和电信发展局（BDT）。联合国的任何一个主权国家都可以成为 ITU 的成员。成员国的政府（多数情况下是其电信管理部门的代表机构）在 ITU 中的地位是平等的，都要承担特别的义务，同时也享有特别的权利（投票权）。其他的组织机构，如网络与服务供应商、制造商、科技协会和其他的国际性和区域性组织，经过批准可以参加 ITU 的某些活动（如制定电信标准）。国际电联现有会员、准会员 150 多个国家和地区。ITU 使用中、法、英、西、俄 5 种正式语言，出版电联正式文件用这 5 种文字。工作语言为英、法、西 3 种。

ITU 的宗旨，按其"基本法"，可定义如下：

（1）保持和发展国际合作，促进各种电信业务的研发和合理使用。

（2）促使电信设施的更新和最有效的利用，提高电信服务的效率，增加利用率和尽可能达到大众化、普遍化。

（3）协调各国工作，达到共同目的，这些工作可分为电信标准化、无线电通信规范和电信发展 3 个部分，每个部分的常设职能部门是"局"，其中包括电信标准局（TSB）、无线通信局（RB）和电信发展局（BDT）。

ITU 成立于 1865 年 5 月 17 日，是由法、德、俄、意、奥等 20 个欧洲国家在巴黎签订了《国际电报公约》，国际电报联盟（International Telegraph Union，ITU）也宣告成立。随着电话与无线电的应用与发展，ITU 的职权不断扩大。1906 年，德、英、法、美、日等 27 个国家的代表在柏林签订了《国际无线电报公约》。

1932 年，70 多个国家的代表在西班牙马德里召开会议，将《国际电报公约》与《国际无线电报公约》合并，制定《国际电信公约》，并决定自 1934 年 1 月 1 日起将"国际电报联盟"正式改称为"国际电信联盟"（International Telecommunication Union）。

国际电报联盟成立后，相继产生了 3 个咨询委员会：1924 年，在巴黎成立"国际电话咨询委员会"（CCIF）；1925 年，在巴黎成立"国际电报咨询委员会"（CCIT）；1927 年，在华盛顿成立"无线电咨询委员会"。经联合国同意，1947 年 10 月 15 日国际电信联盟成为联合国的 15 个专门机构之一，但在法律上不是联合国附属机构，它的决议和活动不需联合国批准，但每年要向联合国提出工作报告，联合国办理电信业务的部门以顾问身份参加 ITU 的一切大会。其总部由瑞士伯尔尼迁至到日内瓦。另外，还成立了国际频率登记委员会（IFRB）。

ITU 的宗旨是：维持和扩大国际合作，以改进和合理地使用电信资源；促进技术设施的发展及其有效地运用，以提高电信业务的效率，扩大技术设施的用途，并尽量使公众普遍利用；协调各国行动，以达到上述的目的。ITU 的原组织有全权代表会、行政大会、行政理事会和 4 个常设机构：总秘书处，国际电报电话咨询委员会（CCITT），国际无线电咨询委员会（CCIR），国际频率登记委员会（IFRB）。CCITT 和 CCIR 在 ITU 常设机构中占有很重要的地位，随着技术的进步，各种新技术、新业务不断涌现，它们相互渗透，相互交叉，已不再有明显的界限。如果 CCITT 和 CCIR 仍按原来的业务范围分工和划分研究组，已经不能准确地反映电信技术的发展现状和客观要求。

到了 20 世纪，技术的发展为长距离国际电报电话往来铺平了道路。1956 年，国际电话咨询委员会和国际电报咨询委员会合并为"国际电报电话咨询委员会"，即 CCITT。电报和电话是 CCITT 涉及的仅有的两项业务，这样，CCITT 这个词语就正确地表达了该组织的工作范围。从那以后，尽管通信业务种类不断增加，CCITT 这个名字一直保持着。CCITT 实际上制定了所有的通信用标准（除无线电通信外）。

1992 年 12 月，国际电信联盟在日内瓦召开了全权代表大会，通过了电信联盟的改革方案。从 1993 年起，国际电信联盟将原来的国际电报电话咨询委员会（CCITT）和国际无线电咨询委员会（CCIR）的标准化工作部门合并，成立一个新的电信标准化部门（Telecommunication Standardization Sector，TSS），主要职责是完成国际电信联盟有关电信标准化的目标，使全世界的电信标准化。而原来的 IFRB 改名为无线电通信部门（RS），原来的 BDT 改名为电信发展部门（TDS）。至此，国际电信联盟的实质性工作由国际电信联盟远程通信标准化组织（ITU-T）、国际电信联盟无线电通信部门和国际电信联盟电信发展部门这三大部门承担。

1993 年 3 月 1 日，ITU 第一次世界电信标准大会（WTSC-93）在芬兰首都赫尔辛基隆重召开。这是继 1992 年 12 月 ITU 全权代表大会之后的又一次重要大会。ITU 的改革首先从机构上进行，对原有的 3 个机构 CCITT、CCIR、IFRB 进行了改组，取而代之的是电信标准部门（TSS，即 ITU-T）、无线电通信部门（RS，即 ITU-R）和电信发展部门（TDS，即 ITU-D）。这在 ITU 历史上具有重要意义，它标志着 ITU 新机构的诞生。ITU-T（或称 TSS）的主要职责是完成电联有关电信标准方面的目标，即研究电信技术、操作和资费等问题，出版建议书，目的是在世界范围内实现电信标准化，包括在公共电信网上无线电系统互连和为实现互连所应具备的性能，还包括原 CCITT 和 CCIR 从事的标准工作。

为了纪念国际电信联盟的建立，强调电信在国民经济发展和人民生活中的作用，国际电信联盟在 1968 年第 23 届行政理事会正式通过决议，决定把国际电信联盟的成立日——5 月 17 日定为"世界电信日"，并要求各会员国从 1969 年起，每年 5 月 17 日开展纪念活动。1973 年，国际电信联盟再次通过决议，要求各会员国继续开展各种纪念活动，活动方式可以多种多样。为了使纪念活动更有系统性，每年的世界电信日都有一个主题，以宣传电信的重要性，普及电信科学技术，培养年轻一代对电信的兴趣。我国每年也举行各种纪念电信日的活动。

2002 年为国际电信联盟年，2002 年 3 月 18 日～27 日，ITU 第三届世界电信发展大会在土耳其伊斯坦布尔召开。来自世界各国和地区的 1 500 名政府高级官员、私营部门人士以及国际和地区性组织的代表参加了会议。大会以"数字鸿沟"为主要议题，集中讨论了旨在提高发展中国家电信接入水平的新战略，并出台了针对于缩小数字鸿沟的《伊斯坦布尔宣言》和 2003 年—2006 年《行动计划》。

2002 年 9 月 23 日～10 月 18 日，ITU 第 16 届全权代表大会在摩洛哥马拉喀什召开。来自 ITU 各成员国政府、成员企业和组织的 1 200 多名代表与会，会议通过了推动全面互连和互操作性网络和服务的发展，并在信息社会世界高峰会议（WSIS）的筹备和后续工作中发挥主导作用，缩小世界范围内的数字鸿沟。

WSIS 首次让世界各国的领袖为解决信息社会的问题走到了一起。会议分为两个阶段：第一阶段于 2003 年 12 月 10 日～12 日在日内瓦举行，汇聚了来自 175 个国家的 11 000 多名与会者，包括近 50 位国家或地区的领导人；于 2005 年 11 月 16 日~18 日在突尼斯召开的第二阶段会议，吸引了 174 个国家的逾 19 000 名与会者，其中有近 50 位国家或地区的领导人。WSIS 针对信息社会的问题形成了 4 份成果文件，涉及利用 ICT 促发展、网络安全、互联网治理、价格合理的通信接入、基础设施建设、能力建设和文化多样性的内容。

国际电联于 2006 年 11 月 6 日~24 日在土耳其安塔利亚举行的全权代表大会，通过了一项战略规划，确定了 2008—2011 年的 4 年期财务框架，并为国际电联作为主导电信和最新型信息通信技术（ICT）的国际机构的未来发展指明了方向。大会在支持国际电联在弥合数字鸿沟工作中发挥关键作用的同时，强调国际电联在跟进和落实 WSIS 相关指标和目标过程中的领军作用。

2007 年，国际电联与其他机构共同举办了连通非洲高峰会议，其总体目标是为缩小非洲各国的信息通信技术鸿沟动员人力、财力和技术资源。于 2007 年 10 月 29 日~30 日在卢旺达基加利举行的这次峰会承诺投资 550 多亿美元，而 ICT 行业将率先采取行动。峰会还决定于 2012 年提前实现 ICT 连通性目标，以便在 2015 年达到更广泛的"千年发展目标"（MDG）。国际电联于 2009 年 11 月在白俄罗斯明斯克举办了独联体高峰会议，就独联体（CIS）的数字未来举行了磋商。

国际电联将继续审查和调整其工作重点和工作方法，保证使自己跟上形势并从容应对快速变化的全球电信环境。随着世界的商业、通信和信息访问活动越来越依赖电信技术，国际电联在新推出系统的标准化和通用全球政策的制定过程中发挥着前所未有的关键作用。

ITU-T 的标准化工作由其设立的研究组（Study Group，SG）进行。其中，与网络管理有关的研究组有以下 4 个：

（1）SG2 网络和业务运营：原名为网络运营，负责研究 17 个课题，涉及的内容是：有关电信业务定义的一般问题；PSTN、ISDN、移动和 UPT 业务，以及互通原则和相关的用户服务质量；网络运营，包括路由、编号、网络管理和网络业务质量（业务量工程、运营性能和业务测量）。

（2）SG4 电信管理网和网络维护：负责研究 20 个课题，涉及的内容是：电信管理网络（TMN）的研究；有关网络及其组成部分维护，确立所属的维护机制；由其他研究组提供的专门维护机制的应用。

（3）SG7 数据网和开放系统通信：负责研究 25 个课题，涉及内容是：有关数据通信网；开放系统通信的开发和应用，包括组网、报文处理、号码簿、安全和开放型分布式处理。

（4）SG11 信令要求和规约：原名为交换和信令（Switching and Signalling）：负责研究 19 个课题，涉及的内容是：有关电话、N-ISDN、B-ISDN、UPT、移动和多媒体通信的信令要求。

2.3.3　Internet 工程任务组

Internet（因特网）工程任务组（Internet Engineering Task Force，IETF）成立于 1986 年，它是推动 Internet 标准规范制定的最主要的民间组织，是国际互联网络标准化组织。其主要工作是解决 Internet 遇到的各种技术问题，并推动互联网络的普及和发展。目前，除 TCP/IP 外，所有 Internet 的基本技术都是由 IETF 开发或由其改进的。IETF 工作组创建了路由、管理、传输的标准，这些正是 Internet 赖以生存的基础。IETF 工作组定义了有助于 Internet 安全的安全标准；使 Internet 成为更为稳定的服务质量标准以及下一代 Internet 协议自身的标准。IETF 当前的主要研究领域包括 IPv6（下一代网络协议）和新型网络工具 VPN（虚拟专用网）的标准制定等。

在 Internet 标准中，SNMP 标准及其演进，都是在 Internet 体系结构委员会（Internet Architecture Board，IAB）的引导下由 IETF 制定和发布的。

IAB 成立于 1983 年，当时称为 Internet 活动委员会。1992 年，IAB 改名为 Internet 体系结构委员会。IAB 由十几个任务组组成，其中的每个成员都是一个 Internet 任务组的主持者，分管研究某个或某几个系列的重要课题。IAB 负责定义整个 Internet 的体系结构架构，包括 SNMP 在内的 Internet 协议的开发。IAB 下设 Internet 研究任务组（IRTF）和 Internet 工程任务组两个机构。它们分别由 Internet 研究指导组（IRSG）和 Internet 工程指导组（IESG）领导，如图 2-4 所示。

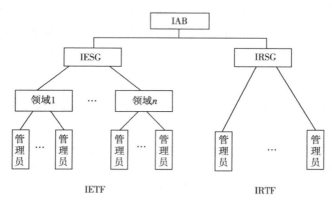

图 2-4　IAB 的体系结构

IAB 负责向 IETF 提供指导。IAB 还承担因特网社会（Internet Society）技术顾问组的角色，监督一系列关键行为，以此来对因特网提供支持。可以认为 IAB 是 IETF 的最高技术决策机构。IRTF 主要致力于长期研究与开发，而 IETF 侧重于相对短期的工程项目。

Internet 工程指导组（Internet Engineering Steering Group，IESG）负责 IETF 日常活动的技术管理和 Internet 标准的制定进程。作为 ISOC（Internet 协会）的一部分，它依据 ISOC 理事会认可的条例规程进行管理。IESG 是 IETF 的实施决策机构。

IETF 由一批网络操作人员、厂商、设计人员和研究人员组成，他们都对 Internet 协议和通信标准有浓厚兴趣。这是一个开放的组织，只要感兴趣谁都可以加入。IETF 的网络管理理事会（NMD）由 8 名成员和 1 名 IETF 的网管地区主任组成。为了更有效地工作，IETF 又分成很多个工作组（WG），工作组按地区组织。每个工作组都有自己的工作目标，通常每年开三次会。IESG 由每个地区工作组的负责人和 IETF 主席组成，这些负责人称为地区主任。工作组是变动的，由对 RFC 的形成有技术性贡献的人员组成，他们都为制定 RFC 做研究工作。一旦工作完成，相关的工作组就会解散，他们的工作成果通常以 RFC 的形式公布于众。例如，最早的 SNMP 工作组于 1991 年 11 月解散。提出草案建议 RFC1902—1908 的 SNMPv2 工作组也于 1995 年春解散。除了以 SNMP 标准为主要工作内容的组之外，许多新的工作组纷纷成立，研究与 SNMP 有关的众多课题。为每个新成立的 MIB 工作组进行开发。

IETF 侧重于研究解决中短期工程问题，其众多的工作组成员被划分成 12 个领域，每个领域都有一个管理员，IETF 主席和各个领域的管理员组成 Internet 工程指导组，负责协调 IETF 的工作。而 IRTF 则负责协调有关 TCP/IP 协议和 Internet 体系结构的研究活动，它设立一个 Internet 研究指导组（Internet Research Steering Group，IRSG），协调研究活动，每个 IRSG 成员主持一个 Internet 研究工作组，但 IRTF 没有进一步划分研究领域。

★2.3.4 RFC 文档

RFC 是 Request for Comments Document 的缩写。RFC 实际上就是 Internet 有关服务的一些标准。Internet 及其标准的主要信息发布手段是 RFC 文档（即征求意见文档）。

SNMP 各个标准阶段的规范都是用 RFC 发布的。但除了定义 SNMP 和 TCP/IP 等正式规范之外，还有其他一些有趣的文档也用 RFC 文档发布，如建议、试验、会议通知、术语表、入门指南、重要数字的列表，以及各种包含其他技术信息的文档等。

RFC 办公室的每份 RFC 分配一个独一无二的编号，当前的 IETF 过程包括两种类型的 RFC 文档：标准路径文档和其他的 RFC 文档（例如，有关情报的、实验的以及供参考的）。标准路径文档的目的很清楚，它将上升到官方 Internet 标准的高度。要发表有关情报的 RFC 文档不需要很正式的基础，只要能够符合 RFC 编辑的审核即可。它不需要接受同行的审查，无论它是否处于 IETF 审查过程都没有任何意义。

除了权威的国际性标准化组织以外，国际上还有一些民间团体和地区性机构在进行有关网络管理标准化方面的研究。它们的研究成果作为它们所在团体的内部标准，有的也影响着国际标准。也有一些组织的研究只是探索标准化方法，它们的结果对外界并没有约束力。例如，NMF（Network Management Forum）组织，NMF 是由 120 多个公司组成的松散组织，包括网络运行公司、计算机厂商、电信设备制造厂商、软件开发商、政府机构、系统集成商、增值代理商和银行等行业的公司。NMF 的目标是促进互连的信息系统中公共的和基于标准的管理办法的需求推动下，能够被广泛地接受和实现。NMF 并不定义自己的标准，它只是在 ISO 和 ITU–T 的标准中定义功能选项，与任何国际性标准化团体都没有正式的联盟关系。

小　　结

本章首先介绍了 ISO 规定的网络管理的五大功能，具体说明了配置管理、故障管理、性能管理、安全管理和计费管理的实现功能。本章只介绍了网络管理最基本的功能，这些基本功能并不是互相孤立的，要完成某项管理功能往往需要其他管理功能的配合。除了介绍的这些功能外，还有一些非 ISO 网络管理功能。

然后介绍了网络管理的分层模型、基本模型和网络管理的信息模型，这对于网络管理的学习是有一定帮助的。

最后介绍了网络管理的标准及其相关的标准组织，主要介绍了国际标准化组织（ISO）、国际电信联盟（ITU）、Internet 工程任务组（IETF）和（RFC）文档。

RFC 文档是 Internet 及其标准的主要发布手段，如 SNMP 各个标准阶段的规范都是用 RFC 发布的。

习　　题

一、选择题

1. 设置并修改与网络组件和 ISO 层软件有关的参数属于（　　）的功能。

    A. 故障管理　　　　B. 配置管理　　　　C. 计费管理　　　　D. 安全管理

2. 维护并检查系统状态日志，以进行分析和计划属于（　　）。

    A. 故障管理　　　　B. 配置管理　　　　C. 性能管理　　　　D. 计费管理

3. 下面（　　）不属于 ISO 组织定义的网络管理的功能。

    A. 性能管理　　　　B. 信息管理　　　　C. 故障管理　　　　D. 配置管理

二、简答题

1. 故障管理的主要内容包括哪些？

2. ISO 的网络管理的五大管理功能是什么？

3. 安全管理的责任是什么？

4. 一个网络管理系统从逻辑上可以认为由哪些要素组成？

5. 什么是 MIB？

6. 网络管理信息模型的主要作用是什么？

7. 有关网络管理的标准是谁制定的？这些标准的文档叫什么？

8. IETF 的主要工作是什么？

9. 国际电信日是哪一天？

第**3**章　网络管理协议

网络管理具体的实现有方法有命令行、SNMP/CIMP、Web 管理和 CORBA 管理等。其中，SNMP 是事实上的 Internet 管理标准，CMIP 是 ISO 标准，CORBA 管理是新出现的网络管理技术，更适合于异构网和分布式管理，国际电信联盟（ITU）将 CORBA 引入了电信管理网（TMN）。

本章重点介绍 SNMP 协议，并简单介绍 CMIS/CMIP 协议、基于 Web 网络管理模式和电信管理网（TMN）。

SNMP 设计主要是基于 TCP/IP，现在已经被其他协议实现，如 IPX/SPX、DECNET 以及 Appletalk 等。SNMP 的特点为面向功能、集中控制、协议简单、安全性较差和支持广泛，几乎所有的通信产品，如路由器、交换机和许多著名的网络管理系统，如 HP 的 OpenView、IBM 和 NetView、Cabletron 的 Spectrum、Microsoft 的 System Management Server(SMS)和 Novell 的 ManageWise，都是基于 SNMP 标准设计的。CMIP 是基于 ISO/OSI 七层模型的，是一个更为有效的网络管理协议。基于 Web 管理模式的实现有两种方式：代理方式和嵌入方式。在大型企业里，通常是通过代理方式对网络进行管理，这种方式也能充分管理大型网络的纯 SNMP 设备；而嵌入方式适合于小型办公室网络的管理。在代理方式中，在一个内部工作站（代理）上运行 Web 服务器，这个工作站轮流与端设备通信，浏览器用户通过 HTTP 协议与代理通信，同时代理通过 SNMP 协议与端设备通信。嵌入方式将 Web 服务器的功能嵌入到网络设备中，每个设备都有自己的 Web 地址，管理员可以通过浏览器直接访问并管理该设备。

网络管理软件正朝着集成化、分布化、智能化、基于 Web 管理等方向发展。

3.1　简单网络管理协议

3.1.1　SNMP 发展概述

1986 年，负责制定 Internet 技术政策的体系结构委员会（Internet Architecture Board，IAB）意识到 Internet 将会迅速增长，因而 IAB 领导了工程任务组（Internet Engineering Task Force，IETF）分短期和长期任务开发管理的 Internet 框架结构。IETF 分成 3 个组：

第一组负责管理主干网的日常操作，他们重点开发了一个管理信息库（Management Information Base，MIB）。

第二组负责开发了一个称为 SNMP 的前身，即 SGMP（Simple Gateway Monitoring Protocol）。SGMP 是由 4 个工程师开发的，实现了对 Internet 路由器和通信线路的管理，只需对其做小的改进就可以通用。因此，最终选择了 SGMP 作为 Internet 管理的短期解决方案，并于 1988 年对

SGMP 进行了扩充并重新命名为 SNMP（Simple Network Management Protocol，简单网络管理协议），成为简单网络管理协议的第一个版本，即 SNMPv1。SNMP 是基于 TCP/IP 的 Internet 管理方案。SNMPv1 最大的特点是简单性，容易实现且成本低。此外，它的特点还有：可伸缩性——SNMP 可管理绝大部分符合 Internet 标准的设备；扩展性——通过定义新的"被管理对象"，可以非常方便地扩展管理能力；健壮性（Robust）——即使在被管理设备发生严重错误时，也不会影响管理者的正常工作。

第三组在 ISO 的 CMIS/CMIP（Common Management Information Protocol）基础上，按照 OSI 的网络管理策略，开发了基于 TCP/IP 的 CMOT（Common Management Information Services and Protocol Over TCP/IP）。

SNMP 发布于 1988 年，1989 年 10 月，就有 70 多个厂家（包括 IBM、HP、Sun、Prime 和 Cabletron 等著名公司）宣布支持 SNMP。1990 年，IETF（Internet Engineering Task Force）正式公布了 Internet 管理标准 SNMP[RFC 1155，1157]。1991 年，公布了 RFC1212 和 RFC1213 标准。随着 Internet 以几何级数的增长，SNMP 发展很快，已经超越传统的 TCP/IP 环境，受到更为广泛的支持。相对于 OSI 标准，SNMP 简单而实用。而 OSI 虽然已经制定出了许多网络管理标准，但当时却没有符合 OSI 网络管理标准的产品。而 CMIS/CMIP 的实现却由于过于复杂而遇到困难。

SNMP 的体系框架是围绕以下 4 个概念和目标进行设计的：

（1）保持管理代理 Agent 的软件成本尽可能低。

（2）最大程度地保持远程管理的能力，以充分利用 Internet 的网络资源。

（3）必须留有将来扩充的余地。

（4）保持 SNMP 的独立性，不依赖于具体的计算机、网关和网络传输协议。

SNMP 的设计原则是简单性和扩展性。简单性是通过信息类型限制、请求响应或协议而取得。扩展性是通过将管理信息模型与协议、被管理对象的详细规定分离而实现的。

为了简单，最初的 SNMP 只提供了 4 类管理操作：

（1）Get 操作用来读取特定的网络管理的信息。

（2）Get-next 操作通过遍历活动来提供强大的管理信息读取能力。

（3）Set 操作用来对管理信息进行控制（修改、设置）。

（4）Trap 操作用来报告重要的事件。

SNMP 的开发工作是在美国几个大学的实验室中首先进行的，最早的 SNMP 产品在 1988 年出台以后，几乎所有的 Internet 设备和设施的厂家都在开发与 SNMP 有关的产品并投放市场。支持 SNMP 的产品中最流行的是 IBM 公司的 NetView、Cabletron 公司的 Spectrum 和 HP 公司的 OpenView。除此之外，许多其他生产网络通信设备的厂家，如 Cisco、Crosscomm、Proteon、Hughes 等也都提供基于 SNMP 的实现方法。

SNMP 是用标准化方法定义的，增强了框架的灵活性和可扩展性。SNMPv1 基于 Internet 标准，其中描述了管理信息结构（SMI）、管理信息库（MIB）和管理协议（SNMP），这 3 个核心文档分别以 RFC1065、1066 和 1067 发布。SNMP 的文档是"免费"的，这就无疑为大量商用和供参考的管理进程与代理进程的实现做出了贡献。

1990 年 5 月，对 SNMP 的 3 个核心部分被 IAB 提升为正式标准。随着 SNMPv1 的完成及其地位的巩固，人们就对 SNMP 框架进行了改善和增强，修补了 SNMPv1 的缺陷，加强了安全性，支持高层管理框架，改进了协议操作。随着 Internet 管理模型的完成，如同 TCP/IP 协议簇的其他协议一样，开始的 SNMP 没有考虑安全问题，为此许多用户和厂商提出了修改 SNMPv1，增加安全模块的要求。IETF 在 1992 年雄心勃勃地开始了 SNMPv2 的开发工作。它当时宣布计划中的第二版将在提高安全性和更有效地传递管理信息方面加以改进，具体包括提供验证、加密和时间同步机制以及 GETBULK 操作提供一次取回大量数据的能力等，其中主要是为了寻找加强 SNMP 安全性的方法，然而安全问题仍然不能满意。于是，人们就设计了更有效和功能更强的网络管理协议，这就是 1993 年正式发表的 SNMP 第二版 SNMPv2，SNMPv2 一发表就很快得到网络产品生产厂家的广泛支持，并使之成为网络管理领域中事实上的工业标准。大多数网络管理系统和平台都是基于 SNMP。1993 年 4 月提出了 SNMP 第二版 SNMPv2[RFC 1441-1451]。1996 年 1 月又发布了 SNMPv2 的修改[RFC1902-1908]，它是一份并非很全面的规约集，没有包括安全和远程配置方面的改进。改进这份过渡性的标准的工作一直没有停止过。在实施过程中，人们发现 SNMPv2 比原先预想的要复杂得多，失去了简单的特点。焦点问题集中在 SNMPv2 在安全方面都没有达到令人满意的结果。1997 年 4 月，IETF 成立了 SNMPv3 工作组。开始致力于 SNMPv3 的研究，以期增加 SNMP 的安全操作能力。经过努力，1998 年 1 月将 SNMPv2 升级为第三版，即 SNMPv3,它由 RFC 2271-2275 等几个文档共同说明，这些文档的主要内容包括数据表达或定义语言、MIB 说明、协议操作、安全与管理等几类。在 SNMPv3 的新版本中，在保持 SNMPv2 基本管理功能的基础上，增加了安全性和管理性描述和远程配置。SNMP 在安全性方面得到了很大的改善和加强。SNMPv3 提供的安全服务有数据完整性、数据源端鉴别、数据可用性、消息时效性和限制重播性防护；其安全协议由鉴别、时效性、加密等 3 个模块组成，具有开放和支持第三方的管理结构。到目前为止，SNMPv3 的安全性还是令人满意的。

3.1.2　SNMP 网络管理体系结构

1. Internet 的网络管理模型

Internet 的网络管理体系结构使用的是 SNMP 管理协议。在 Internet 中，用"网络元素"表示任何一种接受管理的网络资源，即具体的通信设备或逻辑实体，又称为网元。每个网络元素上都有一个负责执行管理任务的管理代理（Agent),整个网络有一至几个对网络实施集中管理的管理进程（一般称为网络控制中心）。那么，网络管理标准就用统一网络控制中心与管理代理的管理信息通信、管理信息定义和操作。Internet 的网络管理模型如图 3-1 所示，其中被管理的网络实体与它的管理代理一起构成完整的网络元素。

图 3-1 中"外部代理"（Proxy Agent）与"管理代理"的不同之处在于：管理代理仅仅是网络管理系统中管理动作的执行机构，是网络元素的一部分；而外部代理则是在网络元素外附加的，专为那些不符合管理协议标准的网络元素而设，完成管理协议转换和管理信息过滤操作。当一个网络资源不能与网络管理进程（机构）直接交换管理信息时，就要用到外部代理。比如，只有低层次协议的网桥和调制解调器就不支持复杂的管理协议以及 TCP/IP 通信，无法与管理进程直接交换管理信息。这时，管理机构对该种设备的管理信息通信就必须经由外部代理转送。外部代理相当于一个"管理桥"，一边用管理协议与管理机构通信，另一边则与被管理的设备通信。

这种管理模型的优点是为管理进程（机构）创造了透明的管理环境。唯一需要增加的信息是当对网络资源进行管理时要选择相应的外部代理，但一个外部代理能够管理多个网络设备。

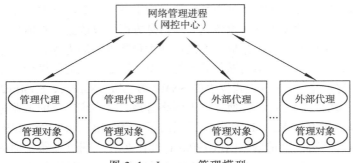

图 3-1　Internet 管理模型

2. SNMP 框架的组成

SNMP 最初的网络管理框架由 RFC1155、RFC1157、RFC1212 和 RFC1213 这 4 个文件定义。RFC1155 定义了管理信息结构（SMI），即规定了管理对象的语言和语义。SMI 主要说明了怎样定义管理对象和怎样访问管理对象。RFC1212 说明了定义 MIB 模块的方法，而 RFC1213 则定义了 MIB-2 管理对象的核心集合。这些管理对象是任何 SNMP 系统必须实现的。最后，RFC1157 是 SNMPv1 协议的规范文件。

SNMP 的网络管理模型包括 4 个关键元素：管理进程（又称管理站，Management Station)、管理代理、管理信息库和网络管理协议，如图 3-2 所示。

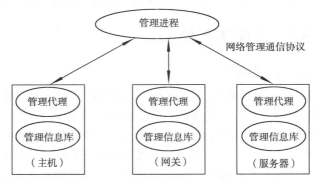

图 3-2　SNMP 的网络管理模型

SMI、MIB 和 SNMP 协议是组成 SNMP 框架的 3 个主要组成部分。

（1）管理站：管理站一般是一个分立的设备，也可以利用共享系统实现。管理站作为网络管理员与网络管理系统的接口，它的基本构成为：一组具有分析数据、发现故障等功能的管理程序；一个用于网络管理员监控网络的接口；将网络管理员的要求转变为对远程网络元素的实际监控的能力；一个从所有被管网络实体的 MIB 中抽取信息的数据库。

（2）管理代理：管理代理是一种特殊的软件（或固件），在被管理的网络设备中运行，它包含了关于一个特殊设备和/或该设备所处环境的信息。管理代理负责执行管理进程的管理操作。每个管理代理都拥有自己的本地信息库。管理代理直接操作 MIB，如果管理进程需要，它可以根据要求改变本地信息库或提取数据传回到管理进程。当一个代理被安装到一个设备上时，上述的设备就被列为"被管理的"。

一个管理代理的本地信息库不一定具有 Internet 定义的全部内容，而只需要包括与本地设备或设施有关的管理对象。管理代理具有两个基本管理功能：从 MIB 中读取各种变量值和在 MIB 中修改各种变量值。这里的变量也就是管理对象。

（3）管理信息库：管理信息库（MIB）是一个概念上的数据库。MIB 中定义了可以通过网络管理协议进行访问的管理对象的集合，给出了管理对象的具体定义，但 SNMP 中的对象是表示被管资源某一方面的数据变量。对象被标准化为跨系统的类，对象的集合被组织为管理信息库。每个管理代理管理 MIB 中属于本地的管理对象，各管理代理控制的管理对象共同构成全网的管理信息库。

MIB 作为设在代理者处的管理站访问点的集合，管理站通过读取 MIB 中对象的值来进行网络监控。管理站可以在代理者处产生动作，也可以通过修改变量值改变代理者处的配置。

（4）管理信息结构：管理信息库的总体框架、数据类型的表示方法和命名方法是由 SMI 定义和说明。管理信息结构是管理信息库中对象定义和编码的基础。SMI 是在 1988 年 8 月首次定义的，接着很快就达到了正式标准状态，在 RFC1155 中发布。1991 年发布的 RFC1212 和 RFC1215 则用更加精确的宏格式来增强对象定义手段，增强陷阱机制的形式化。

SMI 的宗旨是保持 MIB 的简单性和可扩展性，只允许存储标量和二维数组，不支持复杂的数据结构，从而简化了实现，加强了互操作性。SMI 提供了以下标准化技术来表示管理信息：
- 定义了 MIB 的层次结构；
- 提供了定义管理对象的语法结构；
- 规定了对象值的编码方法。

（5）SNMP 协议：SNMP 协议是为网络管理服务而定义的应用层协议。利用 SNMP 协议，可以查询管理代理实现的 MIB 中相应对象的值，以监视网络设备的状态。管理代理也会通过 SNMP 协议发出一些 Trap 消息。

管理站和管理代理之间是通过 SNMP 网络管理协议连接的通信，通过 SNMP 报文的形式来交换信息。协议主要支持 Get、Set 和 Trap3 种功能共 5 种操作，　SNMP 通信协议主要包括以下功能：
- Get：管理站读取代理者处对象的值。
- Set：管理站设置代理者处对象的值。
- Trap：代理者向管理站通报重要事件。

SNMP 标准中规定的 5 种管理操作是 Get-Request、Get-Next-Request、Set-Request、Get-Response、Trap。

Get-Request 被 Manager 用来从 Agent 取回某些变量的值；　Get-Next-Request 被 Manager 用来从 Agent 取回变量的下一个变量的值；Set-Request 被 Manager 用来设置（或改变）Agent 上一个某变量的取值；Get-Response 是 Agent 向 Manager 发送的应答；Trap 被 Agent 用来向 Manager 报告某一异常事件的发生。

Get-Request、Get-Next-Request 和 Set-Request 这 3 种操作都具有原子（Atomic）特性，即如果一个 SNMP 报文中包括了对多个变量的操作，Agent 不是执行所有操作，就是都不执行（例如，一旦对其中某个变量的操作失败，其他的操作都不再执行，已执行过了的也要恢复）。

3. SNMP 协议环境

SNMP 为应用层协议，是 TCP/IP 协议簇的一部分。它通过用户数据报协议(UDP)来操作。在分立的管理站中,管理者进程对管理站中心的 MIB 的访问进行控制,并提供网络管理员接口。

管理者进程通过 SNMP 完成网络管理。SNMP 在 UDP、IP 及有关的特殊网络协议(如 Ethernet、FDDI、X.25)之上实现。

每个代理者也必须实现 SNMP、UDP 和 IP。另外，有一个解释 SNMP 的消息和控制代理者 MIB 的代理者进程。

图 3-3 描述了 SNMP 的协议环境。从管理站发出 3 类与管理应用有关的 SNMP 的消息 Get-Request、Get-Next-Request、Set-Request。3 类消息都由代理者用 Get-Response 消息应答，该消息被上交给管理应用。另外，代理者可以发出 Trap 消息，向管理者报告有关 MIB 及管理资源的事件。

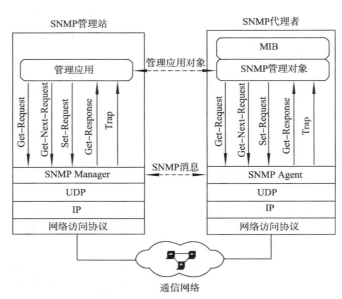

图 3-3　SNMP 的协议环境

4．共同体和安全控制

网络管理是一种分布式的应用。与其他分布式的应用相同，网络管理中包含有一个应用协议支持多个应用实体的相互作用。在 SNMP 网络管理中，这些应用实体就是采用 SNMP 的管理站应用实体和被管理站的应用实体。SNMP 网络管理包含一个管理站和多个被管理站之间一对多的关系。反之，还包含另外一种一对多的关系，即一个被管理站和多个管理站之间的关系。每个被管理站控制着自己的本地 MIB，同时能够控制多个管理站对这个本地 MIB 的访问。这里所说的控制有以下 3 个方面：

（1）认证服务将对 MIB 的访问限定在授权的管理站的范围内；

（2）访问策略对不同的管理站给予不同的访问权限；

（3）代管服务指的是一个被管理站可以作为其他一些被管理站(托管站)的代管，这就要求在这个代管系统中实现为托管站服务的认证服务和访问权限。

以上这些控制都是为了被管系统保护它们的 MIB 不被非法地访问。SNMP 通过共同体 (Community)的概念提供了初步和有限的安全能力。SNMP 用共同体来定义一个代理者和一组管理者之间的认证、访问控制和代管的关系。共同体是一个在被管系统中定义的本地概念。被管系统为每组可选的认证、访问控制和代管特性建立一个共同体。每个共同体被赋予一个在被管系统内部唯一的共同体名，该共同体名要提供给共同体内的所有管理站，以便它们在 Get 和 Set 操作中应用。代理者可以与多个管理站建立多个共同体，同一个管理站可以出现在不同的共同体中。

由于共同体是在代理者处本地定义的，因此不同的代理者处可能会定义相同的共同体名。共同体名相同并不意味着共同体有什么相似之处，因此，管理站必须将共同体名与代理者联系起来加以应用。

5．SNMP 的安全机制

SNMP 中需要保护的首要安全威胁是管理信息报文的篡改和身份伪装；需要防护的次要威胁包括信息泄露和报文流篡改。

3.1.3　SNMPv3 及其安全机制

使用 SNMPv1、SNMPv2 进行网络管理时，由于安全功能有限，面临着假冒、信息篡改、报文序列和定时机制的修改、信息暴露等几种安全威胁。所以，SNMPv1、SNMPv2 的安全性总是不能满足人们的期望，1998 年 1 月，Internet 工作组正式发布了 SNMPv3 协议标准文档：RFC2271～RFC2275，主要对 SNMP 的安全性进行了增强，作了很大的改进。

SNMPv3 则以 SNMPv2u 中基于用户的安全模型为基础，并进行了大量修订，完善了该安全模型，作为第三版 SNMP 的安全框架。在 RFC 2274 中有该模型的完整定义。

1．SNMPv3 协议的组成

在 SNMPv1 和 SNMPv2 中，实现 SNMP 协议功能的进程称为协议引擎或协议机。而在 SNMPv3 中，实现 SNMP 协议功能的整个软件称为协议实体（SNMP Entity），SNMP 引擎只是协议实体的一部分。实体是体系结构的一种实现，由一个 SNMP 引擎（SNMP Engine）和一个或多个有关的 SNMP 应用（SNMP Application）组成。图 3-4 所示为 SNMPv3 协议实体结构。

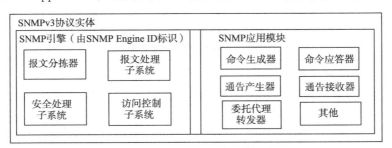

图 3-4　SNMPv3 协议实体结构

RFC 2271 定义的 SNMPv3 体系结构，体现了模块化的设计思想，SNMP 引擎和它支持的应用被定义为一系列独立的模块。SNMP 实体的功能由所在实体的多个模块决定，每个实体仅仅是模块的不同组合，每个模块具有相对独立性，当改进或替换某一模块时，不会影响整个结构，这样可以简单地实现功能的增加和修改。

SNMPv3 实体通常由一个 SNMP 引擎和一个或多个相关联的应用组成。应用模块主要有命令生成器（Command Generator）、通告接收器（Notification Receiver）、委托代理转发器（Proxy Forwarder）、命令应答器（Command Responder）、通告产生器（Notification Originator）和一些其他的应用。

SNMPv3 中的命令生成器的主要功能是监控和操纵管理数据，一般在管理进程一方实现。命令响应器的功能是实现对管理数据的访问，一般在管理代理一方实现。通告产生器的功能是发送异步的通知报文（如 InformRequest、Trap 等）。通告接收器的功能是接收并处理异步的通知报文，一般在管理进程一方实现。委托代理转发器的功能是向不支持 SNMP 的设备转发报文，一般在管理代理一方实现。

作为 SNMP 实体核心的 SNMP 引擎用于发送和接收消息、鉴别消息、对消息进行解密和加密以及对管理对象的访问控制等服务。SNMPv3 协议的引擎是由报文分拣器、安全处理子系统、报文处理子系统和访问控制子系统组成。

SNMP 引擎中的报文分拣器的功能是接收和发送报文，确定报文版本号并将该报文发送给相应的报文处理模块，并为接收和发送 PDU 的 SNMP 应用提供一个抽象的接口。

报文处理子系统是由若干个报文处理模块（Message Processing Model）组成，不同的模块处理不同版本的报文，它的功能是按照预定的格式准备要发送的报文，或者从接收的报文中提取数据，如图 3-5 所示。

图 3-5   SNMP 报文处理子系统

安全处理子系统提供安全服务，如报文的认证和加密。一个安全子系统可以有多个安全模块，以便提供各种不同的安全服务，如图 3-6 所示。

图 3-6   SNMP 安全处理子系统

安全处理子系统由安全模型和安全协议组成。每一个安全模块定义了一种具体的安全模型，说明它提供安全服务的目的和使用的安全协议。而安全协议则说明了用于提供安全服务（如认证和加密）的机制、过程以及 MIB 对象。

访问控制子系统通过访问控制模块（Access Control Model）提供授权服务，即确定是否允许访问一个管理对象，或者是否可以对某个管理对象实施特殊的管理操作，如图 3-7 所示。每个访问控制模块定义了一个具体的访问决策功能，用以支持对访问权限的决策。SNMPv3 目前定义了基于视图的访问控制模型 VACM（View-based Access Control Model）。VACM 由 RFC 2275 定义。VACM 允许对访问控制策略进行非常灵活的配置。

图 3-7   SNMP 访问控制子系统

2. SNMPv3 安全机制

SNMP 中需要保护的首要安全威胁是管理信息报文的篡改和身份伪装；需要防护的次要威胁包括信息泄露和报文流篡改。因此，SNMPv3 需要实现以下安全目标：

（1）验证接收到的 SNMP 报文的完整性，确认在传输过程中没有被篡改。

（2）验证源发送者的身份，确认其不是伪装的。

（3）根据报文中的生成时间，确认报文从发送到接收之间的延迟在限定的窗口内（报文流没有被篡改）。

为了实现以上目标，SNMPv3 的安全机制由鉴别模块、时标模块和加密模块 3 个部分组成。

鉴别模块实现数据完整性鉴别和数据源身份鉴别。时标模块用于检验报文的传输时延，确认报文时延在规定的时间窗口内。加密模块实现对报文内容的加密。

3.1.4　远程网络监控

网络管理技术的一个新的趋势是使用远程网络监控（RMON），RMON 是 Remote Network Monitoring 的缩写，是对 SNMP 功能的扩充，对监测和管理交换或局域网特别有用，是简单网络管理向互联网管理过渡的重要步骤。RMON 扩充了 SNMP 的管理信息库 MIB-2，MIB-2 向网络管理人员提供了有关互联网络的关键信息。在不改变 SNMP 协议的条件下增强了网络管理的功能，使 SNMP 更为有效、更为积极主动地监控远程设备。

1. 需要 RMON 的原因

有了 SNMP，为什么还要 RMON？因为 SNMP 是一种广为执行的网络协议，它使用嵌入到网络设施中的代理软件来收集网络通信信息和有关网络设备的统计数据。代理不断地收集统计数据，如所收到的字节数，并把这些数据记录到一个 MIB 中。网管员通过向代理的 MIB 发出查询信号可以得到这些信息，这个过程称为轮询（Polling）。

虽然 MIB 计数器将统计数据的总和记录下来，但它无法对日常通信量进行历史分析。为了能全面地查看一天的通信流量和变化率，管理人员必须不断地轮询 SNMP 代理，一天中每分钟就轮询一次。这样，网管员可以使用 SNMP 来评价网络的运行状况，并揭示出通信的趋势，如哪一个网段接近通信负载的最大能力或不必要地使通信出错。先进的 SNMP 网管站甚至可以进行编程来自动关闭端口或采取其他矫正措施来处理历史的网络数据。

SNMP 轮询有两个明显的弱点：

（1）没有伸缩性。在大型的网络中，轮询会产生巨大的网络管理通信量，导致网络通信负荷加重甚至导致拥挤情况的发生。因此，这种方式只能在小型规模的网络中应用。

（2）它将收集数据的负担加在网络管理控制台上（管理进程端）。管理站所在计算机的处理能力总是有限的，也许能轻松地收集几个网段的信息，当它们监控数十个网段时，恐怕就应付不下来，CPU 就无法应付。

基于上述这些原因，人们就提出了一种高效、低成本的网络监视方案，这就是 RMON。

2. RMON MIB

Internet 工程特别小组(IETF)于 1991 年 11 月公布第一版的 RMON MIB 来解决 SNMP 在日益扩大的分布式网络中所面临的局限性。开发 RMON 的目的是使 SNMP 更为有效、更为积极主动地监控远程设备，提供信息流量的统计结果和对很多网络参数进行分析，以便于综合做出网络故障诊断、规划和性能分析。

RMON MIB 由一组统计数据、分析数据和诊断数据构成，利用许多供应商生产的标准工具都可以显示出这些数据，因而它具有独立于供应商的远程网络分析功能。RMON MIB 能提供的只是关于单个设备的管理信息，例如进出某个设备的分组数或字节数，而不能提供整个网络的通信情况。通常用于监视整个网络通信情况的设备叫做网络监视器（Monitor）或网络分析器（Analyzer）、探测器（Probe）等。RMON 探测器和 RMON 客户机软件结合在一起在网络环境中实施 RMON。监视器通过监听方式在 LAN 上运行，以监视 LAN 上的每一个数据包（分组），并对信息进行统计和总结，给管理人员提供重要的管理信息。例如，出错统计数据（残缺分组数据、冲突次数）、性能统计数据（每秒钟提交的分组数、分组大小的分布情况）等。监视器还可以存储全部或部分的数据包供以后分析使用。监视器也根据包的类型或包的其他特性进行过滤并捕获特殊的分组。

通常是每一个子网配置一个监视器，并且与中央管理站通信，因此叫远程监视器。监视器可以是一个独立的设备，也可以是一个运行监视器软件的工作站或服务器。RMON 监视器或探测器实现 RMON 管理信息库（RMON MIB）。这种系统与通常的 SNMP 代理一样包含一般的 MIB，另外还有一个探测器进程，提供与 RMON 有关的功能。探测器进程能够读/写本地的 RMON 数据库，并响应管理站的查询请求。有时也把 RMON 探测器称为 RMON 代理。

RMON 探测器和 RMON 客户机软件结合在一起在网络环境中实施 RMON。RMON 的监控功能是否有效，关键在于其探测器要具有存储统计数据历史的能力，这样就不需要不停地轮询才能生成一个有关网络运行状况趋势的视图。RMON 通过采用功能强大的报警组（Alarm Group）而实现先期的网络诊断，它允许为关键性的网络参数设置阈值，以便自动地将报警信号传送到中央管理控制台。"RMON MIB 功能组"功能框可以对通过 RMOM MIB 收集的网络管理信息类型进行描述。

第一版的 RMON MIB 主要用于以太网和令牌环网的管理，以太网定义了 9 个函数组，为令牌环定义了 1 个函数组。这些对象组是：

（1）统计（Statistics）：累积的局域网通信和故障统计数据；

（2）历史（History）：进行趋势分析的区间抽样统计数据；

（3）报警（Alarm）：确定阈值；

（4）主机统计数（Hosts）：由介质访问控制地址（MAC）组成的统计数据；

（5）主机统计最大值（Host Top N）：按 MAC 地址排序的统计数据；

（6）矩阵（Matrix）：所追踪的两个设备之间的对话；

（7）过滤存储（Filter）：数据包选择机制；

（8）包捕获（Packet Capture）：数据包收集和上载机制；

（9）事件（Event）：对报警信号所引起的操作进行控制的机制；

（10）令牌环（Token Ring）：针对令牌环设备的特殊参数，包括环站、环站次序、环站配置、源路由统计数据（只用于令牌环）。

一般的交换机至少支持 4 组（1、2、3、9 组）RMON。

遍布在 LAN 网段之中的 RMON 探测器不会干扰网络。它能自动地工作，无论何时出现意外的网络事件，它都能上报。探测器的过滤功能使它根据用户定义的参数来捕获特定类型的数据。当一个探测器发现一个网段处于一种不正常状态时，它会主动与在中心的网络管理控制台的 RMON 客户应用程序联系，并将描述不正常状况的捕获信息转发。客户应用程序对 RMON 数据从结构上进行分析来诊断问题之所在。

通过追踪谁与谁交谈，RMON 可以帮助网管员确定如何最佳地给他们的网络分段。网管员通过报告意外事，可以识别出占有最大带宽的用户；这些用户然后放置于各自的网段之中来尽可能减少他们对其他用户的影响。

3．RMON 的目标

RMON 的规范主要是一个 MIB 定义，它定义了标准网络监视功能以及在管理控制台和远程监视器之间的通信接口。RMON 提供了一个高效的方法，它可以在降低其他代理和管理站负载的情况下监视子网的行为。RFC 1217 中给出了 RMON 的设计目标：

（1）离线操作：必要时由网络管理站来限制或停止对监视器的轮询，有限的查询可以节约通信开支。例如，查通信失败或管理站发生错误，查询可能会终止。一般情况下，即使监视器未被网络管理站查询，它也应不停地收集失效性能和配置信息。监视器不断积累统计信息，以备管理站将来查询时提供管理信息。另外，在网络出现异常情况时监视器要及时报告管理站。

（2）主动监视：如果监视器有足够的资源，通信负载也允许，监视器可以连续不断地运行诊断程序，对网络进行诊断并记录网络性能状况。在子网出现故障时通知管理站，向管理站提供诊断故障的有用信息。

（3）问题检测和报告：主动监视探测网络将消耗太多的网络资源去检测错误和异常情况。监视器也可以根据它所观测到的流量被动地（无查询地）识别并记录某些错误及其他情况，例如网络拥塞，并在出现错误时通知管理站。

（4）提供增值数据：监视器可以分析收集到的子网中的数据，从而减轻管理站的计算任务的负担。例如，监视器可以分析子网流量来确定哪个主机在子网上产生的流量或错误最多等。

（5）多管理站操作：一个互联网可以配置多个管理站，以提高可靠性，或分布地实现不同的管理功能。监视器可以配置为同时和多个管理站并发工作，为不同的管理站提供不同的信息。

不是每一个远程监视器都能实现所有这些目标，但是 RMON 的规范提供了实现所有目标的支持。

4．RMON II

RMON II 并不是取代 RMON ，而是在其基础上提供更高层次的诊断和监测功能。RMON II 标准能将网管员对网络的监控层次提高到网络协议栈的应用层。因而，除了能监控网络通信容量与容量消耗外，RMON II 还提供有关各应用所使用的网络带宽量的信息，这是在客户机/服务器环境中进行故障排除的重要因素。

RMON 在网络中查找物理故障，RMON II 进行的则是更高层次的观察。它监控实际的网络使用模式。RMON 探测器观察的是由一个路由器流向另一个路由器的数据包，而 RNOM II 则深入到内部，它观察的是哪一个服务器发送数据包，哪一个用户预定要接收这一数据包，这一数据包表示何种应用。

网管员能够利用这些信息，按照应用带宽和响应时间要求来区分用户，使它们分布在不同的网段中，使网络的使用更加合理。

在客户机/服务器网络中，安放妥当的 RMON II 探测器能够观察整个网络中的应用层对话。最好将 RMON II 探测器放在数据中心或工作组交换机或服务器集群中的高性能服务器之中。原因很简单，因为大部分应用层通信都经过这些地方。物理故障最有可能出现在工作组层，实际上用户是从这里接入网络的。因而目前布置在工作组位置的 RMON 最为有用，且使用起来最为经济有效。

表 3-1 给出了 RMON II 如何能够对现有的 RMON 管理解决方案进行补充，并从多个角度来解决一系列网络管理问题。

表 3-1 RMON 与 RMON II 的网络管理着眼点

网络管理问题	相 关 OSI 层	管 理 标 准
物理故障与应用	介质访问控制层(MAC)	RMON
局域网网段	数据链路层	RMON
网络互连	网络层	RMON II
应用程序的使用	应用层	RMON II

*3.2 公共管理信息服务和公共管理信息协议

CMIP 基于 ISO/OSI 七层模型，是一个更为有效的网络管理协议。OSI 网络管理框架是 ISO 在 1979 年开始制定的，也是国际上最早制定的网络管理标准。ISO 制定的 OSI 网络管理标准中，公共管理信息协议是 CMIP（Common Management Information Protocol），所提供的公共管理信息服务是 CMIS（Common Management Information Service）。

3.2.1 CMIP/CMIS 概述

OSI 网络管理体系结构（通常就是指公共管理信息协议，即 CMIP）要运行在协议栈上。其体系结构由 4 个主要部分组成，它们结合在一起提供这个非常全面的网络管理方案。该体系结构给出了一个信息模型、一个组织模型、一个通信模型和一个功能模型，提供了丰富的管理信息服务。

信息模型包括一个管理信息结构、层次命名体系和管理对象定义。组织模型与 SNMP 一样，是管理进程–管理代理模式。两个协议都在 OSI 参考模型的应用层上运行。通信模型采用 OSI 协议集，但其体系结构中也包括系统管理，需要面向连接的服务支持。CMIP 有一套完整的操作符号。有确定视窗和对象过滤的规则，用于选择管理对象。功能模型包括第 2 章讲述的特定管理功能域：故障管理、配置管理、性能管理、安全管理和计费管理 5 个管理功能域。

CMIP 是一种构建在开放式系统互连（OSI）通信模块基础上的网络管理协议。CMIS 支持管理进程和管理代理之间的通信要求，CMIP 则是提供管理信息传输服务的应用层协议，二者规定了 OSI 系统的网络管理标准。CMIP 与 SNMP 相比，两种管理协议各有所长。SNMP 是 Internet 组织用来管理 TCP/IP 因特网和以太网的，由于实现、理解和排错很简单，所以受到很多产品的广泛支持，但是安全性相对较差。CMIP 是一个更为有效的网络管理协议，具有面向对象、分布控制、安全性高等特点，CMIP 是把更多的工作交给管理者去做，减轻了终端用户的工作负担。

此外，CMIP 建立了安全管理机制，提供授权、访问控制、安全日志等功能。CMIP 采用了报告机制，具有许多特殊的设施和能力，需要能力强的处理机和大容量的存储器。由于 CMIP 是由 ISO 指定的国际标准，涉及面很广，着重于广泛的适应性，所以协议复杂，实施费用较高，因此支持较少。电信管理网（TMN）的管理信息模型是建立在 OSI 系统管理基础之上，TMN 的主要网管协议是 CMIP。因此，目前支持它的产品较少，如 AT&T 的 Accumaster 和 DEC 公司的 EMA 等，HP 的 OpenView 最初也是按 OSI 标准设计的。

在网络管理过程中，CMIP 不是通过轮询而是通过事件报告进行工作，由网络中的各个设备监测设施在发现被检测设备的状态和参数发生变化后及时向管理进程进行事件报告。管理进程一般都对事件进行分类，根据事件发生时对网络服务影响的大小来划分事件的严重等级，网络管理进程很快就会收到事件报告，具有及时性的特点。

3.2.2　公共管理信息通信环境

OSI 参考模型中，第 1 层~第 6 层对网络管理所须知的贡献是为管理信息的传递提供标准的信息传输服务，在应用层上则要有特定的网络管理应用服务以支持网络管理通信。在 OSI 网络管理标准中，应用层上与网络管理应用有关的称为系统管理应用实体。

通过协议在两个实体（管理者和代理）之间进行管理信息的交换是 ISO 提出的网络管理的基本功能，这种功能被称为公共管理信息服务元素（CMISE）。CMISE 的定义分为两部分：

（1）CMIS：描述提供给用户的服务；

（2）CMIP：描述完成 CMIS 服务的协议数据单元（PDU）的格式及其相关联的过程。

在 OSI 管理信息通信中，管理进程和管理代理是一对对等的应用实体，它们调用 CMISE 的服务来交换管理信息。CMISE 提供的服务访问点支持管理进程和管理代理之间有控制的关联（Association），关联用于管理信息的查询/响应、传递事件通知、远程启动管理对象的操作等。

CMISE 的管理信息通信需要面向连接的传输的支持，并且与已有的应用层环境有一定关系。CMISE 利用了 OSI 关联控制元素（ACSE）的服务和远程操作服务元素（ROSE）来实现它自己的管理信息服务。为了实现 CMIS/CMIP，有 3 个 OSI 应用层协议实体（也称为服务元素）：

（1）公共管理信息服务元素（Common Management Information Service Element，CMISE），用于提供 CMIS 服务。

（2）关联控制服务元素（Association Control Service Element，ACSE），用于建立和拆除两个系统之间应用层的通信联系。

（3）远程操作服务元素（Remote Operation Service Element，ROSE），用于建立和释放应用层的链接。

CMISE 使用户能够访问到 CMIS 管理服务，该服务则利用 CMIP 作为其管理进程/管理代理之间的通信手段。CMISE 要用到 ACSE 和 ROSE 的支持，用于对应用关联的控制。ACSE 实现的是打开和关闭管理进程与代理之间的通信联系，而 ROSE 则在联系建立起来后传送和响应。

OSI/CMIP 管理体系结构是以更通用、更全面的观点来组织一个网络的管理系统，它的开放性着眼于网络未来发展的设计思想，使得它有很强的适应性，能够处理任何复杂系统的综合管理。但是，正是出于考虑全面的思想而使协议变得复杂起来，导致了许多缺点：

（1）OSI 系统管理违反了 OSI 参考模型的基本思想。

（2）故障管理的问题，由于 OSI 系统管理用到了 OSI 各层的服务传送管理信息，使得 OSI 系统管理不能管理通信系统自己内部的故障。

（3）缺乏管理者特定的功能描述。OSI 系统管理标准仅仅定义了每个独立的管理操作，但并没有定义这些操作的序列，以完成管理者要解决的特定问题。

（4）OSI 系统管理太复杂，CMIP 的功能极其灵活强大，使得 OSI 系统管理方法过于复杂，从而 OSI 系统管理与实际的应用存在差距，OSI 的实际应用产品较少。

（5）缺乏相应的开发工具，代理系统成本太高。

（6）OSI 系统管理虽然管理信息模型是面向对象的，但管理信息传送却不是面向对象的，OSI 系统管理不是纯面向对象的。

3.3 基于 Web 的网络管理技术

随着 Web 的流行和技术的发展，将网络管理和 Web 结合起来，允许通过 Web 浏览器进行网络管理，是近几年随着 Internet 发展的一种网络管理方式。基于 Web 的网络管理模式（Web-Based Management，WBM）是一种全新的网络管理模式，从出现伊始就表现出强大的生命力，它以其特有的灵活性、易操作性等特点赢得了许多技术专家和用户的青睐，被誉为是"将改变用户网络管理方式的革命性网络管理解决方案"。

WBM 将 Web 功能与网络管理技术融为一体，从而为网络人员提供了比传统网络工具更强的能力。应用 WBM，网络管理者能够通过任何 Web 浏览器，在任何站点对网络运行情况进行监测和控制，而不局限于网管工作站。借助于 WBM，能够解决很多由不同操作系统平台结构产生的互操作性问题。

另外，WBM 是发布网络操作信息的理想方法。例如，通过浏览器连接到一个专门的 Intranet Web 站点上，用户能够访问网络和服务的更新，这样就免去了用户与组织网管部门的联系。

3.3.1 WBM 的实现

WBM 的实现有代理方式和嵌入方式两种，两种方式之间平行地发展而且互不干涉。

1. 代理方式

代理方式是在一个内部工作站上运行 Web 服务器（代理），如图 3-8 所示。将一个基于 Web 的服务器加载到中间工作站（代理服务器），而终端网络设备轮流和终端网络设备通信。网络用户使用 Web 的超文本传输协议（HTTP）通过 Web 浏览器用户与代理工作站通信，同时代理工作站使用 SNMP 协议与终端网络设备之间通信。在这种方式下，网络管理软件成为操作系统上的一个应用。它介于浏览器和网络设备之间。在管理过程中，网络管理软件负责将收集到的网络信息传送到浏览器（Web 服务器代理），并将传统管理协议（如 SNMP）转换成 Web 协议（如 HTTP）。

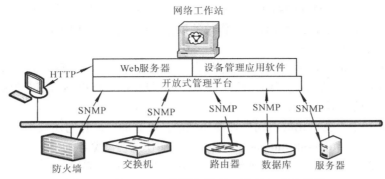

图 3-8　基于 Web 的网络管理 – 代理方式示意图

代理的方式继承了当今传统的基于工作站的管理系统和产品的所有优点，以及访问灵活的特点。因为代理服务器和所有的网络终端设备通信仍然通过 SNMP 协议，因而这种方式可以和只支持 SNMP 协议的设备协同工作。

2．嵌入式

嵌入式是将 Web 功能嵌入到网络设备中，每个设备有自己的 Web 地址，管理员可通过浏览器直接访问并管理该设备，如图 3-9 所示。这种方式下，网络管理软件与网络设备集成在一起。网络管理软件无须完成协议转换。所有的管理信息都是通过 HTTP 协议传送。

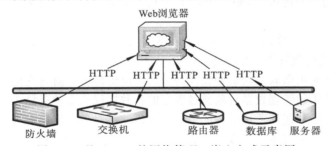

图 3-9　基于 Web 的网络管理 – 嵌入方式示意图

在今后的企业网中，基于代理与基于嵌入式的两种网络管理方式都会被应用。大型企业通过代理来进行网络监视与管理，而且代理方案也能充分管理大型机构的纯 SNMP 设备；内嵌 Web 服务器的方式对于小型办公室网络则是理想的管理方式。小型办公室网络相对比较简单，也不需要强大的管理系统和整个企业的网络视图。由于小型办公室网络经常缺乏网络管理和设备控制人员，而内嵌 Web 服务器的管理方式就把用户从复杂的管理中解放出来了。另外，基于 Web 的设备实现了真正的即插即用，减少了安装时间和故障排除时间。

内嵌式 Web 服务器的管理方式具有单独设备的图形化管理。它提供了比命令行和基于菜单的 Telnet 接口更直接、更易用的图形界面，能够在不影响功能的前提下简化操作。若将两者方式混合使用，更能体现二者的优点。

目前，实现 WBM 的常见技术有许多，例如：

（1）超文本置标语言（HTML）：HTML 用于创建表达信息以及提供到达另外一个页面的超链接。

（2）通用网关接口（Common Gateway Interface，CGI）：CGI 是 Web 服务器与外部应用程序之间的一个接口标准。CGI 能使 Web 服务器接收用户请求并将请求发送到相应的应用程序，然后把应用程序返回的结果再回送给用户。例如，WBM 应用程序需要显示一个网络中的某公司系统的清单时，这个设备清单已经在代理工作站的数据库中存在了，CGI 脚本可以查询数据库并格式化 HTML 页再发布这些信息。

（3）Java 语言：Java 是一种解释性程序语言，也就是在运行时代码才被特殊的处理器程序（例如解释器）解释，而不是先进行编译然后再运行。解释性语言可以移植到其他的处理器上（当然要有针对特定的处理器的解释器）。对于 Java，解释器是一个被称为 Java 虚拟机（JVM）的强大设备。JVM 对于千变万化的不同处理器环境都是可靠的，而且它还被绑定了 Web 浏览器（Netscape Navigator 和 Microsoft Internet Explorer）从而使这些浏览器能够执行 Java 代码。

Java 能够像 C++或其他语言一样能够在工作站上产生独立的应用程序，而且不必像 Web 一样被写成源程序。Java 具有固有的 Web 能力，特别是被称作 Applet 的一种独立的 Java 程序，能够被传送到浏览器并且在浏览器所在的本地机上运行。Applet 和其他应用程序不同，它具有浏览器强制安全机制，可以阻止 Applet 访问本地系统资源，并且限制访问网络资源。所以，Applet 能够以最小的代价安全地通过并被运行，不会破坏网络安全。Java Applet 可以处理 WBM 技术中所需管理和处理的动态数据。与 HTML 不同，Java 能够用于处理各种任务，诸如显示网络运行的动态画面、动态图像以及打印复杂图片等。Java Applet 既可以在代理方式中，又可以在嵌入方式中应用。Java 还有另一种 WBM 应用：如果 JVM 被嵌入一个端设备，该设备就可以执行 Java 代码，这就是代码的可移植性，代码能够从管理代理工作站到设备或在设备之间或一个设备的几部分之间被动态地传送。在嵌入方式中的 Java 动态应用中可以增加基于某种策略的管理与安全的功能。

目前，WBM 管理的开放式标准尚未制定出来，有两个 WBM 的标准正在考虑中：

（1）基于 Web 的企业管理（Web-Based Enterprise Management，WBEM）标准，已于 1996年 7 月公布。WBEM 是由微软公司最初提议的，已经得到许多厂商的支持。WBEM 是一个面向对象的工具，各种抽象的管理数据对象通过现存的各种协议从多种资源（如设备、系统、应用程序等）中收集。WBEM 能够通过单一的协议来管理这些对象。该标准将兼容和扩展当前的标准。WBEM 是一个事实上的 Web 应用，但其真正目标是对所有网络单元和系统进行管理，包括网络设备、服务器、工作平台和应用程序。WBEM 的关键要素是一个全新的协议——超媒体管理协议（Hypermedia Management Protocol）。

（2）Java 管理应用程序接口（Java-Management Application Prgrammin Interface，JMAPI），这是 Sun 公司作为 Java 标准的扩展 API 结构而提出的。除了作为管理应用程序接口外，JMAPI 更是一个完全的网络管理应用程序开发环境。它提出了一张功能齐全的特性表，包括创建特性表和图表的用户接口类、基于 SNMP 的网络 API，以及远程过程调用的结构数据访问方式和类型向导等。

3.3.2　WBM 中的安全性考虑

WBM 中的安全性对于一个企业网络的安全是非常重要的。网络管理员可以对有些重要的、敏感的网络数据采取加密措施，如授权机制、访问机制、加密机制和防火墙机制，以及维护和检查安全日志等机制来加强 WBM 系统的安全。一个安全的网络需要有防火墙将其与 Internet 隔离开，以保护企业内部网络的资源，例如防止外部非法访问运行的 Web 服务器。另外，为了安全，对服务器的访问可以通过密码和地址过滤来控制。从安全考虑，WBM 也是基于服务器的一个需要保护的设备。由于 WBM 控制着网络的主要资源,因而只有 Intranet 上的授权用户才能访问 WBM 系统，目前在电子商务方面做得比较出色。通过使用 WBM,只需在服务器简单地启用安全加密，用户就可以加密从浏览器到服务器的所有通信数据。服务器和浏览器就可以协同工作以加密和解密所有传输的数据。

*3.4　TMN 管理

电信管理网（Telecommunication Management Network，TMN）是国际电信联盟为公共交换电话网的管理而制定的系列建议书,主要是为了适应通信网多厂商多协议的环境,为了适应电信技术的飞速发展,也为了不断增加的电信新业务的需要,提高通信网管理的质量,对电信网进行统一的、一体化的管理。

TMN 电信系统中三大网络系统（交换网、信令网、电信管理网）之一，国际电信联盟于 1998 年提出并定义了 TMN 的概念，TMN 是基于 OSI 系统管理的模式进行电信网和电信业务管理的分布式计算机网络系统，它通过有组织的体系结构及标准接口（包括通信协议如 CIMP 和信息模型），使不同类型的管理系统和电信设备之间都能以一致的方式交换管理信息，按照规范的方法对整个电信网进行统一的综合管理和维护。

TMN 的体系结构如图 3–10 所示。TMN 的层次结构在纵向上分为 5 层：网元层、网元管理层、网络管理层、服务管理层和业务管理层。

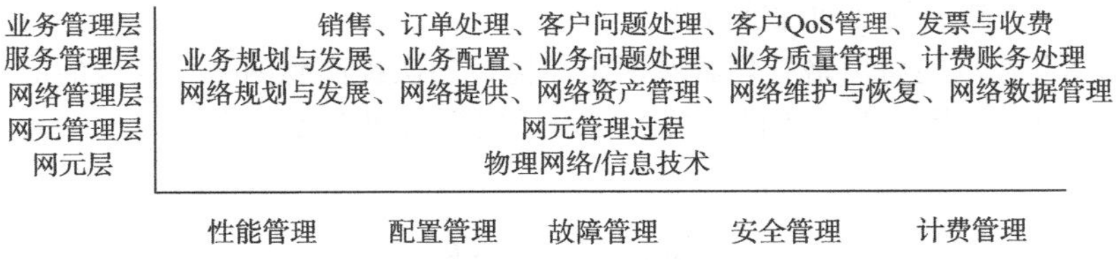

业务管理层	销售、订单处理、客户问题处理、客户QoS管理、发票与收费			
服务管理层	业务规划与发展、业务配置、业务问题处理、业务质量管理、计费账务处理			
网络管理层	网络规划与发展、网络提供、网络资产管理、网络维护与恢复、网络数据管理			
网元管理层	网元管理过程			
网元层	物理网络/信息技术			
性能管理	配置管理	故障管理	安全管理	计费管理

图 3–10　TMN 的体系结构

其中：

（1）网元层包括主机系统和网络设备的管理。

（2）网元管理层可以实现对一个或多个网元进行操作和管理过程。

（3）网络管理层包括网络规划与发展、网络提供等。

（4）服务管理层包括业务提供、业务控制与监测以及计费等。

（5）业务管理层提供支持用户决策的管理功能，如销售订单处理、客户关系处理等。

TMN 的管理功能根据管理目的分为性能管理、配置管理、故障管理、安全管理和计费管理五大功能。这五大功能与纵向的层次在两个方向上综合形成 TMN 系统的框架。在 TMN 每一层都有相应的管理功能，各层可以相对独立扩充功能，最终支持业务逻辑的开展和企业效益的最大化。在该体系结构下，不同的厂商及不同的硬件、软件平台的网络产品可以实现统一的管理。

小　　结

本章主要介绍了 SNMP 的发展概况、Internet 的网络管理模型、SNMP 框架组成、网络管理协议环境、SNMP 安全机制和 RMON。

SNMP 设计主要是基于 TCP/IP 协议，其特点为面向功能、集中控制、协议简单、安全性较差和支持广泛。CMIP 是基于 ISO/OSI 七层模型，其特点为：面向对象、分布控制、安全性高，但是由于 CMIP 是由 ISO 指定的国际标准。涉及面很广，所以协议复杂，实施费用较高，因此支持较少。电信管理网（TMN）的管理信息模型是建立在 OSI 系统管理基础之上，TMN 的主要网管协议是 CMIP。

电信管理网的管理信息模型是建立在 OSI 系统管理基础之上，TMN 的主要网管协议是 CMIP。CORBA 管理更适合于异构网和分布式管理，主要用于电信管理网。

SNMP 的网络管理模型包括 4 个关键元素：管理进程，（又称管理站）、管理代理（Agent）、管理信息库（MIB）和网络管理协议。

管理站作为网络管理员与网络管理系统的接口，管理代理的管理软件运行于被管理的网络设备上，实现搜索网络设备的原始状态，执行管理进程的管理操作。每个管理代理都拥有自己的本地信息库。MIB 中的变量对应着相应的管理对象。

SNMP 协议主要支持 Get、Set 和 Trap 三种功能共 5 种操作，5 种操作是 Get-Request、Get-Next-Request、Set-Request、Get-Response 和 Trap。

SNMPv3 协议主要对 SNMP 的安全性进行了增强，对 SNMPv1 和 SNMPv2 作了很大的改进。

远程网络监控 RMON 是对 SNMP MIB-Ⅱ 的扩展，在不改变 SNMP 协议的条件下增强了网络管理的功能，使 SNMP 更为有效、更为积极主动地监控远程设备。RMON MIB 由一组统计数据、分析数据和诊断数据构成，利用提供信息流量的统计结果和对很多网络参数进行分析，以便于综合做出网络故障诊断、规划和性能分析。

新的 RMON Ⅱ 标准能将网络管理者对网络的监控层次提高到网络协议栈的应用层，RMON Ⅱ 能监控网络通信与流量，以及提供有关各应用所使用的网络带宽的信息。

习　题

一、选择题

1. 主要的网络管理协议有（　　　），这两个协议分别涉及 OSI 参考模型的（　　　）。
   - A．SNMP 和 CMIP
   - B．CMIP 和 SMTP
   - C．MTP 和 HTTP
   - D．底 3 层和上 4 层

2. Internet 采用（　　　）网络管理协议。
   - A．SNMP
   - B．CMIP
   - C．HTTP
   - D．MTP

3. 关于 SNMP 的说法,正确的是（　　　）。
   - A．SNMP 协议是一个对称协议，没有主从关系
   - B．SNMP 中规定的 5 种网络管理操作都具有原子特性
   - C．SNMP 协议是实际上的工业标准
   - D．网络管理操作 Trap 被 Agent 用来向 Manager 报告某一异常事件的发生

4. 提供远程管理网络设备功能的网络管理标准是（　　　）。
   - A．SNMP
   - B．DEC
   - C．SNA
   - D．HTTP

二、简答题

1. SNMP 是何时正式发布的？为什么要提出 SNMP？

2. SNMP 的前身是哪个协议？

3. SNMP 的网络管理模型包括哪些关键元素？组成 SNMP 框架的 3 个主要组成部分是什么？

4. SNMP 通信协议主要包括哪些能力？

5. SNMP 中采用的安全机制是什么？

6. SNMPv3 实现的安全目标有哪些？

7. 什么是 RMON？为什么需要 RMON？

8. RMON 的目标是什么？

9. RMON MIB 由哪些数据构成？具有什么样的功能？

10. 基于 Web 的网络管理模式的实现有哪两种方式？简述各自的特点。

11. TMN 的体系结构在纵向上是如何分层的？

12. TMN 的管理功能根据管理目的分为哪些功能？

第 4 章　Windows Server 2003 系统

Windows Server 2003 是一个多任务操作系统，它能够按照用户的需要，以集中或分布的方式处理各种服务器角色，用户可以将服务器按需配置为：文件和打印服务器、Web 服务器、邮件服务器、终端服务器、远程访问 VPN 服务器、DNS 域名系统服务器、DHCP 动态主机配置协议服务器、Windows Internet 命名服务器、流媒体服务器等。

2003 年 5 月 23 日，微软公司在中国正式发布了 Windows Server 2003 操作系统，作为 Windows 2000 和 Windows NT 操作系统的升级产品出现。Windows Server 2003 由 5 000 多名开发人员和 2 500 多名测试者经过 3 年努力研发而成，其源代码超过 5 000 万行，是一个全面的、完整的、可靠的服务器操作系统。其启动界面如图 4-1 所示。

图 4-1　Windows Server 2003 启动界面

4.1　Windows Server 2003 概述

4.1.1　Windows Server 2003 简介

Windows Server 2003 与之前的 Windows 系列操作系统相比，具有以下突出特点：

1．可靠性

Windows Server 2003 的很多新特性能够帮助普通用户，使其服务器的应用具有企业级的可靠性，主要表现在：

（1）自动系统故障恢复：在硬盘发生故障或系统严重受损时，使用 Windows Server 2003 提供的自动系统故障恢复（ASR）功能可以方便地恢复系统。

（2）程序兼容性：在 Windows Server 2003 中，可以使用程序兼容性向导为应用程序模拟出不同的运行环境（如 Windows 95、Windows 98、Windows NT 4.0 及 Windows 2000 环境），这使旧版本应用程序也可在 Windows Server 2003 中正常运行。

2．管理便捷

Windows Server 2003 通过各种管理工具和控制台程序实现对服务器的配置工作，其管理便捷主要表现为：

（1）管理员可以使用远程桌面访问网络中任何一台运行 Windows Server 2003 操作系统的计算机，也允许从网络中的任何授权工作站上管理服务器。

（2）管理员可以使用紧急管理服务为那些没有本地键盘、鼠标或监视器也能执行的服务器操作和管理提供本地支持，即实现远程管理服务器。

（3）管理员和被授权服务的程序开发人员都可以使用授权管理器为与作业功能相关的已分配用户角色提供访问权限。

（4）管理员可以使用策略管理集。

3．扩展性高

Windows Server 2003 具有很好的可扩展性，主要表现在以下几个方面：

（1）Windows Server 2003 操作系统既可用于小型工作组，也可用于企业数据管理中心，为不同级别的用户提供服务器支持。

（2）可以支持 64 位处理器并具有高级输入/输出功能。

（3）为应用程序集成了网络负载平衡和多处理器优化。

4．安全性强

Windows Server 2003 具有更好的安全性，具体表现在：

（1）服务器锁定：IIS 6.0 服务默认为安全锁定状态，这种状态下的 IIS 只能服务于 HTML 文件等静态内容。要使 IIS 6.0 为 Active Server Pages（ASP）、ASP.NET、FrontPage Server Extensions 等功能提供服务，必须在安装后启动这些功能的服务，这减少了安全隐患，保护服务器免受攻击。

（2）活动目录服务：用于用户和网络资源的活动目录安全设置，可从网络核心扩展到网络边缘，帮助实现了安全的端对端网络。

（3）Internet 防火墙：内置的 Internet 连接防火墙使连接 Internet 更加安全。

（4）远程访问：可以通过管理员策略对拨号用户进行隔离。

（5）引入了公共语言运行库（Common Language Runtime）,减少了由常见的编程错误引起的安全漏洞，提高了计算环境的安全性。

4.1.2　Windows Server 2003 的版本

Windows Server 2003 家族包括 4 个版本：标准版、企业版、数据中心版和 Web 版。

1．标准版（Standard Edition）

Windows Server 2003 标准版是一个可靠的网络操作系统，可迅速方便地提供企业解决方案。这种灵活的服务器是面向低端服务器，是小型企业和部门应用的理想选择。该版本具有如下主要特点：

（1）支持文件和打印机共享。

（2）提供安全的 Internet 连接。

（3）允许集中化的桌面应用程序部署。

2．企业版（Enterprise Edition）

Windows Server 2003 企业版是面向主流的拥有多处理器的服务器，为满足不同企业的需求而设计的。它是各种应用程序、Web 服务和基础结构的理想平台，提供高度可靠性、高性能和出色的商业价值。该版本具有如下主要特点：

（1）是一种全功能的服务器操作系统，支持多达 8 个处理器。

（2）提供企业级功能，如 8 结点群集、支持高达 32 GB 内存等。

（3）可用于基于 Intel Itanium 系列的计算机。

（4）支持 8 个处理器和 64 GB 内存的 64 位计算平台。

3．数据中心版（Datacenter Edition）

Windows Server 2003 数据中心版是为企业面对的各种任务所倚重的应用程序而设计的，这些应用程序需要最高的可伸缩性和可用性。该版本具有如下主要特点：

（1）是 Microsoft 开发的功能强大的服务器操作系统之一。

（2）支持高达 32 路的 SMP 和 64 GB 的内存。

（3）提供 8 结点群集和负载平衡服务。

（4）支持 64 位处理器和 512 GB 内存的 64 位计算平台。

4．Web 版（Web Edition）

Windows Server 2003 Web 版是 Windows 操作系统系列中的新产品，用于 Web 服务和托管。该版本具有如下主要特点：

（1）用于生成和承载 Web 应用程序、Web 页面以及 XML Web 服务。

（2）其主要目的是作为 IIS 6.0 Web 服务器使用。

（3）提供一个快速开发和部署 XML Web 服务和应用程序的平台，这些服务和应用程序使用 ASP.NET 技术，该技术是.NET 框架的关键部分。

（4）便于部署和管理。

4.1.3　Windows Server 2003 与.NET

Windows Server 2003 集成了.NET Framework 1.1。Microsoft.NET 是微软 XML Web 服务平台，其允许应用程序通过 Internet 进行通信和共享数据，而不管用户采用的是哪种操作系统、设备或编程语言，.NET 技术的核心是.NET Framework（一个能够快速开发、部署网站服务及应用程序的开发平台，可用来开发各种应用程序，包括 ASP.NET 应用程序和 XML Web 服务）。

Windows Server 2003 最初的名称是 Windows .NET Server，从这一点，就可以看出微软的 Windows Server 2003 被赋予了.NET 重任。作为全新一代的网络操作系统软件和服务器操作系统软件的代表，Windows Server 2003 完全与.NET 框架集成在一起，为网络服务标准（如 XML、SOAP、UDDI 和 WSDL）提供本地支持。

用户可以在 Windows Server 2003 操作系统中直接通过命令行的形式编译简单的.NET 应用程序。可以迅速、便捷地将.NET 应用程序直接运行于 Windows Server 2003 操作系统中，而不需要做任何迁移的准备工作，这为.NET 应用程序的开发与应用提供了极大的便利。

4.2　Windows Server 2003 安装、设置与优化

4.2.1　安装准备工作

Windows Server 2003 对服务器的硬件要求较低，推荐的硬件要求如表 4-1 所示。

表 4-1　Windows Server 2003 推荐的硬件要求

配置要求	标 准 版	企 业 版	数据中心版	Web 版
推荐 CPU 主频	550 MHz	733 MHz	733 MHz	550 MHz
推荐最小内存	128 MB	256 MB	1 GB	256 MB
多处理器支持	1 或 2 个	最多 8 个	最多 32 个	1 或 2 个
磁盘空间	1.5 GB	基于 x86 的计算机：1.5 GB 基于 Itanium 的计算机：2 GB	基于 x86 的计算机：1.5 GB 基于 Itanium 的计算机：2 GB	1.5 GB

下面以 Windows Server 2003 Standard Edition 为例进行说明。在安装前需要做如下准备工作：

（1）准备好 Windows Server 2003 Standard Edition 简体中文标准版安装光盘；

（2）可能的情况下，在运行安装程序前扫描所有硬盘来检查硬盘错误并进行修复；

（3）记录安装文件的安装序列号（产品密钥）；

（4）如果用户正使用 Windows XP 或 Windows 2000 系统，建议用驱动程序备份工具将所有驱动程序备份到硬盘上，备份的系统驱动程序大多可以在 Windows Server 2003 系统下使用；

（5）建议在安装过程中格式化用于安装 Windows Server 2003 系统的分区，因此请先备份 C盘或 D 盘有用的数据；

（6）备份收藏夹、电子邮件账户和通信簿，并导出重要应用程序的设置。

4.2.2　系统的安装

具体的系统安装步骤如下：

（1）用光盘启动系统。

重新启动计算机并在 BIOS 中将光驱设为第一启动盘，将 Windows Server 2003 Standard Edition 安装光盘放入光驱，重新启动计算机后，当出现如图 4-2 所示的界面时快速按下【Enter】键，否则无法进入 Windows Server 2003 系统安装。

（2）启动 Windows Server 2003 安装程序。

光盘自启动后,系统会从光盘读取启动信息，并出现如图 4-3 所示的界面。

（3）选择同意协议并安装。

选择"要现在安装 Windows,请按 Enter 键"并按【Enter】键，在随后出现的许可协议选择

界面中，需要选择是否接受授权协议，如果不同意,按【Esc】键，安装将退出；在这里选择同意，直接按"【F8】"键继续。

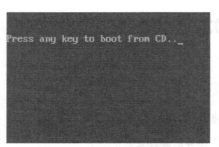

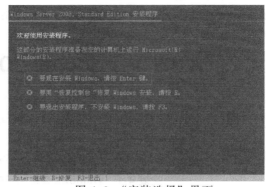

图 4-2　光驱启动选择界面　　　　　图 4-3　"安装选择"界面

（4）创建磁盘分区。

接下来会出现如图 4-4 所示的界面，根据提示，按【C】键进入如图 4-5 所示的界面创建磁盘分区。

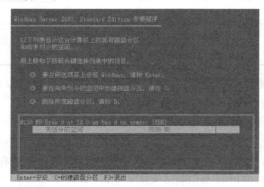

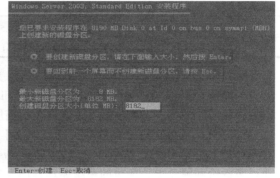

图 4-4　"安装硬盘选择"界面　　　　　图 4-5　"创建磁盘分区"界面

这里一般要把一个硬盘分成几个分区，系统提示"要创建新磁盘分区，请在下面输入大小，然后按 Enter"。演示用的硬盘只有 8 GB，我们把它分成两个盘，每个盘 4 GB，所以输入 4 000 后按【Enter】键，回到如图 4-6 所示的界面。然后，用同样的方法创建第二个分区，如图 4-7 所示。

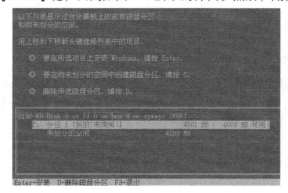

图 4-6　"创建安装分区"界面　　　　　图 4-7　"创建第二个分区"界面

（5）选择安装盘。

一般情况下，选中 C 盘进行安装，如图 4-8 所示。

图 4-8　"选择安装分区"界面

（6）用 NTFS 格式快速格式化安装分区，如图 4-9 所示。

按【Enter】键，出现正在格式化中界面，如图 4-10 所示。注意，只有用光盘启动安装程序，才能在安装过程中提供格式化分区选项。

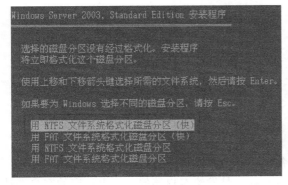 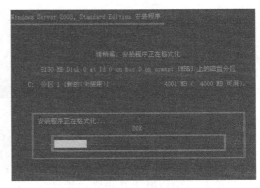

图 4-9　"格式化分区"界面　　　　　　图 4-10　"格式化进度"界面

（7）复制安装文件并初始化 Windows 配置。

格式化 C 分区完成后，安装程序会创建要复制的文件列表，接着开始复制系统文件。文件复制完后，安装程序开始初始化 Windows 配置，初始化完成后，系统将在 15 s 后重新启动。

（8）进入图形安装界面。

系统重新启动后将控制权从安装程序转移给系统，如图 4-11 所示。

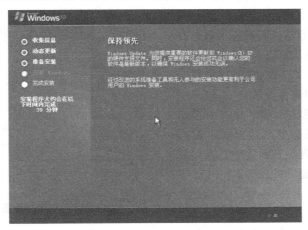

图 4-11　图形安装界面

（9）选择区域语言。

如图 4-12 所示，区域和语言设置一般都选用默认值，然后直接单击"下一步"按钮，在出现的界面中输入用户姓名和单位，单击"下一步"按钮继续。

（10）输入产品密钥。

如图 4-13 所示，输入产品密钥，单击"下一步"按钮。

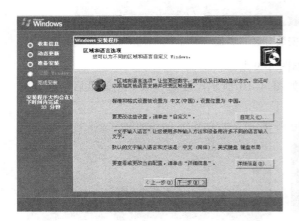

图 4-12 "区域和语言选项"对话框   图 4-13 输入产品密钥对话框

（11）设置授权模式。

Windows Server 2003 支持两种授权模式：每设备或用户模式、每服务器模式。

每设备或用户模式是指客户端访问许可证（CAL）是发给客户端的，一个特定的客户端计算机使用一个 CAL 可以连接到任意数量的 Windows Server 2003 服务器上。对于拥有超过一台的 Windows Server 2003 的公司来说，这是最常用的授权方法。

每服务器授权模式意味着每一个与服务器的并发连接都需要一个单独的 CAL。例如，如果选择了每服务器客户端授权模式和 5 个并发连接，则 Windows Server 2003 可以同时被 5 台计算机（客户端）所连接。这些计算机将不需要任何其他许可证。只有一台 Windows 2003 服务器的中小企业通常首选每服务器授权模式。

如果安装的计算机将承担服务器的角色，需要选择"每服务器，同时连接数"并更改数值（见图 4-14），通常 10 个用户内免费。

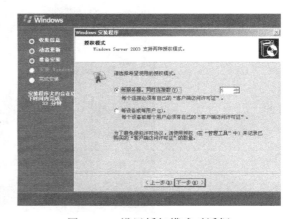

（12）创建密码和选择时区。

安装程序会自动创建计算机名，并要求输入密码。用户可任意更改计算机名称，Administrator 系统管理员在系统中具有最高权限，所以请牢记刚输入的密码。

（13）网络设置（见图 4-15），选择典型设置。

（14）设置工作组（见图 4-16），在此设置为 TSG。

图 4-14 设置授权模式对话框

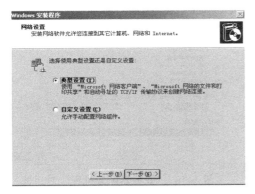

图 4-15 "网络设置"对话框

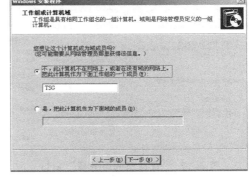

图 4-16 设置工作组对话框

（15）系统重启，安装成功。

安装完成后服务器会自动重新启动，当出现欢迎画面时，需按【Ctrl+Alt+Delete】组合键才能继续启动。

Windows Server 2003 在安装时，已默认安装了 Internet Explorer 增强的安全设置，默认关闭了声音，默认没有开启显示和声音的硬件加速。这样会导致上网时大部分网站不能打开，系统无声音，播放电影和音乐迟钝，默认开启了关机事件跟踪。

4.2.3 服务器初始配置

Windows Server 2003 中新的"管理您的服务器"向导取代了在 Windows Server 2000 中使用的"配置您的服务器"向导。"管理您的服务器"向导列出了管理员需要运行的常用任务，以及帮助完成这些任务的文档和帮助文件。向导的目标之一是让管理员设置一个服务器以适合于运行诸如创建域控制器、DNS 服务器、DHCP 服务器、Web 服务器等特定的任务。向导允许管理员选择一个或多个服务器符合的角色并为之作出适当的配置变动，同样也显示出哪些角色已被配置。下面简要说明主要的安装步骤：

（1）当安装完成进入系统之后，将自动弹出一个"管理您的服务器"窗口（或启动后，依次选择"开始"→"程序"→"管理工具"→"管理您的服务器"命令），如图 4-17 所示。这里需要根据自己的需要进行详细配置。

（2）对于服务器来说，单击"管理您的服务器角色"右侧的"添加或删除角色"按钮，首先进行的是预备步骤，在此要确认安装所有调制解调器和网卡、连接好需要的电缆。如果要让这台服务器连接互联网，要先连接到互联网上，打开所有的外围设备，如打印机、外部的驱动器等，然后单击"下一步"按钮进行详细配置。在服务器角色中选定某项，然后单击"下一步"按钮即可对其进行配置，可供配置的内容如文件服务器、打印服务器、IIS 服务器、邮件服务器、域控制器、活动目录、DNS 服务器、DHCP 服务器等。图 4-18 所示为服务器配置过程对话框。

（3）对于局域网内的客户机来说，需要配置的并不是服务器，而是如何将本机添加到网络中。通过选择"开始"→"控制面板"→"系统"命令，打开"系统属性"对话框，选择"计算机名"选项卡，如图 4-19 所示。

（4）单击"更改"按钮，出现如图 4-20 所示的对话框，在该对话框中，输入自己的计算机名，在下方选择自己的计算机是隶属于域还是工作组，单击"确定"按钮。在加入域时，需要在域控制器中建立一个账号，然后在添加到域的过程中输入账号和密码即可。

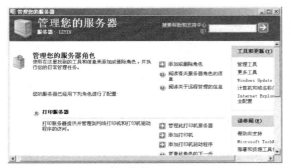

图 4-17 "管理您的服务器"窗口　　　　图 4-18 "服务器配置过程"对话框

图 4-19 "系统属性"对话框　　　　图 4-20 "计算机名称更改"对话框

（5）在局域网中，每台计算机都要有自己的 IP 地址，

选择"开始"→"控制面板"→"网络连接"→"本地连接"→"属性"命令，出现如图 4-21 所示的对话框。

（6）在对话框中，选中"Internet 协议（TCP/IP）"复选框，单击"属性"按钮，出现如图 4-22 所示的对话框。

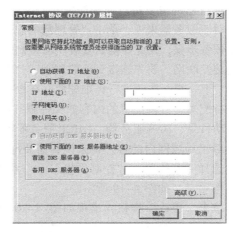

图 4-21 "本地连接属性"对话框　　　　图 4-22 "TCP/IP 属性"对话框

（7）选定"使用下面的 IP 地址"单选按钮，然后输入适当的 IP 地址和子网掩码、默认网关、DNS 服务器等内容，单击"确定"按钮。

以上是针对局域网用户而言的必要设置，对于单机用户来说，无须设置这些网络属性，只要系统安装完毕，就基本上安装完成了。而且绝大多数硬件设备的驱动程序也都安装了，用户所做的只是对系统进行必要的调整而已，如调整显示分辨率、屏幕刷新频率等。

4.2.4　Windows Server 2003 的基本优化

1．提高系统反应灵敏度

在 Windows Server 2003 中运行诸如图像处理之类的软件时，系统的反应总是显得很慢，可以按以下方法提高系统的反应灵敏度：

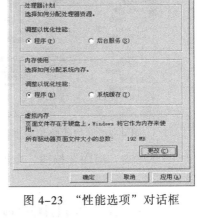

选择"开始"→"控制面板"→"系统"图标→"高级"选项卡，在对应页面的"性能"设置项处，单击"设置"按钮；再打开"高级"选项卡，在"处理器计划"设置项处，选中"程序"单选按钮；在"内存使用"设置项处，选中"程序"单选按钮（见图 4-23），最后单击"确定"按钮，系统重新启动。

2．改变系统登录界面

每次在登录 Windows Server 2003 系统时，总是需要先按下【Ctrl+Alt+Del】组合键，打开登录界面，并输入访问密码，才能进入到系统中。我们也可以不按【Ctrl+Alt+Del】组合键，就能进入到系统中。

图 4-23　"性能选项"对话框

（1）选择"开始"→"管理工具"→"本地安全策略"命令，在窗口的左侧区域，展开"本地策略"和"安全选项"，在对应的右侧区域中，展开"交互式登录"选项，如图 4-24 所示。

（2）双击"交互式登录：不需要按 CTRL+ALT+DEL"选项，打开如图 4-25 所示的对话框。选中"已启用"单选按钮，单击"应用"按钮，单击"确定"按钮。

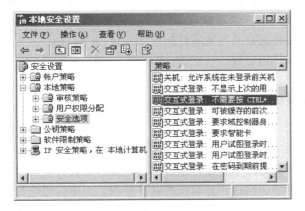

图 4-24　"本地安全设置"对话框

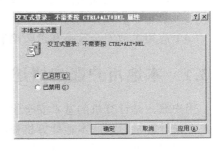

图 4-25　交互式登录设置对话框

3．取消关机原因

每次需要关闭系统时，Windows Server 2003 系统总是要求选择关机原因。取消关机原因的步骤如下：

（1）在"运行"对话框中运行组策略编辑命令 gpedit.msc，打开"组策略编辑器"窗口；在该窗口中，依次展开"计算机配置"→"管理模板"→"系统"目录，如图 4-26 所示。

（2）在对应的右边子窗口中，双击"显示'关闭事件跟踪程序'"选项，在打开的对话框中，选择"已禁用"单选按钮，如图 4-27 所示。

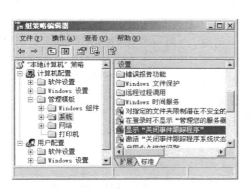

图 4-26　"组策略编辑器"窗口

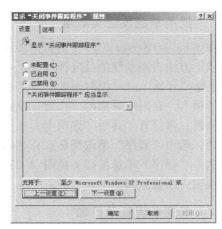

图 4-27 "显示'关闭事件跟踪程序'属性"对话框

（3）单击"应用"按钮，单击"确定"按钮。

4.3　Windows Server 2003 本地用户和组

安装完操作系统并完成操作系统的基本环境配置后，应规划一个安全的网络环境，为用户提供有效的资源访问服务。Windows Server 2003 通过建立账户（包括用户账户和组账户）并赋予账户合适的权限来保证使用网络和计算机资源的合法性，以确保数据访问、存储和交换服从安全需要。保证 Windows Server 2003 安全性的主要方法有以下几点：

（1）严格定义各种账户权限，阻止用户可能进行具有危害性的网络操作；

（2）使用组来规划用户权限，简化账户权限的管理；

（3）禁止非法计算机连入网络；

（4）应用本地安全策略和组策略制定更详细的安全规则。

4.3.1　本地用户账户概述

用户账户是计算机的基本安全组件，计算机通过用户账户来辨别用户身份，让有使用权限的人登录计算机，访问本地计算机资源或从网络访问这台计算机的共享资源。为不同用户指派不同的权限，可以让用户执行不同的计算机管理任务。所以，每台运行 Windows Server 2003 的计算机，都需要用户账户才能登录计算机。

Windows Server 2003 支持两种用户账户：本地用户账户和域账户。域账户可以登录到域上，并获得访问该网络的权限；本地账户则只能登录到一台特定的计算机上，并访问该计算机上的资源。Windows Server 2003 还提供内置用户账户，它用于执行特定的管理任务或使用户能够访问网络资源。

本地用户账户仅允许用户登录和访问创建该账户的计算机。当创建本地用户账户时，Windows Server 2003 仅在计算机位于%Systemroot%\system32\config 文件夹下的安全数据库（SAM）中创建该账户。

Windows Server 2003 在工作组模式下默认只有 Administrator 账户和 Guest 账户。Administrator 账户可以执行计算机管理的所有操作；而 Guest 账户是为临时访问计算机的用户而设置的，但默认是禁用的。

1．Administrator 用户

使用内置 Administrator 用户可以对整台计算机进行管理，如创建修改用户账户和组、管理安全策略、创建打印机、分配允许用户访问资源的权限等。作为管理员，应该创建一个普通用户账户，在执行非管理任务时使用普通用户账户，仅在执行管理任务时才使用 Administrator 账户。Administrator 账户可以更名，但不可以删除。

2．Guest 用户

一般的临时用户可以使用内置 Guest 账户进行登录并访问资源。在默认情况下，为了保证系统的安全，Guest 账户是禁用的，但在安全性要求不高的网络环境中，可以使用该账户，但通常最好设置一个密码。

4.3.2 创建用户账户

管理员用户可以用"计算机管理"中的"本地用户和组"管理单元来创建本地用户账户。如图 4-28 所示，在"计算机管理"管理控制台中，展开"本地用户和组"，在"用户"目录上右击，选择"新用户"命令，（见图 4-29），打开"新用户"对话框后，输入用户名、全名和描述，并且输入密码。可以设置密码选项，包括"用户下次登录时必须更改密码"、"用户不能更改密码"、"密码永不过期"、"账户已禁用"等，设置完成后，单击"创建"按钮新增用户账户。创建完用户后，单击"关闭"按钮返回到"计算机管理"控制台。

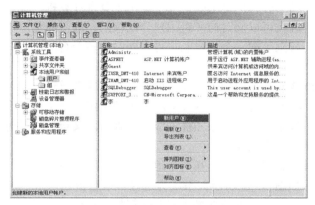

图 4-28 "创建用户账户"窗口

用户账户不只包括用户名和密码等信息，为了管理和使用方便，一个用户还包括其他一些属性，如用户隶属的用户组、用户配置文件、用户的拨入权限、终端用户设置等。在"本地用户和组"的右侧栏中，双击一个用户，将显示用户属性对话框，如图4-30所示。

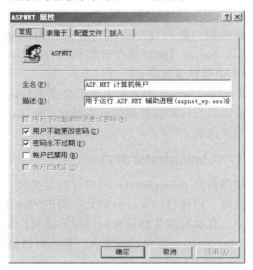

图4-29　"新用户"对话框　　　　　　图4-30　用户对话框

4.3.3　删除本地用户账户

当用户不再需要使用某个用户账户时，可以将其删除。删除用户账户会导致与该账户有关的所有信息遗失，所以在删除之前，最好确认其必要性或者考虑用其他的方法，例如禁用该账户。许多单位给临时人员设置了Windows账户，当临时人员离开单位时管理员就将其账户禁用，当新来的临时人员需要使用账户时，只需改名即可。

在"计算机管理"控制台中，选择要删除的用户账户执行删除操作，但是系统内置账户如Administrator、Guest等无法删除。

4.3.4　本地组账户概述

组账户是用户账户的集合，但是组账户并不能用于登录计算机，组账户是用于组织用户账户的。通过使用组，管理员可以同时向一组用户分配权限，故可简化对用户账户的管理。组账户可以让用户继承组的权限（同一个用户账户可以同时为多个组的成员，该用户的权限就是所有组权限的合并）。

Windows Server 2003有几个内置组，在需要的时候，管理员还可以创建新组。例如，可以创建一个权限比Users组多，但比Powers Users组少的新组。为了使某个组的成员有更多或更少的权限，管理员也可以定义组的权限和优先级，当重新定义组的权限时，这个组中的所有成员用户将自动更新以响应这些改变。

打开"计算机管理"管理控制台，在"本地用户和组"树中的"组"目录里，可以查看本地内置的所有组账户，如图4-31所示。系统为这些本地组预先指派了权限，如Administrators组对计算机具有完全控制权，具有从网络访问此计算机、可以调整进程的内存配额、允许本地登录等权限。Backup Operators 组具有可以从网络访问此计算机，允许本地登录、备份文件及目录、备份和还原文件、关闭系统等权限。

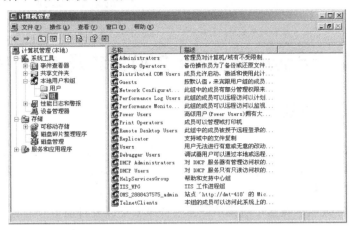

图 4-31　"组账户管理"窗口

4.3.5　对本地组账户的操作

1．新建组

新建组的操作与创建新用户的操作类似，只需在"计算机管理"管理控制台中，展开"本地用户和组"，在"组"目录上右击，选择"新建组"命令，就会出现如图 4-32 所示的对话框，按提示填写信息后单击"创建"按钮即可。

2．删除组

当服务器中的组不再需要时，管理员可以对组执行删除操作。每个组都拥有一个唯一的安全标识符，所以一旦删除了用户组，就不能重新恢复，即使新建一个与被删除组有相同名字和成员的组，也不会与被删除组有相同的特性和特权。在"计算机管理"控制台中选择要删除的组账户，然后执行删除功能，在弹出的对话框中选择"是"即可。

管理员只能删除新增的组，不能删除系统内置的组。例如，若要删除 Administrators 内置组时，会出现如图 4-33 所示的提示。

图 4-32　"新建组"对话框

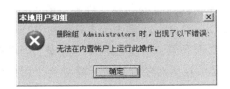

图 4-33　删除提示对话框

3. 重命名内置组

重命名组的操作与删除组的操作类似，只需要在弹出的菜单中选择"重命名"命令，输入相应的名称即可。

4.4 Windows Server 2003 域及其账户管理

4.4.1 活动目录概述

目录（Directory）是一个用于存储用户感兴趣的对象信息的信息库，活动目录（Active Directory）用于 Windows Server 2003 的目录服务。它存储着本网络上各种对象（用户、计算机、文件、数据库以及打印机等）的相关信息，并使用一种易于用户查找及使用的结构化的数据存储方法来组织和保存数据。在整个目录中，通过登录验证以及目录中对象的访问控制，将安全性集成到 Active Directory 中。通过一次登录（Single Sign-On，SSO），管理员可管理整个网络中的目录数据和单位，而且获得授权的网络用户可访问网络上所有的资源。这种基于策略的管理模式大大减轻了复杂网络的管理复杂度和工作量。

Windows 域（Domain）是基于 NT 技术构建的 Windows 系统组成的计算机网络的独立安全范围，是 Windows 的逻辑管理单位，也就是说一个域就是一系列的用户账户、访问权限和其他的各种资源的集合。

活动目录由一个或多个域构成，一个域可以跨越不止一个物理地点。每一个域都有它自己的安全策略和本域与其他域之间的安全关系。当多个域通过信任关系连接起来并且拥有共同的模式、配置和全局目录时，它们就构成了一个域树。多个域树可以连接起来形成一个域林。

活动目录在逻辑上是由对象、组织单元、域、域树、域林构成的层次结构。

1. 工作组

工作组（Workgroup）是指由网络中性质相同的计算机组成的集合，工作组中的每一台计算机都可以共享对方数据，是一种对等式结构。因为每台计算机都有自己的账号和密码，账号管理分布在每一台计算机上。工作组是对等网中使用的概念，对等网中没有域这个概念，只有工作组。如果由多台计算机组成对等网，要实现对等网（局域网）内部计算机之间的通信及资源共享，它们必须位于同一个工作组中。

工作组中的所有计算机只是一个逻辑上的集合，用户账户信息、资源信息等是由每台计算机自己维护的。例如，PC1 和 PC2 两台计算机属于一个工作组，该工作组的名字为 TSG，则 PC1 和 PC2 都能访问对方的共享文件夹。若 PC1 上有两个账户 User1 和 User2，PC2 上有两个账户 Guest1 和 Guest2，User1 和 User2 只能在 PC1 上登录，不能在 PC2 上登录；同样，Guest1 和 Guest2 只能在 PC2 上登录，不能在 PC1 上登录，当希望某个用户账户能在工作组中的所有计算机上登录时，就必须在所有的计算机上建立这个用户账户。因此，工作组只适合于小型网络，不适合比较大的网络。

2．对象

对象（Object）是活动目录组织的基本单元，可以是用户、计算机、文件以及打印机等网络资源。对象是对象类（Object Class）的一个实例，而每个对象类都有很多属性，如名称、电话及地址等。在活动目录中，对象类和属性的描述用模式（Schema）表示。这些属性都封装在对象内部，提高了对象安全性，并且便于访问。每个对象必须有一个全局唯一的标识名，该标识名被称为 DN（Distinguished Name）。例如，用户对象 Lzy 的 DN 为：DC = net，DC = xj ,DC= klmy，DC = jsxy，CN = lzy，即表示用户对象 Lzy 在 jsxy.klmy.xj.net 域中。

3．组织单元

组织单元（Organizational Units，OU）是组织、管理一个域内的对象的容器，它可以是包容用户、组、打印机和其他组织单元，但是组织单元不能包括来自其他域的对象。通过组织单元的包容，组织单元具有很清楚的层次结构。这种层次结构可以使管理者把组织单元切入到域中以反映出企业的组织结构并且可以委派任务与授权。而且大型的域、域树中的每个对象都可以显示在全局目录，从而用户就可以利用一个服务功能轻易地找到某个对象而不管它在域树结构中的位置。在每一个域中都能建立组织单元的层次结构，且没有深度限制，但是浅层次的组织单元能够有更高的执行效率。

4．域

域（Domain）是由集中共享账户数据库管理的用户和计算机的逻辑分组。它们使用同一个名字（域名），享用自己的账号和安全机制，是一个与工作组相对应的概念。域的最大的好处是单一网络登录能力，用户只要在域中有一个合法的账号，登录到域后就可以访问域中对该用户授权许可的共享资源。

例如,如果将工作组中的每台计算机的所有用户账户信息集中在一台计算机 S 上进行管理，当某个用户账户 User1 在工作组中任意一台计算机 X 上登录时，X 计算机先把用户 User1 登录时的输入信息（用户名和密码）传递给计算机 S，由 S 来验证是否存在用户 User1 以及密码是否正确，验证成功后，S 计算机就把验证结果以及用户 User1 的使用权限传给计算机 X。这样一来，所有的管理工作都集中到计算机 S 上，从而避免了资源浪费和重复操作。对于这种实行集中化管理的计算机集合，被称之为域，计算机 S 就是域控制器。

域和工作组有很大的不同，如前所述，工作组中每一台计算机可以共享对方数据，是对等网的结构，每一台计算机都有自己的账号和密码。工作组只是用来帮助用户在组内查找像打印机和共享文件这样的对象。而域是所有网络都推荐的选择，但对于只有几个用户的网络例外。在域内，密码和权限就很容易跟踪，因为域里有一个包含用户账户、权限和其他网络细节信息的中心数据库，该数据库的信息可在域控制器之间自动复制。域必须有域控制器，来控制用户的认证，只有认证的用户才可以顺利登录域，登录域后才能够在规定的权限内使用域内资源。

5．域树

为了便于管理域，可将多个域合并而成为一个有层次排列的新的集合，这个集合便称为域树(Domain Tree)。域树也称之为域目录树，这些域形成一个连续的域名空间（域名空间指的是任何拥有相同 DNS 根名的域的集合），共享同一表结构和配置。域树的第一个域是该域树的根（Root），相同域树的其他域为子域，其上层域为父域。域树中的域通过信任关系连接起来，活动目录包含一个或多个域树。域树中的域层次越深级别越低，一个"."代表一个层次，如域 xxzx.kzy.com 就比 kzy.com 这个域级别低，因为它有两个层次关系，而 kzy.com 只有一个层次。而域 jsj.xxzx.kzy.com 又比 xxzx.kzy.com 级别低，道理一样。图 4-34 所示为一棵域树的结构。

6. 域林

多个域树合并形成域林（Domain Forest）。域林由一个或多个没有形成连续名字空间的域树组成，它与域树最明显的区别就在于这些域树之间没有形成连续的名字空间，而域树则是由一些具有连续名字空间的域组成。但域林中的所有域树仍共享同一个表结构、配置和全局目录。域树林中的所有域树通过 Kerberos（一种对称密钥体制，信任双方的密钥是相同的）信任关系建立起来，所以每个域树都知道 Kerberos 信任关系，不同域树可以交叉引用其他域树中的对象。域林都有根域，域林的根域是域树林中创建的第一个域，域林中所有域树的根域与域林的根域建立可传递的信任关系。图 4-35 所示为一个域林的结构。

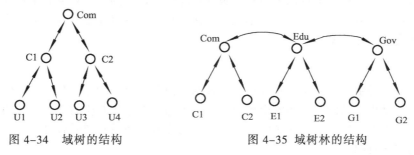

图 4-34　域树的结构　　　　　　图 4-35　域树林的结构

在 Windows Server 2003 网络中，一个域能够轻松地管理数万个对象，一颗域树则可以管理上亿个对象，而一片域林的管理范围将更大。

4.4.2　Windows Server 2003 在网络中的角色

根据不同的应用需要，Windows Server 2003 在网络中可以充当域控制器、成员服务器和独立服务器 3 种角色。

1. 域控制器

域控制器负责为域验证用户身份的服务器，即是安装活动目录（Active Directory）功能的计算机，是域和域目录树的集合。在目录林中，每一个域都至少有一台域控制器。每台域控制器都拥有一份服务器所在域命名上下文的完整副本，以及目录林的配置和架构命名上下文的完整副本。域控制器可通过 Dcpromo 实用工具提升或降级。域控制器主要负责管理用户对网络的各种权限，包括登录网络、账号的身份验证以及访问目录和共享资源等。在 Windows Server 2003 中，所有的域控制器都是平等的，当一个网络中只存在一台 Windows Server 2003 服务器时，一般要将其设置为域控制器。

2. 成员服务器

成员服务器不能作为独立的服务器，只能是域的成员。它不处理与用户账号相关的信息，如登入网络和身份验证等，成员服务器不需要安装活动目录，也不存储与系统安全策略相关的信息。但是，在成员服务器上可以为用户或组设置访问权限，允许用户连接到该服务器并使用相应资源。成员服务器一般也运行 Windows Server 2003 操作系统，主要应用于以下类型的服务器：专用服务器、应用服务器、Web 服务器、数据库服务器、远程访问服务器等。在中小型局域网中，如果不构建内部的 Web 服务器，一般很少使用成员服务器。

3．独立服务器

独立服务器是指虽然运行有 Windows Server 2003 操作系统，但不作为域成员的计算机，也就是说它是一台具有独立操作功能的计算机，在此计算机上不再提供其他用户的账号信息，也不提供登录网络的身份验证等工作。独立服务器能够以工作组的形式与其他计算机组建成对等网，在访问其他计算机资源的同时，也可以将自己的资源提供给其他计算机访问。当初次安装 Windows Server 2003 时，用户可以选择成为域控制器、成员服务器或独立服务器。在安装后，服务器还可以根据应用需要进行调整，即可以将域控制服务器降级为成员服务器或独立服务器，也可以在成员服务器或独立服务器上安装活动目录以升级成为域控制器。

4.4.3　Active Directory 的安装

1．安装前的准备

活动目录的安装配置过程并不是很复杂，因为服务器提供了安装向导，只需要按照屏幕提示信息操作即可。但安装前的准备工作显得比较复杂，只有充分理解了活动目录的前提下才能正确地安装配置活动目录。下面就详细地介绍一下活动目录安装前的准备及其安装与配置步骤。

1）准备一个 NTFS 分区

在安装活动目录之前，必须保证服务器中至少有一个 NTFS 分区，而且已经为 TCP/IP 配置了 DNS 协议，并且 DNS 服务支持 SRV 记录和动态更新协议。

2）对整个系统的域结构进行规划

活动目录可包含一个或多个域，如果整个系统的目录结构规划得不好，层次不清就不能很好地发挥活动目录的优越性。在这里根域（系统的基本域）的选择是一个关键，根域名的选择可以有以下几种方案：

（1）可以使用一个已经注册的 DNS 域名作为活动目的根域名，这样的好处在于企业的公共网络和私有网络使用同样的 DNS 名称。

（2）还可使用一个已经注册的 DNS 域名的子域名作为活动目录的根域名。

（3）为活动目录选择一个与已经注册的 DNS 域名完全不同的域名。这样可以使企业网络在内部和互联网上呈现出两种完全不同的命名结构。

（4）把企业网络的公共部分用一个已经注册的 DNS 域名进行命名，而私有网络用另一个内部域名，从名字空间上把两部分分开，这样做就使得每一部分要访问另一部分时必须使用对方的名字空间来标识对象。

3）进行域和账户命名策划

使用活动目录的意义之一就在于使内部网和外部网使用统一的目录服务，采用统一的命名方案，以方便网络管理和商务往来。活动目录域名通常是该域的完整 DNS 名称。

在活动目录中，每个用户账户都有一个用户登录名，在创建用户账户时，管理员输入其登录名并选择用户的主要名称。活动目录命名策略是企业规划网络系统的第一个步骤，命名策略直接影响到网络的基本结构，甚至影响网络的性能和可扩展性。活动目录为现代企业提供了很好的参考模型，既考虑到了企业的多层次结构，也考虑到了企业的分布式特性，甚至为直接接入 Internet 提供完全一致的命名模型。

所谓用户主要名称是指由用户账户名称和表示用户账户所在的域的域名组成。这是登录到 Windows Server 2003 域的标准用法，标准格式为 user@domain.com（像个人的电子邮件地址），但不要在用户登录名或用户主要名称中加入@号。活动目录在创建用户主要名称时自动添加此符号，包含多个@号的用户主要名称是无效的。

在活动目录中，默认的用户主要名称后缀是域树中根域的 DNS 名称。如果用户的单位使用由部门和区域组成的多层域树，则对于底层用户的域名可能很长。对于该域中的用户，默认的用户主要名称可能是 grandchild.child.root.com。该域中用户默认的登录名可能是 user@grandchild.child.root.com。这样一来用户登录时需要输入的用户名可能太长，显得非常不方便，Windows Server 2003 为了解决这一问题，规定在创建主要名称后用户只要在根域后加上相应的用户名，使同一用户使用更简单的登录名 user@root.com 就可以登录，而不是前面所提到的那一长串。

4）要注意设置规划好域间的信任关系

Windows Server 2003 通过基于 Kerberos V5 安全协议的双向、可传递信任关系启用域之间的账户验证。在域树中创建域时，相邻域（父域和子域）之间自动建立信任关系。在域林中，在树林根域和添加到树林的每个域树的根域之间自动建立信任关系。如果这些信任关系是可传递的，则可以在域树或域林中的任何域之间进行用户和计算机的身份验证。

如果将 Windows Server 2003 以前版本的 Windows 域升级为 Windows Server 2003 域时，Windows Server 2003 域将自动保留域和任何其他域之间现有的单向信任关系，包括 Windows Server 2003 以前版本的 Windows 域的所有信任关系。如果用户要安装新的 Windows Server 2003 域并且希望与任何 Windows Server 2003 以前版本的域建立信任关系，则必须创建与那些域的外部信任关系。

2．配置 Active Directory

1）安装 Active Directory

安装 Active Directory 的步骤如下：

（1）选择"开始"→"程序"→"管理工具"→"管理您的服务器"，单击"管理您的服务器角色"右边的"添加或删除角色"命令，打开"配置您的服务器向导"对话框，单击"下一步"按钮。

（2）选择"域控制器（Active Directory）"选项，依次单击"下一步"按钮，出现"Active Directory 安装向导"对话框，再依次单击"下一步"按钮，出现如图 4-36 所示的对话框。

（3）选择"新域的域控制器"单选按钮，单击"下一步"按钮，出现如图 4-37 所示的对话框。

（4）选择要创建的域的类型后，单击"下一步"按钮，在出现的对话框中输入新域的 DNS 全名，如 tsg.com，然后单击"下一步"按钮，输入指定的"域 NetBIOS 名"后，单击"下一步"

按钮。

（5）在出现的对话框中，指定或默认保存 Active Directory 数据库和日志的文件夹后，单击"下一步"按钮。

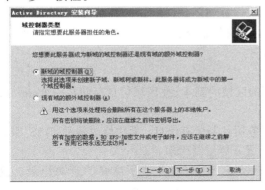

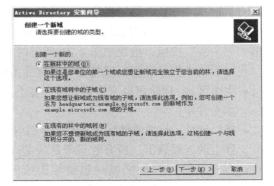

图 4-36　"域控制器类型"对话框　　　　　图 4-37　"创建一个新域"对话框

（6）输入或默认 SYSVOL 文件夹的位置，单击"下一步"按钮，出现如图 4-38 所示的对话框。

（7）选择"在这台计算机上安装并配置 DNS 服务器，并将这台 DNS 服务器设为这台计算机的首选 DNS 服务器"单选按钮后，单击"下一步"按钮，出现如图 4-39 所示的对话框。

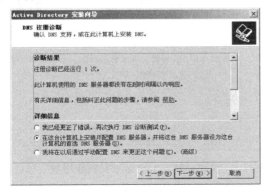

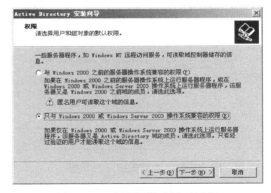

图 4-38　"DNS 注册诊断"对话框　　　　　图 4-39　默认权限选择对话框

（8）单击"下一步"按钮，在出现的对话框中输入目录服务器还原模式的密码后，单击"下一步"按钮。

（9）确认选定的选项后，单击"下一步"按钮，最后单击"完成"按钮。

2）安装 DNS 服务器

安装 DNS 服务器的步骤如下：

（1）选择"开始"→"控制面板"→"添加或删除程序"→"添加或删除 Windows 组件"命令。

（2）在组件列表中，单击"网络服务"（但不要选中或清除该复选框），单击"详细信息"按钮，选中"域名系统（DNS）"复选框，单击"确定"按钮。

（3）单击"下一步"按钮，得到提示后，将 Windows Server 2003 CD-ROM 插入计算机的光驱。

（4）安装完成时，单击"完成"按钮。

（5）单击"关闭"按钮，关闭"添加或删除程序"窗口。

3）配置 DNS 服务器

配置 DNS 服务器的步骤如下：

（1）选择"开始"→"程序"→"管理工具"→"DNS"，打开 DNS 控制台。

（2）右击"正向搜索区域"，然后选择"新建区域"命令。当"新建区域向导"启动后，单击"下一步"按钮，出现如图 4-40 所示的对话框。

在对话框中提示选择区域类型。区域类型包括：

- 主要区域：创建可以直接在此服务器上更新的区域的副本。此区域信息存储在一个.dns 文本文件中。
- 辅助区域：标准辅助区域从它的主 DNS 服务器复制所有信息。无法修改辅助 DNS 服务器上的区域数据。所有数据都是从主 DNS 服务器复制而来。
- 存根区域：存根区域只包含标识该区域的权威 DNS 服务器所需要的资源记录。这些资源记录包括名称服务器（NS）、起始授权机构（SOA）和可能的粘连主机（A）记录。
- 在 Active Directory 中存储区域：此选项仅在 DNS 服务器是域控制器时可用。

（3）选择"主要区域"单选框，然后单击"下一步"按钮，出现如图 4-41 所示的对话框。

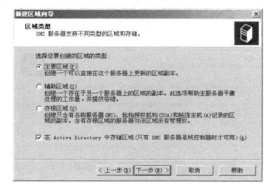
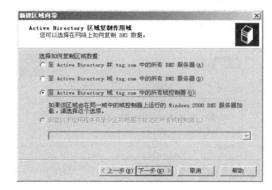

图 4-40 "区域类型"对话框　　　图 4-41 "Active Directory 区域复制作用域"对话框

（4）输入区域名称,如 tsg.com，单击"下一步"按钮，出现如图 4-42 所示的对话框，单击"下一步"按钮，出现如图 4-43 所示的对话框。

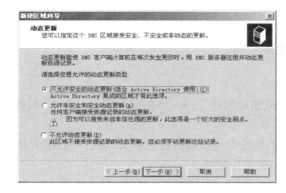
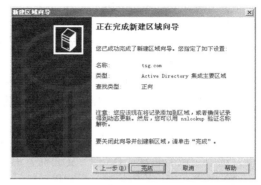

图 4-42 "动态更新"对话框　　　图 4-43 "正在完成新建区域向导"对话框

（5）单击"完成"按钮，便完成了正向搜索区域的建立。

（6）在 DNS 管理控制台窗口中，右击"反向搜索区域"，在弹出的快捷菜单中选择"新建区域"命令，单击"下一步"按钮。

（7）选择"辅助区域"单选按钮后，单击"下一步"按钮，在出现的对话框的"网络 ID"输入框中，输入网络地址，如图 4-44 所示。

（8）单击"下一步"按钮，在出现的对话框中的"IP 地址"输入框中，输入指定的复制区域的 DNS 服务器的 IP 地址后，单击"添加"按钮，然后单击"下一步"按钮。

（9）单击"完成"按钮，便完成了反向搜索区域的建立。

在搜索区域建立完成后，就可以添加 DNS 资源记录。

4）配置转发器

Windows Server 2003 的 DNS 转发器功能是将 DNS 请求转发到外部服务器。如果 DNS 服务器无法在其区域中找到资源记录，可以将请求发送给另一台 DNS 服务器，以进一步尝试解析。一种常见情况是配置到 ISP 的 DNS 服务器的转发器。操作步骤如下：

（1）选择"开始"→"程序"→"管理工具"→"DNS"。

（2）双击服务器的名称，然后单击"转发器"选项卡，如图 4-45 所示。

（3）单击"新建"按钮，在"DNS 域"文本框中输入希望转发的 DNS 域的名称，然后单击"确定"按钮。

（4）在"所选域的转发器 IP 地址"列表框中，输入要转发到的第 1 个 DNS 服务器的 IP 地址，然后单击"添加"按钮。

（5）重复步骤（4），添加要转发到的第 2 个 DNS 服务器。

（6）单击"应用"按钮，单击"确定"按钮。

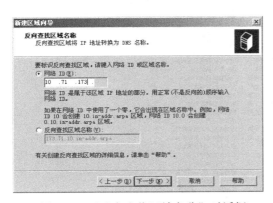

图 4-44 "反向查找区域名称"对话框

图 4-45 "转发器"选项卡

5）将计算机加入域

Windows Server 2003 的域可以管理微软以前版本的操作系统主机，包括 Windows NT、Windows 2000、Windows XP 等。

（1）在需要添加进域的计算机上，右击"我的电脑"，选择"属性"命令。

（2）单击"计算机名"选项卡，可以打开系统属性对话框。

（3）记录下完整的计算机名称信息（备用）。

（4）单击"更改"按钮启动"计算机名称更改"对话框，在"隶属于"选项区域中选中"域"

单选按钮，在空白处输入要加入域的 DNS 名称。这里可以输入刚建好的域名 tsg.com，然后单击"确定"按钮。在客户端加入到域之前，应首先设置客户端的 TCP/IP 属性，保证客户端的 DNS 指向和 DC 的 DNS 指向保持一致(客户端 DNS 服务器地址与 DC 的 DNS 一致)。

（5）提示输入拥有加入该域权限的用户名称和密码。从 Windows 2000 起，域中的普通用户就可以把计算机加入到域，但一个普通用户最多只能把 10 台计算机加入到域，而 Administrator 用户则没有限制。

（6）单击"确定"按钮，身份验证成功后，会出现加入域的操作成功的对话框。单击"确定"按钮，将提示重新启动计算机，以便使所做的修改生效。

4.4.4　域账户管理

1. 创建域用户账户

创建域用户账户，必须在 Windows Server 2003 域控制器上使用"Active Directory 用户和计算机"为创建用户账户，普通的客户机不能创建域用户账户。域用户账号包括用户名和密码，由网络管理员统一管理，每个用户都被管理员给予一定的访问权限。

1）创建用户

（1）选择"开始"→"程序"→"管理工具"→"Active Directory 用户和计算机"，打开"Active Directory 用户和计算机"窗口，单击左边窗口中域名左侧的符号"+"，看到域名目录树下的 Users 文件夹，如图 4-46 所示。

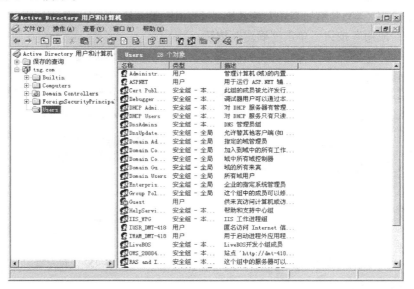

图 4-46　"Active Directory 用户和计算机"窗口

（2）右击 Users 文件夹，在弹出快捷菜单中选择"新建"→"用户"命令，或选中 Users 文件夹，单击菜单栏中的"创建用户"图标，打开"新建对象-用户"对话框，如图 4-47 所示。

（3）分别在"姓"和"名"文本框中输入姓氏和名字，在"用户登录名"文本框中输入用户登录名。

注意：用户名有以下要求。

● 系统中的用户名是唯一的，不能和其他用户重名，且用户名不超过 20 个字符。

● 用户名可以包含大小写字母、数字和中文，但不能包含小数点和空格。

● 用户名区分字母的大小写。

（4）单击"下一步"按钮，进入密码输入对话框，如图 4-48 所示。

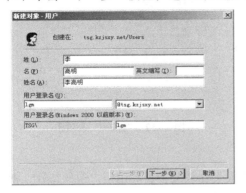

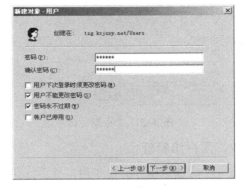

图 4-47 "新建用户"对话框   图 4-48 密码输入对话框

（5）输入和确认密码，选择合适的复选框后，单击"下一步"按钮，出现"新建对象-用户"完成对话框，如图 4-49 所示。

（6）确认上述所创建的用户信息后，单击"完成"按钮，否则依次单击"上一步"按钮，返回前一步骤，对创建过程中不合适的信息进行修改。

新用户创建完成后，在图 4-50 所示的用户窗口中就会出现新建的账户及其所隶属的组。能够看到对于任何一个新账户，其默认的组都是 Users 组。

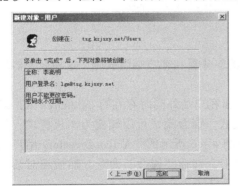
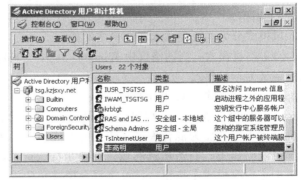

图 4-49 新建用户完成对话框   图 4-50 "Active Directory 用户和计算机"窗口

2）修改用户属性

修改用户属性的步骤如下：

（1）在图 4-50 中，右击所要修改的用户名，在弹出的快捷菜单中选择"属性"命令，进入用户属性对话框，如图 4-51 所示。

（2）默认打开的是"常规"选项卡，管理员可以修改文本框中的内容。有些内容可以省略。

（3）若要修改账户的信息，可以单击"账户"选项卡，如图 4-52 所示。

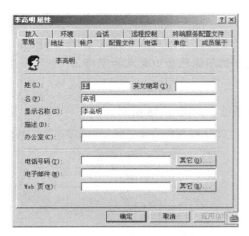

图 4-51　"常规"选项卡

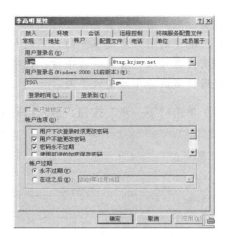

图 4-52　"账户"选项卡

2．用户组管理

在一个大型网络中，由于用户很多，存取权限设置比较复杂，利用用户组的特性，把要求或性质类似的用户划分为一个组，往往能取得较好的效果。

1）组类型

在 Windows Server 2003 域中，可以将组分为通信组和安全组两种类型。

（1）通讯组：使用通讯组可以创建电子邮件通讯组列表，只有在电子邮件应用程序（如 Exchange）中，才能使用通讯组将电子邮件发送给一组用户。

（2）安全组：安全组提供了一种有效的方式来指派对网络上资源的访问权。使用安全组可以将用户权限分配到 Active Directory 中的安全组。

组的作用域分为通用作用域、全局作用域和本地域作用域 3 类不同的类型。

2）域模式

域模式分为本机模式和混合模式两种。

（1）本机模式：当网络仅由 Windows Server 2003 的服务器和客户端组成时，这种服务器环境被定义为本机模式。

（2）混合模式：除 Windows Server 2003 服务器和客户端外同时存在有 Windows NT 或 Windows 2000 等客户，这种服务器环境被称为混合模式。混合模式可以转变为本机模式，但本机模式不能转变为混合模式。转变的方法如下：在图 4-46 所示的"Active Directory 用户和计算机"窗口中，右击所选的域，在弹出的快捷菜单中，选择"属性"命令，然后在对话框中单击【更改模式】按钮，就可将混合模式转变为本机模式。

3）组作用域与组的种类

每个安全组和通讯组均具有一个作用域，即标识组在域林或域树中所应用的范围。根据作用域的不同，通常将组分为通用作用域组、全局作用域组和本地作用域组，另外还有本地组和特殊组。

（1）通用作用域组：通用作用域组简称为通用组，常用来指定多个域资源的存取权限，其成员可以来自任何域、任何全局组以及任何一个通用组。具有存取任何域中资源的特性。在本机模式中，安全组和通讯组均可具有通用作用域，而在混合模式中，只有通讯组才能有通用作用域。

（2）全局作用域：全局作用域组放在 Users 文件夹，也称为预定义组，简称全局组，具有存取任何域中资源的特性。全局作用域组常用来组织一群对网络资源需求相似的用户，其成员来自相同域中的任何全局作用域组。全局作用域组可以转换为通用作用域组，但前提是它自身不能是其他全局作用域组成员。

（3）本地作用域组：本地作用域组只能包含本地域内的用户，只能在本地域中被赋予访问权限。其成员只能来自组所在域中的用户、全局作用域组和通用作用域组。本地作用域组可以转换为通用作用域组，但前提是它自身不能包含任何其他本地作用域组的成员。

（4）本地组：本地组是当 Windows Server 2003 安装成独立服务器或成员服务器时，系统自建组，提供在单一的计算机上的工作权限。

（5）特殊组：特殊组是除"内置"和"用户"文件夹中的组以外的具有特殊身份的组，在管理组时，这些组不被看到而且不能将特殊身份放入组中。组作用域不适用于特殊身份。

4）内置组

域控制器安装完成后，Windows Server 2003 会自动生成一些内置组，这些内置组定义了一些常用的权限集合。可以通过将用户添加到系统内置组的方式，使用户获得相应的权限。部分内置的组安装于"Active Directory 用户和计算机"控制台的 Builtin 和 Users 文件夹中，这些组都是安全组。本地域的内置组放在 Builtin 文件夹中。全局作用域的组放在 Users 文件夹中。可以将 Builtin 文件夹中的内置组移动到域中的其他组或组织单位文件夹内，但是不能将它们移动到其他域。

5）创建组

在图 4-50 中，右击 Users 文件夹，在弹出的快捷菜单中选择"新建"→"Group"命令，出现如图 4-53 所示的对话框。

（1）在"组名"文本框中输入要建的组名，如"科研组"。

（2）在"组作用域"中选择组的作用域和组的类型。

（3）单击"确定"按钮。

6）设置组的属性

右击新建组，在弹出的快捷菜单中选择"属性"命令，出现如图 4-54 所示的对话框。可以设置修改组成员、隶属关系和管理者。若要删除用户或组时，可以选中其名字，然后单击"删除"按钮。

图 4-53　"新建组-组"对话框

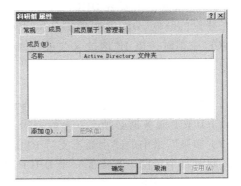

图 4-54　"科研组属性"对话框

4.5　DHCP 服务器的配置与管理

4.5.1　DHCP 服务简介

DHCP 是动态主机配置协议（Dynamic Host Configuration Protocol）的简称，DHCP 服务器能够集中管理和分配 IP 地址，并且对 DHCP 客户（Client）的 TCP/IP 进行配置。在局域网当中，TCP/IP 具有可路由、划分子网等优点，所以，它一般是网络管理员首选的通信协议。给客户机分配 IP 地址有两种方式：一种方法是在客户机上直接指定一个固定的 IP 地址、子网掩码、默认网关、DNS、WINS 地址等，这种方法容易出错、重复、出现网络故障，网络管理也变得复杂；另一种方法是利用 DHCP 服务器与客户机的配置，在网络中实现动态配置 IP 地址及相关参数。

DHCP 为客户机/服务器模式，DHCP 服务器利用租约的方式为客户机分配 IP 地址。当一个 DHCP 客户机启动时，它就从 DHCP 服务器请求一个 IP 地址。当 DHCP 服务器接收到该请求时，就从它的数据库定义的地址范围中选择一个 IP 地址，分配给客户机。这种租约的方式有一定的租约期限，定义了指派的 IP 地址可以使用的时间长度。租约期默认为 8 天，也可以自行设置。DHCP 服务器数据库包含的信息有：网络上所有客户机的有效配置参数和分配给客户机的地址池中维护的有效 IP 地址能够使用的时间长度。

使用 DHCP 服务器自动地来设置 TCP/IP，有以下优点：

（1）DHCP 客户机能够分配到一个有效的 IP 地址，并且该 IP 地址不会重复。

（2）DHCP 客户的 TCP/IP 设置信息是正确的，是不会出错的，这样就可以减少许多麻烦的问题。

（3）使用 DHCP 可以节省 IP 地址，若采用固定的 IP 地址不够分配时，采用 DHCP 动态地分配 IP 地址就可以解决 IP 地址不够分配的问题。

4.5.2　运行 DHCP 服务的前提要求

DHCP 是以主从结构（Client-Server）的方式运行的，所以必须在网络中的一台 Windows Server 2003 服务器上安装 DHCP 服务，并将一个范围的 IP 地址赋予该 DHCP 服务器，DHCP 客户在登录的时候，DHCP 服务器会从可用的 IP 地址中动态地将一个地址分配给 DHCP 客户，当 DHCP 注销时，该 IP 地址又会被收回，等待下一次分配，每次分配给客户的 IP 地址是不相同的。

对 DHCP 服务器有如下要求：

（1）DHCP 服务必须安装在 Windows Server 2003 上。

（2）DHCP 服务器必须有一个静态的 IP 地址。

（3）如果网络中的路由器不支持 RFC1542，则这种路由器不能够在子网间传递 DHCP 设置信息，此时每个子网中都需要一个 DHCP 服务器。

（4）要使用 DHCP 服务，必须在 DHCP 服务器中创建 DHCP 作用域（DHCP Scope），DHCP 作用域是一个 IP 地址的范围。

4.5.3　DHCP 服务的安装、启动和停止

1. DHCP 服务器的安装

DHCP 服务器的安装步骤如下：

（1）选择"开始"→"程序"→"管理工具"→"配置服务器"。

（2）单击窗口左边的"联网"→"DHCP"，选择右侧窗口中的"启动 Windows 组件向导"（或打开"控制面板"，双击"添加/删除程序"，单击"添加/删除 Windows 组件"按钮），打开"Windows 组件向导"对话框。

（3）在对话框中，选中"网络服务"复选框，单击"详细信息"按钮，选择"动态主机配置协议（DHCP）"复选框，单击"确定"→"下一步"→"完成"按钮。

2. DHCP 服务器的启动

启动 DHCP 服务器有如下两种方法：

（1）选择"开始"→"程序"→"管理工具"→"DHCP"。

（2）选择"开始"→"程序"→"管理工具"→"服务"，双击 DHCP Server，出现"DHCP Server 的属性"对话框。在该对话框中可以设置 DHCP 服务的属性，设置启动类型：自动、手动和已禁止，也可以启动、停止、暂停和继续 DHCP 服务。

3. DHCP 服务的停止

在"DHCP Server 的属性"对话框中，单击"停止"按钮，就可以停止 DHCP 服务。

4.5.4　DHCP 服务的授权

当服务器安装了 DHCP 服务之后，为使 DHCP 服务正确地运行，必须在活动目录中对 DHCP 服务器进行授权。

对 DHCP 服务器进行授权的操作步骤如下：

（1）以 Administrator 的身份登录。

（2）双击"管理工具"中的"DHCP"，出现如图 4-55 所示的 DHCP 对话框。

（3）在图 4-55 所示的 DHCP 对话框中，单击 DHCP 目录，再选择"操作"→"管理授权的服务器"命令，出现如图 4-56 所示的对话框。

图 4-55　"DHCP 作用域"窗口

图 4-56　"管理授权的服务器"对话框

在该对话框中，可以添加和删除授权的 DHCP 服务器，当把 DHCP 服务器加到对话框中时，实际上已经对该 DHCP 服务器进行了授权，当从对话框中删除 DHCP 服务器时，相当于取消了对该服务器的授权。

（4）单击"授权"按钮，出现如图 4-57 所示的对话框。

（5）单击"确定"按钮，出现如图 4-58 所示的 DHCP 提示信息框。

（6）单击"是"按钮，完成对 DHCP 服务器的授权。

（7）若要解除授权的 DHCP 服务器，只需要在图 4-56 所示的对话框中，单击"解除授权"按钮即可。

图 4-57 "授权 DHCP 服务器"对话框　　　图 4-58 DHCP 授权列表确认提示框

4.5.5 DHCP 服务的配置

1. DHCP 作用域的创建及激活

DHCP 作用域（Scope）实际上就是一段 IP 地址的范围，当 DHCP 客户机请求 IP 地址时，DHCP 服务器将会从这段范围中选取一个尚未使用（出租）的 IP 地址，分配（租）给 DHCP 客户机。每一个 DHCP 服务器至少应有一个作用域，也可以创建多个作用域，以集中管理和专门为某一子网分配 IP 地址。作用域的创建步骤如下：

（1）在图 4-55 所示的 DHCP 对话框中，右击该 DHCP 服务器（本例中在 lzyin.tsg.kzjsxy.net 处右击），在弹出的快捷菜单中选择"新建作用域"命令，单击"下一步"按钮，出现如图 4-59 所示的对话框。

（2）在"名称"文本框中输入名称，在"描述"文本框中输入说明，然后单击"下一步"按钮，出现如图 4-60 所示对话框。

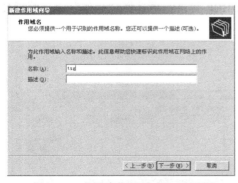 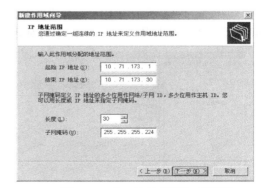

图 4-59 "新建作用域名"对话框　　　图 4-60 "IP 地址范围"对话框

（3）输入起始 IP 地址、结束 IP 地址和子网掩码，单击"下一步"按钮，出现如图 4-61 所示的对话框。

（4）在对话框中，输入需要排除的 IP 地址范围（这些 IP 将用于特殊用途，比如网关、服务器等），单击"添加"按钮。设置完排除范围之后，单击"下一步"按钮，出现如图 4-62 所示的对话框。

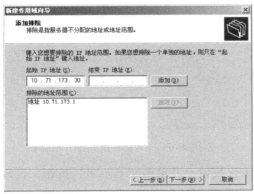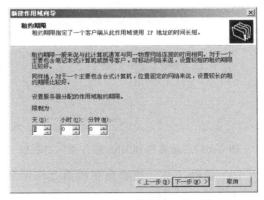

图 4-61　"添加排除"对话框　　　　　　图 4-62　"租约期限"对话框

（5）设置 IP 地址的租约期限，默认值为 8 天，设置完租约期限后，单击"下一步"按钮，出现如图 4-63 所示的对话框。

（6）选择"是，我想现在配置这些选项"单选按钮，单击"下一步"按钮，弹出"路由器（默认网关）"对话框，如图 4-64 所示。

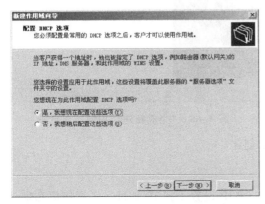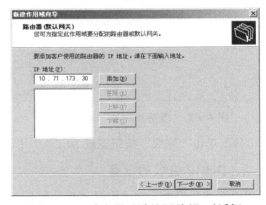

图 4-63　"配置 DHCP 选项"对话框　　　图 4-64　"路由器（默认网关）"对话框

（7）输入网关地址后，单击"添加"按钮，然后单击"下一步"按钮，出现如图 4-65 所示的对话框。

（8）输入父域和服务器名称后，单击"解析"按钮，IP 地址文本框中出现其服务器 IP 地址，然后单击"添加"按钮，再单击"下一步"按钮。

（9）若存在 WINS 服务器，则输入 WINS 服务器的名称后，单击"解析"按钮，IP 地址输入框中出现其服务器 IP 地址，然后单击"添加"按钮。

若没有 WINS 服务器，如图 4-66 所示，单击"下一步"按钮，然后再单击"下一步"按钮，出现如图 4-67 所示的对话框。

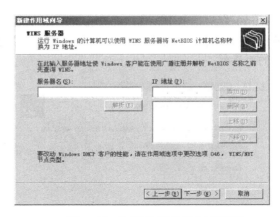

图 4-65 "域名称和 DNS 服务器"对话框   图 4-66 "WINS 服务器"对话框

（10）选择"是，我想现在激活此作用域"单选按钮，并单击"下一步"按钮，出现如图 4-68 所示的对话框。

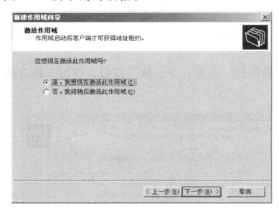

图 4-67 "激活作用域"对话框   图 4-68 "完成新建作用域"对话框

（11）单击"完成"按钮完成 DHCP 作用域的创建。

2. DHCP 选项的设置

DHCP 服务器除了给 DHCP 客户分配基本的 TCP/IP 设置（如 IP 地址、子网掩码和默认网关）外，还可以提供其他的配置信息给 DHCP 客户，如路由器和 DNS 服务器的 IP 地址，这些配置信息被称为 DHCP 选项。

DHCP 选项分为 3 个类别：服务器选项、作用域选项和类选项。

（1）服务器选项（Server Option）：服务器选项是全局选项，它应用于 DHCP 服务器中所有的作用域和 DHCP 保留客户。设置服务器选项的步骤如下：

① 选择"开始"→"程序"→"管理工具"→"DHCP"，出现如图 4-69 所示窗口。

② 右击"服务器选项"，在弹出的快捷菜单中选择"配置选项"命令，出现如图 4-70 所示的对话框。在该对话框中可以设置服务器选项。

③ 在图 4-70 所示的对话框中，选择某一项，然后在其下出现的配置栏中输入各个 IP 地址，再单击"添加"按钮，最后单击"确定"按钮，如图 4-71 所示。

图 4-69　"DHCP 管理工具"窗口

图 4-70　"服务器选项"对话框

（2）作用域选项（Scope Option）是应用于当前作用域的选项。在图 4-69 所示的窗口中，右击"作用域选项"，在弹出的快捷菜单中选择"配置选项"命令，出现如图 4-72 所示的对话框，在对话框中设置作用域选项。

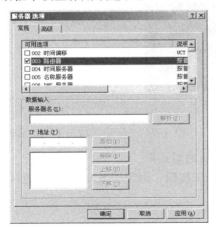

图 4-71　"服务器选项"对话框

图 4-72　"作用域选项"对话框

（3）类选项（Class Option）是生产厂商（供应商）和用户自己定义的 DHCP 选项，在图 4-72 所示的"作用域选项"对话框中，单击"高级"选项卡，在对话框中就可以设置类选项。

4.6　DNS 服务器的配置与管理

4.6.1　DNS 概述

DNS 是域名系统（Domain Name System）的简称，用来在网络上查找计算机以及其他资源的命名系统。通过 DNS 服务器，提供域名到 IP 地址的映射服务，就可以通过简单的域名访问计算机，而不必去记忆复杂的 IP 地址。Windows Server 2003 的 DNS 服务器与活动目录协同工作，并且完全利用了活动目录的优点。采用这种方式，网络管理员可以集中管理，从而简化系统的管理。通过与活动目录的集成以及一些新特点和对 Windows 2000 DNS 服务内核的改进，提供了更高的可靠性并提高了网络管理效率。

4.6.2 DNS 服务器的安装与配置

DNS 也是 Windows Server 2003 的一个系统组件，它的安装过程类似 DHCP，这里就不再赘述。但需要说明的是，安装 DNS 的服务器必须具有固定的 IP 地址。

当我们正确安装了 DNS 服务器之后，就可以在"管理工具"中启动 DNS 控制台，对 DNS 服务器进行设置，如图 4-73 所示。

1．DNS 正向区域的创建

（1）选中"正向搜索区域"，选择"操作"→"新建区域"命令（或右击"正向搜索区域"，在弹出的快捷菜单中选择"新建区域"命令），出现如图 4-74 所示的对话框。

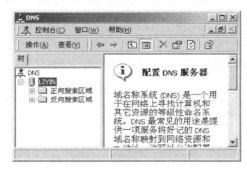

图 4-73　"DNS 管理工具"对话框　　　　图 4-74　"新建区域向导"对话框

（2）单击"下一步"按钮，出现如图 4-75 所示的对话框。

（3）选择要创建的区域的类别，单击"下一步"按钮，出现如图 4-76 所示的对话框。

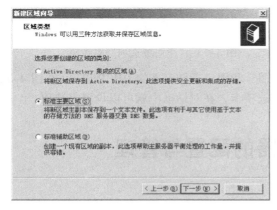

图 4-75　"区域类型"对话框　　　　图 4-76　"区域名"对话框

（4）在"输入区域名称"文本框中，输入域名称后，单击"下一步"按钮，出现如图 4-77 所示的对话框。

（5）选取"创建新文件，文件名为（C）"单选按钮，单击"下一步"按钮，出现如图 4-78 所示的对话框。

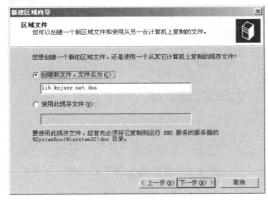

图 4-77 "区域文件"对话框

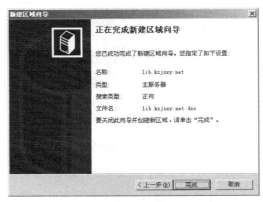

图 4-78 "完成新建区域"对话框

（6）单击"完成"按钮，出现图 4-79 所示的窗口。

（7）选中刚才所建区域，选择"操作"→"新建主机"命令，出现"新建主机"对话框，如图 4-80 所示。

图 4-79 "DNS 正向搜索区域"窗口

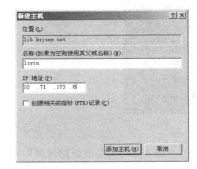

图 4-80 "新建主机"对话框

（8）输入主机名称及其 IP 地址后，单击"添加主机"按钮，出现成功创建信息框。

（9）单击"确定"按钮，回到添加主机窗口，如图 4-81 所示。

2．DNS 反向区域的创建

（1）在图 4-79 所示的窗口中，选中"反向搜索区"区域，选择"操作"→"新建区域"命令（或右击"反向搜索区"，在弹出的快捷菜单中选择"新建区域"命令），单击"下一步"按钮。

（2）在出现的对话框中选择"标准主要区域"单选按钮，单击"下一步"按钮，出现如图 4-82 所示的对话框。

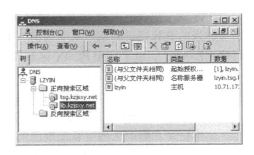

图 4-81 "DNS"窗口

（3）在"网络 ID"文本框中，输入网络地址，单击"下一步"按钮，出现如图 4-83 所示的对话框。

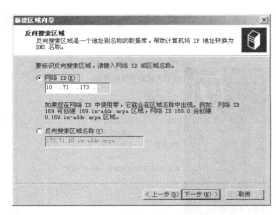
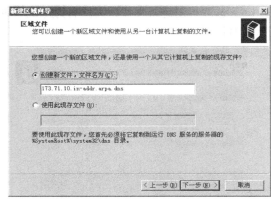

图 4-82 "反向搜索区域"对话框   图 4-83 "区域文件"对话框

（4）接受默认选项，单击"下一步"按钮，出现如图 4-84 所示的对话框。

（5）单击"完成"按钮，返回添加主机窗口，并显示出一个反向搜索区域，如图 4-85 所示。

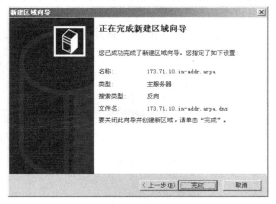
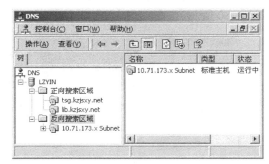

图 4-84 "完成新建区域"对话框   图 4-85 DNS 窗口

3．添加 DNS 资源记录

DNS 除了提供域名到 IP 地址的解析服务之外，还提供了许多其他的服务。这些服务是通过添加适当的资源记录到域中来实现的。例如，若要指定一台服务器用于处理域中计算机的电子邮件（E-mail），就必须创建 MX 记录来标识邮件服务器。DNS 资源记录（RR）是 DNS 数据库中的主要对象，最常用的资源记录类型有 A（地址）、CNAME（别名）、MX（邮件交换）、NS（名称服务器）、PTR（指针）和 SOA（起始授权机构）等记录类型。

- 权限启动（SOA）：指明该区域的主服务器，是区域信息的主要来源。它还指明区域的版本信息和影响区域更新或期满的时间等基本属性。

- 名称服务器（NS）：标记附加的 DNS 服务器，是该区域的权威服务器。名称服务器可能不止一个。在默认情况下，使用 DNS 管理单元来添加新的主区域时，"添加新区域"向导会自动创建 SOA 和 NS。

- 主机记录（A）：用于将 DNS 域名映射到计算机使用的 IP 地址。这是最常使用的资源记录类型，可以手动创建主机记录。当 IP 地址配置更改时，运行 Windows Server 2003 的计算机可以动态注册和更新它们在 DNS 中的主机记录。

- 别名（CNAME）：用于将 DNS 域名的别名映射到另一个主要的或规范的名称，允许用多个名称指向一个主机。例如，一台名称为 abc.klmy.com 的计算机同时运行 FTP 服务和 Web 服务，为了规范地为 FTP 服务使用名称 ftp.klmy.com.com，为 Web 服务使用名称 www.klmy.com.com，则需要为 abc.klmy.com.com 创建两个别名记录 ftp 和 www。
- 邮件交换器（MX）：用于将 DNS 域名映射为交换或转发邮件的计算机的名称。邮件交换器资源记录由电子邮件系统使用，用以根据在邮件目标地址中的 DNS 域名来定位邮件服务器。如果为域 xxgc.com 配置的 MX 的邮件服务器是 mail.xxgc.com，则发送到 user@xxgc.com 的邮件首先发往 user@mail.xxgc.com。MX 中定义的邮件服务器可以是本地网络中连入 Internet 的邮件服务器，也可以是 Internet 上任一台邮件服务器，只要它允许接收邮件。
- 指针（PTR）：在反向搜索区域中创建的一个映射，用于映射计算机的 IP 地址。
- 到 DNS 域名，它仅用于支持反向搜索，可以静态手动创建指针记录，也可以在创建主机记录时创建相关的指针记录；当 IP 配置更改时，运行 Windows Server 2003 的计算机可以动态注册和更新它们在 DNS 中的指针记录。
- 服务位置（SRV）：用于将 DNS 域名映射到指定的 DNS 主机列表，该 DNS 主机提供诸如 Active Directory 域控制器之类的特定服务。

下面举例在主服务器 lzyin 上创建各种资源记录：

（1）添加主机资源记录和相关的指针资源记录，我们将为名为 lzyin 的主机建立主机记录，同时创建相关联的指针记录。

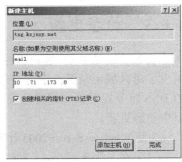

图 4-86 "新建主机"对话框

① 在 DNS 控制台树中选中区域 tsg.kzjsxy.net，单击"操作"菜单或右击 tsg.kzjsxy.net 区域，然后选择"新建主机"命令，弹出"新建主机"对话框，如图 4-86 所示。

② 在"IP 地址"文本框中输入对应的 IP 地址，如 10.71.173.8，选中"创建相关的指针（PTR）记录"复选框，依次单击"添加主机"→"确定"→"确定"按钮。

（2）添加邮件交换记录。下面为域 tsg.kzjsxy.net 建立邮件交换器记录，邮件服务器名为 mail。

① 首先按上述操作步骤在区域 tsg.kzjsxy.net 中为邮件服务器建立名为 mail 的主机记录。

② 在 DNS 控制台树中选中区域 tsg.kzjsxy.net，单击"操作"菜单（或右击 tsg.kzjsxy.net），选择"新建邮件交换器"命令，弹出"新建资源记录"窗口。

③ 保留"主机或域"文本框为空，在"邮件服务器"文本框中输入或单击"浏览"按钮选择邮件服务器名 mail.tsg.kzjsxy.net，如图 4-87 所示。

④ 单击"确定"按钮。

（3）添加别名记录 。下面为同时运行 Web 服务和 FTP 服务的主机 lzyin 建立两个别名 www 和 ftp。

① 在 DNS 控制台目录中选中区域 tsg.kzjsxy.net，单击"操作"菜单(或右击 tsg.kzjsxy.net 区域)，选择"新建别名"命令，出现"新建资源记录"窗口。

② 在"别名"文本框中输入 lzyin 的别名 www,在"目标主机的完全合格的名称"文本框中输入 lzyin.tsg.kzjsxy.net 或通过单击"浏览"按钮选择服务器名为 lzyin.tsg.kzjsxy.net，如图 4-88 所示。

图 4-87　"邮件交换器"选项卡

图 4-88　"别名"选项卡

③ 单击"确定"按钮。

④ 重复上述操作，在第②步骤中，在"别名"文本框中输入 lzyin 的另一个别名 ftp。最后 lzyin 的两个别名 www 和 ftp 出现在区域 tsg.kzjsxy.net 中。

4.6.3　动态更新

动态更新是 DNS 客户机在发生更改时使用 DNS 服务器注册和动态地更新其资源记录。它减少了对区域记录进行手动管理的工作量。对于与活动目录集成的区域，Windows Server 2003 的 DNS 服务器默认允许进行安全的动态更新。对于标准区域，DNS 服务器默认不允许在它的区域中动态更新。

为使 Windows Server 2003 计算机可以在 DNS 服务器上动态更新它的主机记录，需要作如下配置：

（1）在主服务器 lzyin 上打开 DNS 控制台，选中 tsg.kzjsxy.net 主要区域。单击"操作"菜单，选择"属性"命令。

（2）在"常规"选项卡下，在"允许动态更新"列表中选择"是"。

（3）单击"确定"按钮。

（4）在 Windows Server 2003 计算机的 TCP/IP 配置中，指定首选 DNS 服务器的 IP 地址，本例中是 lzyin 的 IP 地址。

4.7　IIS 的配置与管理

4.7.1　IIS 概述

IIS（Internet Information Services）是集 Web 服务、FTP 服务、SMTP 服务和 NNTP（Network News Transfer Protocol）服务于一体的 Internet 信息服务系统。Web 服务用来架设 Web 站点，并支持 Web 内容的保存与更新的服务；FTP 服务器用于架设 FTP 站点，提供上传与下载网络文件的服务；SMTP 和 NNTP 分别用于邮件发送和新闻服务。

Windows Server 2003 集成了 IIS 6.0，能够帮助用户提高跨越 Internet 的整体性能。在配置这些服务前，首先要安装 IIS。IIS 可以运行在 Microsoft 的任意一种视窗操作系统上，不过要想得到真正的全部服务，必须把 IIS 安装在服务器的操作系统上。

4.7.2　安装 IIS

安装 IIS 的操作步骤如下：

（1）打开"控制面板"，双击"添加/删除程序"图标，单击"添加/删除 Windows 组件"按钮，选择"应用程序服务器"，单击"详细信息"按钮，出现如图 4-89 所示的对话框。

（2）在对话框中，选择 ASP.NET、"Internet 信息服务"等常用功能选项，然后单击"确定"按钮。

（3）再次在图 4-89 中选择"Internet 信息服务(IIS)"后单击"详细信息"按钮。

（4）在出现的对话框中选择"文件传输协议(ftp)服务"，单击"确定"按钮，根据安装向导，结束安装。

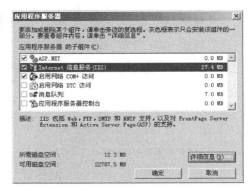

图 4-89　"应用程序服务器"对话框

4.7.3　启动 IIS

当 IIS 添加成功之后，用户可以通过选择"开始"→"程序"→"管理工具"→"Internet 信息服务（IIS）管理器"，打开"Internet 信息服务（IIS）管理器"窗口。单击窗口左边控制台中的"+"号，对于有"已停止"字样的服务，均在其上右击，在弹出的快捷菜单中选择"启动"命令，即可启动 IIS。用同样的方法，可以启动 FTP 站点和其他站点或服务器。

4.7.4　测试 IIS 安装结果

在安装 IIS 之后，需要测试安装结果，利用 IE 浏览器可进行测试。主目录用于存放发布的 Web 页的位置，其默认位置是 C:\Interpub\wwwroot。具体操作步骤如下：

（1）在局域网上的另一台计算机上打开 IE 浏览器。

（2）在"地址"文本框中输入 http://lzyin（lzyin 为当前安装了 IIS 计算机的名称），按【Enter】键，结果"默认的 Web 站点"出现在浏览器中，如果没有创建主页，系统提示主页正在制作中。

4.7.5　建立 Web 服务器

WWW 是 World Wide Web 的简称，它只是 Internet 的一个组件，它可以在网络上实现图形服务。使用它，可在站点上加入 HTML 文档和超链接内容，供客户机和浏览器查阅。

IIS 支持多个 Web 站点，有一个默认的 Web 站点。用户可以配置默认的 Web 站点，或者利用"网站创建向导"创建一个新的站点。新建网站的操作步骤如下：

（1）在"管理工具"中打开"Internet 信息服务（IIS）管理器"。右击"网站"，然后选择"新建"→"网站"命令，单击"下一步"按钮，在文本框内输入网站描述，单击"下一步"按钮，出现如图 4-90 所示的对话框。在该对话框中的"网站 IP 地址"一栏中选择网站使用的 IP 地址，或者默认为本机 IP。

（2）单击"下一步"按钮，输入网站主目录的路径，这里选择本地硬盘 E:\www，选中"允许匿名访问网站"复选框，如图 4-91 所示。

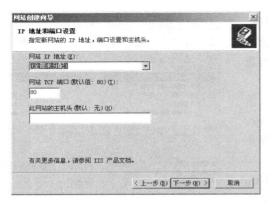

图 4-90 "IP 地址和端口设置"对话框　　　图 4-91 "网站主目录"对话框

（3）单击"下一步"按钮，在出现的对话框中选择访问权限的复选框，如图 4-92 所示。

（4）单击"下一步"按钮，单击"完成"按钮，至此，已经成功地建立了一个新的网站。

4.7.6　Web 站点的管理和虚拟目录

在建立了一个新的 Web 站点后，该 Web 站点还不能立即使用，还必须对其进行配置，包括对站点的标识、配置主目录、设置默认文档和虚拟目录等内容。

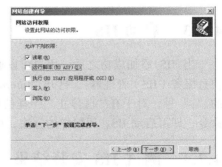

图 4-92 "网站访问权限"对话框

1．网站的属性

打开"Internet 信息服务（IIS）管理器"，右击要管理的网站，本例为"默认网站"，在弹出的快捷菜单中选择"属性"命令（或单击"操作"菜单，选择"属性"命令），出现"默认网站属性"对话框，如图 4-93 所示。

2．网站的标识

网站的标识通过网站属性对话框的"网站"选项卡进行标识设置。

（1）描述：确定出现在"Internet 信息服务（IIS）管理器"中的网站名字。

（2）IP 地址：网站的访问 IP 地址，若当前计算机有多个 IP 地址，可以针对每一个 IP 地址创建一个单独的网站。

（3）TCP 端口：确定将运行 Web 服务的 TCP 端口，默认值为 80，可以修改，但若修改后用户连接时必须指明端口号。

3．配置主目录和文档

如图 4-94 所示，网站主目录的设置包括主目录路径的设置、执行权限和应用程序池的设置。网站的主目录是在站点上已经发布的内容的位置，可以是当前计算机上的一个文件夹或者是另一台计算机上的共享文件夹，还可以是另一个 Web 站点上的资源。选定后，输入网站主目录位置的路径。

主目录的访问权限有 6 个：常用的是脚本资源访问、读取、写入和目录浏览。

（1）读取：读取权限是所有权限的基础，若没有读取权限，用户就无法访问网站。

（2）写入：允许用户修改主目录中的信息，可以修改网页的源文件。

（3）目录浏览：能够使用户执行主目录中的脚本程序，如 CGI 脚本、ISAPI 脚本。

在"文档"选项卡中修改网页启动时启用的默认文档，一般的网页都默认为 index.htm、Default.htm 或 Default.asp，这要根据自己网站的情况修改。

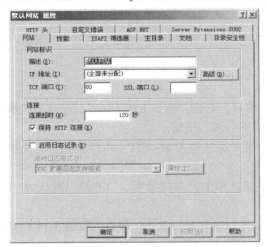

图 4-93　"网站"选项卡

图 4-94　"主目录"选项卡

4．Web 服务的安全

IIS 提供了安全设置来实现 Web 服务的安全。在图 4-93 所示的对话框中，单击"目录安全性"选项卡，可以对网站的安全性进行设置，这些安全设置包括身份验证和访问控制、IP 地址和域名限制，以及安全通信。在"目录安全性"选项卡中，单击"编辑"按钮，出现如图 4-95 所示的对话框。在该对话框中可以选择 5 种身份验证的安全机制：启用匿名访问、集成 Windows 身份验证、 Windows 域服务器的摘要式身份验证、基本身份验证和.NET Passport 身份验证。在该对话框中，若选中了"启用匿名访问"复选框，单击"浏览"按钮，则出现"选择用户"对话框，选择用于匿名访问的有效账号。

图 4-95　"身份验证方法"对话框

5．建立虚拟目录

利用虚拟目录，网站的内容可以放在 IIS 默认目录以外的地方，使网站扩充到其他计算机上，增加 Web 服务器的存储空间。网站点的虚拟目录的设置与主目录的设置类似，其操作步骤如下：

（1）打开"Internet 信息服务（IIS）管理器"窗口，右击一个需要建立虚拟目录的站点（本例为"默认网站"），选择"新建"→"虚拟目录"命令。

（2）根据创建向导配置信息，按屏幕的提示信息，逐步输入相关信息，如虚拟目录的名称或别名、路径、访问权限等，设置完访问权限后，单击"下一步"按钮，最后单击"完成"按钮。

（3）在虚拟目录下级可再建立下级虚拟目录，其中的路径可以选取网上邻居的其他计算机，实现存储空间的扩展。

（4）右击虚拟目录，选择"属性"命令，在打开的窗口中进行设置。

4.7.7　FTP 服务

FTP 即 File Transfer Protocol（文件传输协议）的简称，也是 Internet 的一个组件，它可以在服务器和客户机之间传输文件。

1．新建 FTP 站点

（1）打开"Internet 信息服务（IIS）管理器"窗口，右击"默认 FTP 站点"，在弹出的快捷菜单中选择"新建"→"FTP 站点"命令，单击"下一步"按钮。

（2）在出现的对话框中，输入 FTP 站点的说明，这里输入 My FTP site，单击"下一步"按钮。

（3）在出现的对话框中，添加 FTP 站点的 IP 地址和 TCP 端口设置，TCP 端口默认为 21，如图 4-96 所示。

（4）单击"下一步"按钮，要求输入 FTP 站点主目录，通过单击"浏览"按钮选择 FTP 主目录存放的位置。

（5）单击"下一步"按钮，设置 FTP 站点访问权限，通常设为"读取"权限。

（6）单击"下一步"按钮，单击"完成"按钮。至此，FTP 站点建立完成。在"Internet 信息服务"窗口中，可以看到新建的 My FTP site。

可以通过 IE 浏览器测试安装结果，在浏览器地址栏中输入 ftp:// My FTP site 或 ftp://10.71.173.8,如果安装成功就可以连接到设置的站点主目录中。

2．FTP 站点的管理

FTP 站点的管理包括 FTP 基本属性的管理、安全账号属性的管理、信息属性的管理、主目录的管理和目录安全性的管理等内容。

打开"Internet 信息服务"窗口，在建立的 FTP 站点上右击，选择"属性"命令，就打开了"My FTP 属性"对话框，可以对 FTP 站点的属性进行设置或修改，同样分别单击"安全账号"、"消息"、"主目录"和"目录安全性"选项卡，就可以分别对它们进行设置或修改。在"消息"选项卡中可以输入 FTP 站点登录时的欢迎词，以及退出 FTP 站点时的欢送信息，如图 4-97 所示。

对于已建立好的 FTP 服务器，在浏览器中访问时使用如 ftp://10.71.174.8 的 URL。

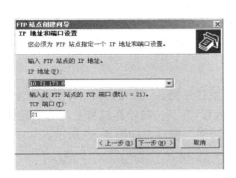
图 4-96   "IP 地址和端口设置"对话框

图 4-97   "消息"选项卡

3. FTP 站点的虚拟目录及管理

FTP 站点的虚拟目录与 Web 站点的虚拟目录的建立与管理相类似。在 Internet 信息服务控制台中,在建立的 FTP 站点上右击,选择"新建"→"虚拟目录"命令,单击"下一步"按钮,输入虚拟目录的名称或别名,单击"下一步"按钮,单击"浏览"按钮,在"路径"文本框中选择要发布的目录位置,单击"下一步"按钮,选择虚拟目录的访问权限,单击"下一步"→"完成"按钮,最后完成虚拟目录的设置。

FTP 站点的虚拟目录的管理通过其属性进行管理设置。

4.8   远程访问及路由服务

4.8.1   远程访问

远程访问是一项非常实用的功能,它将远程用户通过 Internet 连接到公司内部的局域网中(见图 4-98),它们与本地网络中的计算机有一样的地位,可以使用网络内部的各种服务。

图 4-98   远程访问示意图

虚拟专用网络(VPN)是目前最常用的远程访问技术,它利用公众网络(如 Internet)在客户机与局域网之间建立一个安全的、点对点的连接,数据用隧道技术穿越公众网络。VPN 技术在减少企业费用负担、实现安全可靠的电子商务、简化网络拓扑结构及管理方面有着很大的优势。

1. VPN 关键技术

VPN 关键技术包括以下两种:

(1)隧道技术:为防止数据在穿越公众网络时被窃取,数据在进入公众网络时被重新打包并加密,到达目的网络时再按照一定的协议还原数据包。两端的设备负责隧道的建立和数据的加密、解密。常用的隧道协议有 PPTP、L2TP、IPSec、SOCKS v5 等。

（2）身份验证：为防止非法用户利用 VPN 访问内部网络，VPN 应提供身份验证功能，保证用户的合法性。身份验证功能通常通过在 VPN 服务器中设立账户来限制 VPN 用户。

2．VPN 服务器的配置

通常配置成 VPN 的服务器需安装 2 块网卡、一块接外网、一块接内网。具体操作步骤如下：

（1）选择"开始"→"管理工具"→"路由和远程访问"，在计算机名上右击，选择"配置并启用路由和远程访问"命令，出现"路由和远程访问"窗口，如图 4-99 所示。

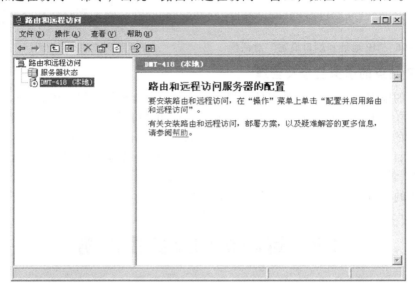

图 4-99 "路由和远程访问"窗口

（2）在"路由和远程访问服务器安装向导"中选择"虚拟专用网络（VPN）访问和 NAT"单选按钮（见图 4-100），只有当服务器有两块网卡时才能选择这一项。

（3）选择将服务器连接到 Internet 的网络接口，如图 4-101 所示。

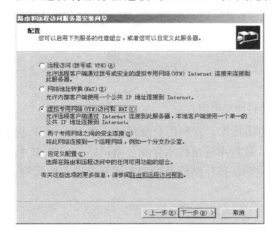

图 4-100 "路由和远程访问服务器安装向导"对话框

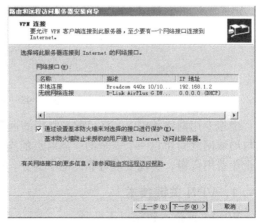

图 4-101 "VPN 连接"对话框

（4）指定为 VPN 客户机分配的 IP 地址范围，这个地址池中的地址必须与 VPN 内部网卡的 IP 地址在同一个网段。这些地址是当客户机连入 VPN 服务器时，为客户机分配的一个内网 IP 地址，它相当于一种 NAT 功能。

至此，VPN 服务器配置完成，可以为客户机提供 VPN 接入服务了，如图 4-102 所示。

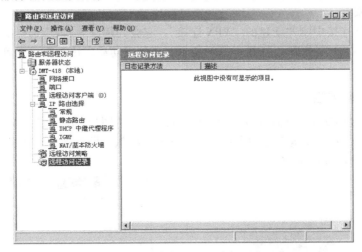

图 4-102　"路由和远程访问"窗口

3．创建 VPN 用户账户

在 VPN 服务器上选择"开始"→"管理工具"→"计算机管理"，在"本地和组"中为 VPN 用户创建账户和密码，如图 4-103 所示。打开刚才新建的用户账户属性，在"拨入"选项卡中设置"允许访问"，如图 4-104 所示。

图 4-103　VPN 新用户创建对话框

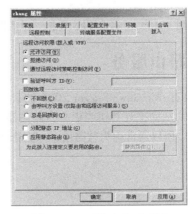

图 4-104　"拨入"选项卡

4．VPN 客户端的配置

在 VPN 用户使用的计算机上安装一个用于 VPN 的网络连接。具体操作如下：

（1）右击"网上邻居"，选择"属性"命令，打开"网络连接"窗口，单击"新建网络连接"选项。

（2）在"新建连接向导"对话框中选择网络连接类型为"连接到我的工作场所的网络"，单击"下一步"按钮；在创建连接中选择"虚拟专用网络连接"，单击"下一步"按钮。

（3）自定义连接名后，单击"下一步"按钮。

（4）由于连接 VPN 之前，应该先连入 Internet，所以在公用网络中选择连入 Internet 的连接，并单击"下一步"按钮。

（5）指定 VPN 服务器的 IP 地址，该地址就是 VPN 服务器的外网卡的 IP 地址，单击"下一步"按钮，完成安装。

（6）双击网络连接中刚才新建的"VPN 连接"，它会先用第（4）步选择的连接方式先连入 Internet，再连接 VPN 服务器，如图 4-105 所示。连接成功后，该计算机就可以访问局域网内部的资源。

5．断开 VPN 连接

断开 VPN 连接很简单，只需双击桌面上的"VPN 连接"图标，弹出如图 4-106 所示的"VPN 连接状态"对话框，在"常规"选项卡中单击"断开"按钮，即可断开客户机与 VPN 服务器的连接，同时也断开了 Internet 连接。

图 4-105　"连接 VPN 连接"对话框　　图 4-106　"VPN 连接状态"对话框

4.8.2　路由服务

一台装有 Windows Server 2003 的计算机可以通过设置路由服务来连接不同的网段（见图 4-107），从而把计算机当做一台路由器使用。该计算机具有路由器的大多数功能，但性能不如硬件路由器，所以通常称为软路由，一般用于小型网络系统中。作为软路由的计算机应装有多块网卡。

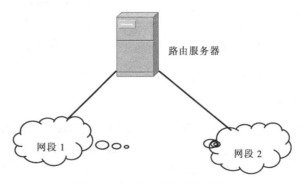

图 4-107　路由服务器示意图

1. 路由服务的配置

（1）选择"开始"→"管理工具"→"路由和远程访问"，在计算机名上右击，选择"配置并启用路由和远程访问"命令。

（2）在"路由和远程访问服务器安装向导"中选择"自定义配置"单选按钮，如图 4-108 所示。

（3）单击"下一步"按钮，在"自定义配置"对话框中选择"LAN 路由"复选框，如图 4-109 所示。

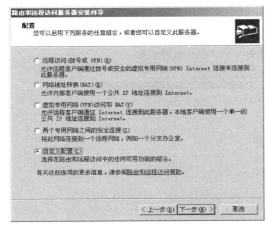

图 4-108　路由和远程访问配置对话框　　　　图 4-109　"自定义配置"对话框

（4）单击"下一步"按钮，在设置完"摘要"后，单击"完成"按钮，如图 4-110 所示。

（5）如图 4-111 所示，单击"是"按钮，开始路由服务。

配置好后，该计算机就成为一台路由器，它可自动识别与它直连的网络，并可以实现网络间的通信。

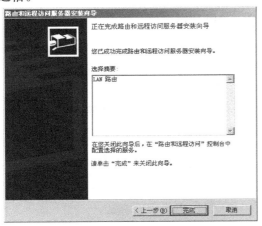

图 4-110　"完成配置"对话框　　　　　　图 4-111　开始服务提示

2. 配置静态路由

选择"开始"→"管理工具"→"路由和远程访问"→"IP 路由选择"，在"静态路由"上单右击，选择"新建静态路由"命令，弹出如图 4-112 所示的对话框。

这里，需要填写静态路由表："目标"是目标网络的网络地址，"网络掩码"是目标网络的子网掩码，"网关"指下一跳的地址。

3．配置动态路由

配置动态路由时，应使各路由器使用相同的协议，Windows Server 2003 支持 RIP、OSPF 等路由协议。

（1）选择"开始"→"管理工具"→"路由和远程访问"→"IP 路由选择"，在"常规"上右击，选择"新增路由协议"命令，出现如图 4-113 所示的对话框，选择要启用的路由协议后，单击"确定"按钮。

图 4-112 "静态路由"对话框　　　图 4-113 "新路由协议"对话框

（2）选择新增的协议，在右侧的窗口中单右击，选择"新增接口"命令。

（3）如图 4-114 所示，选择运行协议的接口。

注：在双网卡计算机上会出现两个本地连接接口，这里设置的是在哪个接口上启用路由协议。

（4）最后设置该路由协议的其他参数，如图 4-115 所示。

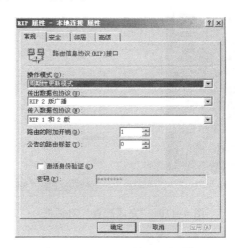

图 4-114 "运行协议的接口"对话框　　　图 4-115 "RIP 属性"对话框

小　结

本章主要介绍了 Windows Server 2003 网络操作系统的安装、配置和使用。

首先介绍了 Windows Server 2003 的新特性，讨论了 Windows Server 2003 不同产品的特点；接下来介绍了 Windows Server 2003 的安装和系统配置、优化设置过程，以及 Windows Server 2003 域及账户管理等相关概念；最后介绍了活动目录的安装、DHCP 服务、DNS 服务的安装及设置，以及 IIS 的安装、启动和配置和 VPN 远程访问和路由管理。

活动目录（Active Directory）的管理是 Windows Server 2003 的一个重要概念，Windows Server 2003 的许多功能和服务都是建立在活动目录之上，在 Windows Server 2003 中，用户、计算机、组管理等都是基于活动目录的。

DHCP 是动态主机配置协议，DHCP 服务器能够集中管理和分配 IP 地址，并且利用 DHCP 服务器与客户机的配置，在网络中实现动态配置 IP 地址及相关参数。

DNS 是域名系统，用来在网络上查找计算机以及其他资源的命名系统。通过 DNS 服务器，提供域名到 IP 地址的映射服务。本章介绍了 DNS 的安装、启动及其配置，以及添加 DNS 资源记录。

IIS 是集 Web 服务、FTP 服务、SMTP 服务和 NNTP 服务于一体的 Internet 信息服务系统。Web 服务用来架设 Web 站点，并支持 Web 内容的保存与更新的服务；FTP 服务器用于架设 FTP 站点，提供上传与下载网络文件的服务；SMTP 和 NNTP 分别用于邮件发送和新闻服务。

远程访问是一项非常实用的功能，它将远程用户通过 Internet 连接到公司内部的局域网中，可以使用网络内部的各种服务。安装 Windows Server 2003 的计算机可以通过设置路由服务来连接不同的网段，从而把计算机当做一台路由器使用。

本章重点是 Windows Server 2003 的安装、Active Directory 安装设置、DHCP 服务器的安装配置和软路由的设置。

习　题

一、选择题

1. 在 Windows Server 2003 的 4 个版本中，功能最强大的是（　　）。
   A. Standard Edition　　　　　B. Enterprise Edition
   C. Datacenter Edition　　　　D. Web Edition
2. Windows Server 2003 企业版支持（　　）个 CPU。
   A. 4　　　　B. 6　　　　C. 8　　　　D. 8 个以上
3. Windows Server 2003 中的 IIS 的版本是（　　）
   A. 4.0　　　B. 5.0　　　C. 6.0　　　D. 7.0
4. 在 Windows Server 2003 中，若要设定 DHCP 服务器，则在（　　）中。
   A. "配置您的服务器"向导　　　B. "管理您的服务器"向导
   C. "服务器安装"向导　　　　　D. "管理您的 DHCP 服务器"向导
5. 安装 Windows Server 2003 标准版，对计算机硬件的要求是（　　）。

A. CPU 速度最低 300 MHz，推荐 550 MHz 或更高；系统内存最低在 256 MB，推荐 384 MB 或更大

B. CPU 速度最低 550 MHz，推荐 800 或更高；系统内存最低在 128 MB，推荐 256 MB 或更大

C. CPU 速度最低 800 MHz，推荐 950 或更高；系统内存最低在 512 MB，推荐 1 024 MB 或更大

D. CPU 速度最低 1 000 MHz，推荐 950 或更高；系统内存最低在 512 MB，推荐 1 024 MB 或更大

6. Administrator 账号不可以（   ）。

A. 更改　　　　　B. 删除　　　　　C. 停用　　　　　D. 禁用

7. FTP 服务器的默认的 TCP 端口是（   ）。

A. 100　　　　　B. 8080　　　　　C. 21　　　　　D. 80

8. Web 服务器的默认的 TCP 端口是（   ）。

A. 100　　　　　B. 8080　　　　　C. 21　　　　　D. 80

9. DHCP 配置首先必须先配置（   ）。

A. DNS　　　　　B. 作用域　　　　　C. Web　　　　　D. 属性

10. 以下不是常用隧道协议的有（   ）。

A. PPTP　　　　　B. L2TP　　　　　C. IPSec　　　　　D. TCP/IP

二、简答题

1. 如何在 Windows Server 2003 中安装 Active Directory？

2. 如何在 Windows Server 2003 中安装及配置 DNS 服务器？

3. 如何在 Windows Server 2003 中添加 Windows 组件？

4. 若要在开机时，不需要按【Ctl+Alt+Del】组合键启动 Windows Server 2003，该如何操作？

5. 在"管理您的服务器"中，提供了哪些配置内容？

6. 如何在 Windows Server 2003 中更改 IP 地址等网络参数？

7. 什么是 IIS？怎样利用 IIS 建立自己的 Web 服务器？

8. 域用户账号和内置账号有什么区别？

9. DHCP 服务器的作用有哪些？

10. VPN 的关键技术有哪些？

第5章 交换机的管理

交换机是网络的主要设备之一，也是构建局域网的关键设备，根据实际网络应用的需求，用户在对交换机进行必要的配置后可以实现网络的安全、提高网络传输效率和网络管理效率。本章着重介绍交换机的分类、特点及其管理和配置。

5.1 交换机概述

交换机（Switch）是专门为计算机之间能够相互高速通信且独享带宽而设计的一种数据交换的网络设备。交换机拥有一条很高带宽的背部总线和内部交换矩阵，交换机的所有端口都挂接在这条背部总线上。控制电路收到数据包以后，处理端口会查找内存中的 MAC 地址（网卡的硬件地址）对照表以确定目的 MAC 的网卡挂接在哪个端口上，通过内部交换矩阵直接将数据包迅速传送到目的结点，而不是所有结点，目的 MAC 若不存在才广播到所有的端口。这种方式我们可以明显地看出交换机工作时一方面效率高，不会浪费网络资源，只是对目的地址发送数据，一般来说不易产生网络堵塞；另一个方面数据传输安全，因为它不是对所有结点都同时发送，发送数据时其他结点很难侦听到所发送的信息。

自 1993 年局域网交换机出现后，随着信息技术的发展，其产品类型也越来越多，数字化、宽带化、传输光纤化、分组化是今后网络的发展趋势，交换机的发展也在网络发展中起着重要作用。交换机最大的特点是可以将一个局域网划分成多个网段，每个端口都可以构成一个网段，扮演着一个网桥的角色，而且每一个连接到交换机上的设备都可以享用自己的专用带宽。所以，有时候交换机也被看做是一种交换速度更快（采用 ASIC 芯片）、端口集成度更大（几个到几十个）、地址缓存更多（可达上万个）的多端口网桥。

5.2 交换机的分类

从广义上来看，交换机分为两种：广域网交换机和局域网交换机。广域网交换机主要应用于电信领域，提供通信基础平台。而局域网交换机则应用于局域网络，用于连接终端设备，如 PC 及网络打印机等。按照不同的标准，可以将交换机分为许多种类。

1. 根据使用的网络技术分类

根据使用的网络技术划分，局域网交换机可以分为以太网交换机、ATM 交换机、FDDI 交换机、令牌环交换机、光交换机和 MPLS 交换机等类型。

（1）以太网交换机。以太网交换机是以太网使用的交换机设备。随着通信业务的发展以及国民经济信息化的推进，以太网交换机市场呈稳步上升态势。因为以太网具有性能价格比高、高度灵活、相对简单、易于实现等特点，所以，以太网技术已成为当今最重要的一种局域网组网技术。以太网现在几乎已经成为局域网的代称，因此，以太网交换机就成了"交换机"的代名词。所以，目前所说的交换机，如果没有特殊说明，一般指的是以太网交换机。

随着千兆网到桌面的日益普及，万兆以太网技术将会在汇聚层和骨干层得到广泛应用。目前，校园网的建设随着教育产业的兴起和发展也逐渐呈现出蓬勃向上的态势，而且有相当一部分校园网面临着升级改造的问题。随着流媒体（所谓流媒体是指在计算机网络中使用流式传输技术的连续时基媒体，如音频、视频或多媒体文件。视频、声音和数据从源端同时向目的地传输，它可以作为连续实时地传输到目的地被接收。这里的源指的是服务器端的应用，而目的地或称接收端是指客户端应用。简单地说，流媒体是指无须下载，可在线即时收听收看的媒体）技术的不断发展及应用，特别是流媒体传输技术的突破，是网络多媒体及流媒体教学的需要。因此，万兆以太网首先普及应用的场合是教育行业以及数据中心的出口、城域网的骨干。万兆以太网交换机一般用于骨干网段上，采用的传输介质为光纤，其接口方式就相应为光纤接口。图 5-1 所示的为一款万兆以太网核心交换机，从图中可以看出，它大量采用光纤接口。

图 5-1　万兆以太网核心交换机

（2）ATM 交换机。ATM 交换机是用于 ATM 网络的交换设备，它采用信元交换，支持多媒体和高速率宽带传输。ATM 能提供 51～622 Mbit/s 的传输频带，并可扩充至几吉比特率的超高速率等特点，目前主要应用于广域网及电信的骨干网。目前，国内主要汇接点间的 ATM 带宽为 622 Mbit/s，省会城市间 ATM 带宽 155 Mbit/s，ATM 的容量大，全国 7 个核心汇接结点 ATM 交换带宽为 25 Gbit/s 以上，区域汇接结点 ATM 交换带宽为 5 Gbit/s 以上。在局域网上，由于相对物美价廉的以太网交换机来说，ATM 的价格太高，而步履维艰。

（3）光交换机。现代通信技术的发展日新月异，而光纤通信技术凭借其高速、带宽的明显特征而更容易为世人瞩目，具有高速率、高容量的全光通信网是宽带通信网未来发展的方向。

光通信中的交换技术说到底也是一种光纤通信技术，这种技术是指不经过任何光／电转换，在光域内直接将输入的光信号交换到不同的输出端。该技术能确保用户与用户之间的信号传输与交换全部采用光波技术，即数据从源结点到目的结点的传输过程都在光域内进行。

光通信的一个突出的特点就是容量特别大，即传输速率可以很高。随着业务的高速持续增长，网络带宽问题已成为限制网络应用的一个突出问题，需要更大的网络带宽来满足要求。密集波分复用 DWDM（Dense Wavelength Division Multiplexing）技术能有效解决带宽问题，能充分利用光纤的巨大带宽。光纤的传输容量以指数形式增长。1995 年就推出 1 个波长的 DWDM 系统，每个波长传输约 2.5 Gbit/s 或 10 Gbit/s 的宽带；1996 年 4 月推出 8 个波长的 DWDM 系统，所以每条光缆可达 80 Gbit/s 的宽带，同年 10 月推出 16 个波长的 DWDM 系统；1998 年 1 月推出 40 个波长的 DWDM 系统。后来 160 波长、320 波长相继问世，实验室相继发布每条光纤达 6.4 Tbit/s、16 Tbit/s、和 32 Tbit/s 的带宽，甚至实验室的 DWDM 系统已达到 65 536 个波长，即每条光缆可达 640 Tbit/s 的带宽。2007 年就已经实现了支持 1 022 个波长的设备。DWDM 技术已民人从长途干线系统渗透到城域网。但随之而来的是光纤信道数量急剧增加，需要大容量的光交换机。在我国，网通、铁通等运营商 2005 年就建成了 1.6 Tbit/s 的传输干线，随后，电信和广电等运营商也都相继建成 1.6 Tbit/s、2.88 Tbit/s 和 3.2 Tbit/s 的传输干线，2011 年我国有的省际传输干线的带宽达到了 6.4 Tbit/s。光纤的应用窗口还将进一步扩宽，DWDM 的波长数可以进一步提高，目前已经达到了单信道传输 1 Tbit/s 的传输速率，其 100 Gbit/s 光网络产品和技术的成熟也已经进入倒计时。

在我国，网通、铁通等运营商 2005 年就建成了 1.6 Tbit/s 的传输干线，随后，电信和广电等运营商也都相继建成 1.6 Tbit/s、2.88 Tbit/s 和 3.2 Tbit/s 的传输干线，2011 年我国有的省际传输干线的带宽达到了 6.4 Tbit/s。目前，DWDM 技术已经从长途干线系统渗透到城域，光纤的传输距离和带宽在技术上目前可以满足用户的需求，但随之而来的是光纤信道数量急剧增加，大量的光交换机的需求量是越来越大，1 000 Mbit/s 的传输速度到桌面将会普照及。

尽管带宽的发展速度如此之快，但是仍然满足不了实际的需求，2010 年我国的流量数据达到了 12.17 Tbit/s。流量的巨大导致了光通信尽管飞速发展，但是还是远远跟不上流量的增长。随着三网融合、移动互联网等新兴网络流量的崛起，对光通信提出了巨大的挑战。

尽管我国的信息技术的发展很快，但与国外的传输信道带宽的差距还是越来越大，如美国骨干网带宽在 1996 年就达到了 1.2 Tbit/s，1999 年达到了 21 Tbit/s，2011 年达到了 99 Tbit/s,实现了 100 Mbit/s 或 1 Gbit/s 的家庭。

传统的光交换在交换过程中存在光变电、电变光，而且它们的交换容量都要受到电子器件工作速度的限制，使得整个光通信系统的带宽受到限制。直接光交换可省去光/电、电/光的交换过程，充分利用光通信的宽带特性。因此，光交换被认为是未来宽带通信网最具潜力的新一代交换技术。光交换机（又称为全光交换机）的销售量已经越来越大，品种和类型也越来越多，也逐渐趋于成熟。

到目前为止，DWDM 已经成为在长距离和城域网通信应用中主要使用的全光同步技术。在一个用户不断增长的网络环境中引入 OADM 和 OXC 网元将有助于灵活地使用和分配波长。这些新的网元可以帮助运营商在光子层重新配置网络流量已获得最佳的数据传输，并能在链路发生故障时迅速恢复。

全光交换机主要用于电话通信公司的主干网，进行大容量数据交换。信号在交换机内以光的形式直接进行交换，无须转换成电信号，从而提高了信号的交换速度和处理容量。其主要优点是同时支持多种信号率，多种协议，扩容方便，占地面积小，从而降低电信公司的投资成本。

目前，新的全光交换机技术基于热光交换机、液晶光交换机、声光交换机、光机械交换机、光电交换机和微电子机械光交换机等全光交换机。

- 热光交换机：热光交换机采用可调节热量的聚合体波导，交换由分布于聚合体堆中的薄膜加热元素控制。当电流通过加热器时，它改变波导分支区域内的热量分布，从而改变折射率，将光从主波导引导自目的分支波导。这种热光交换机体积非常小，能实现微秒级的交换速度。其缺点是介入损耗较高、串音较严重、消光率较低、耗电量较大，并要求具有良好的散热器。
- 液晶光交换机：液晶光交换机内包含有液晶片、极化光束分离器（PBS）或光束调相器。液晶片的作用是旋转入射光的极化角。当电极上没有电压时，经过液晶片的光线的极化角为 90°，当有电压加在液晶片的电极上时，入射光束将维持它的极化状态不变。PBS 或光束调相器起路由器的作用，将信号引导到目的端口。对极化敏感或不敏感的矩阵交换机都能利用这种技术。当使用向列的液晶时，交换机的交换速度大约为 100 ms，当使用铁电的液晶时，交换速度为 10 μs。使用液晶技术可以构造多通路交换机，其缺点是损耗较大，热漂移量也较大，串音较为严重，驱动电路也比较复杂。

- 声光交换机：声光交换机是基于声光技术的。它是通过在光介质（例如 TeO$_2$ 晶体）中加入横向声波，可以将光线从一根光纤准确地引导到另一根光纤。声光交换机可以实现微秒级的交换速度，可以方便地构建端口数较少的交换机。但它并不适于矩阵交换机，这是因为需要复杂的系统通过改变频率来控制交换机。该交换机的衰耗随波长变化较大，驱动电路也比较复杂。

- 光机械交换机：光机械交换机是目前常见的交换机，它基于成熟的光机械技术。在交换机中，通过移动光纤终端或棱镜将光线引导或反射到输出光纤，实现输入光信号的机械交换。光机械交换机交换速度为毫秒级，且由于成本较低，设计简单和光性能较好，而得到广泛应用。光机械交换机最适合应用于 1×2 和 2×2 的配置中，可以很方便地构建小规模的矩阵无阻塞 M×N 光交换机。通过使用多级的配置也可以实现大规模（如 64×64）的局部阻塞交换机。

- 光电交换机：光电交换机内包含带有光电晶体材料（如锂铌）的波导。交换机通常在输入/输出端各有两个波导，波导之间有两个波导通路，构成 Machzennder 干涉结构。这种结构可实现 1×2 和 2×2 的交换配置，已经开发成功的是采用钡钛材料的波导交换机，这种交换机使用了一种分子束取相附生的技术，与锂铌交换机相比，新的交换机使用的驱动电能少。

光电交换机的主要优点是：交换速度较快，可达到纳秒级。缺点是：介入损耗、极化损耗和串音都比较严重，对电漂移较为敏感，需要较高工作电压，这些限制了光电交换机的商业应用。

- 微电子机械（Micro‒Electro‒Mechanical，MEM）光交换机：MEM 光交换机采用了 MEM 技术能在空闲的空间内调节光束，交换机将光束从一根光纤转移至另一根光纤，采用了特殊的微光器件，这些器件由小型化的机械系统激活，引导光束通过一个校准透镜到达一个可转动的反射镜，然后将光束转移到 N 个可能的输出端口中的一个。MEM 光交换机的优点在于体积小，集成度高，可大规模生产，但这需要生产工艺技术的进一步提高。

目前，已经有许多厂商开发出了多种 MEM 交换机。

（4）多协议标记交换机：多协议标记交换（Multi‒Protocol Label Switching，MPLS）是一种介于第二层和第三层之间的标记交换技术，是专门为 IP 设计的，可以将第二层的高速交换能力和第三层的灵活特性结合起来，使 IP 网具备高速交换、流量控制、QoS（Quality of Service）等性能。MPLS 交换机是新一代的 IP 高速骨干网络交换标准，由 IETF 所提出，由 Cisco、Ascend、3Com 等网络设备大厂所主导。

MPLS 是集成式的 IP Over ATM 技术，即在 Frame Relay 及 ATM Switch 上结合路由功能，数据包通过虚拟电路来传送，只须在 OSI 的数据链路层（第二层）执行硬件式交换（取代第三层（网络层）软件式路由），它整合了 IP 选径与第二层标记交换为单一的系统，因此可以解决 Internet 路由的问题，使数据包传送的延迟时间缩短，增加网络传输的速度，更适合多媒体信息的传送。因此，MPLS 最大技术特色为可以指定数据包传送的先后顺序。MPLS 使用标记交换，网络路由器只需要判别标记后即可进行转送处理。

MPLS 的运作原理是提供每个 IP 数据包一个标记，并由此决定数据包的路径以及优先级。与 MPLS 兼容的路由器（Router）在将数据包转送到其路径前，仅读取数据包标记，无须读取每个数据包的 IP 地址以及标头（因此网络速度便会加快），然后将所传送的数据包置于 Frame Relay 或 ATM 的虚拟电路上，并迅速将数据包传送至终点的路由器，进而减少数据包的延迟，同时由 Frame Relay 及 ATM 交换器所提供的 QoS 对所传送的数据包加以分级，因而大幅提升网络服务品质，提供更多样化的服务。

普通的以太网在每个骨干网中只能处理 4 000 个 VLAN，MPLS 能使每个路由器支持最多 100 万个标记。因此，核心路由器厂商支持 MPLS 自然是毫无疑问的。从整个网络发展方向来看，在未来的核心网上，所有新的运营商在第一时间内建立的骨干 Internet 都是光结点。MPLS 不再单一存在，它将与底层的光设备相辅相成。以前的 IP 是第一层、第二层、第三层在一起，现在，利用 MPLS 的基础，IP 与底层的光设备结合起来，让光去识别 IP 路由，即光是基于 IP 来驱动，将来的网络核心是波长路由，外面是一种大路由，这是以后大网核心的必然。所有今天的电信的其他网，如 DDN 专线网、ATM 的中继网等，都是将来整个大网络的接入结点。

2．根据应用的规模分类

根据应用的规模划分，局域网交换机可划分为工作组级交换机、部门级和企业级交换机。由于没有统一划分的尺度标准，又出现了桌面型交换机、校园网交换机等类型。

（1）桌面型交换机（Desktop Switch）：桌面型交换机是最常见的一种交换机，它区别于其他交换机的一个特点是支持的每个端口 MAC 地址很少。广泛应用于一般办公室、小型机房和业务受理较为集中的业务部门、多媒体制作中心、网站管理中心等部门。在传输速度上，现代桌面型交换机大都提供多个具有 10/100 Mbit/s 自适应能力的端口。

（2）工作组级交换机（Workgroup Switch）：从应用规模上来说，支持 100 个信息点以内的交换机称为工作组级交换机，它是传统集线器的理想替代产品。工作组级交换机一般为固定配置式的（功能较为简单），配有一定数目的 10Base-T、100Base-T 或 100Base-TX 以太网端口，目前这类交换机端口的传输速度基本上为 10/100 Mbit/s 自适应的双速交换机。工作组级交换机常用来作为扩充设备，在桌面型交换机不能满足需求时，大多直接考虑工作组级交换机。虽然工作组级交换机只有较少的端口数量，但却支持较多的 MAC 地址，并具有良好的扩充能力，交换机是按每一个数据包中的 MAC 地址相对简单地决策信息转发。这种信息转发决策一般不考虑包中隐藏的更深的其他信息。与集线器不同的是交换机转发延迟很小，操作接近单个局域网性能，超过了普通桥接互联网络之间的转发性能。实际上桌面型交换机和工作组级交换机之间也没有严格的界限。有时桌面型交换机就称为工作组级交换机。

（3）部门级交换机（Department Switch）：部门级交换机又称为骨干交换机，一般支持 300 个信息点以下的中型企业的交换机称为部门级交换机，它是面向部门的交换机，可以是固定配置式的，也可以是机架式的模块配置（插槽数较少）。骨干交换机一般有光纤接口。与工作组级交换机相比，骨干交换机具有突出的智能特点，支持基于 VLAN，可以实现端口管理，采用全双工、半双工的传输模式。可对流量进行控制，具有网络管理功能，或以通过 PC 的串口或经过网络对交换机进行配置、监控和测试。它通常不比工作组交换机更贵，而且与工作组交换机不同的是它们的端口数量和性能级别有所差异。一个部门交换机通常有 8～16 个端口，通常在所有端口上支持全双工操作。它们的性能要好于一个工作组级交换机的性能，而且有一个等于或超过所有端口带宽的半双工汇集带宽。

（4）校园网交换机（Campus Switch）：校园网交换机主要用于大型网络，通常作为网络的部门级交换机。校园网交换机具有快速数据交换能力和全双工通信能力，支持网络扩充、第三层交换和虚拟局域网等多种功能。

（5）企业级交换机（Centre Switch）：企业级交换机又称为中心交换机，支持 500 个信息点以上大型企业应用的交换机为企业级交换机，属于高端交换机。企业级交换机都是机架式的模块化的结构，可作为网络骨干构建高速局域网。企业级交换机提供高速、高效、稳定和可靠的交换服务。企业级交换机除了支持冗余电源供电外，还支持许多不同类型的硬件模块，并提供强大的数据交换能力和很快适应数据增长和改变的需要，从而满足用户的需求。对于有更多需求的网络，企业级交换机不仅能传送海量数据和控制信息，还具有硬件冗余和软件可伸缩性特点，保证网络的可靠运行。企业级交换机通常还具有非常强大的网络管理功能，其价格也比较昂贵。

注意：各厂商划分的尺度并不完全一致，一般来讲，企业级交换机都是机架式，部门级交换机可以是机架式，也可以是固定配置式，而工作组级交换机则一般为固定配置式，功能较为简单。

3．根据交换机的结构分类

按照现在复杂的网络构成方式，网络交换机被划分为接入层交换机、汇聚层交换机和核心层交换机。

（1）接入层交换机：接入层交换机又称为固定端口交换机，支持 1000Base-T 的以太网交换机基本上是固定端口式交换机，以 10/100 Mbit/s 端口为主，并且以固定端口或扩展槽方式提供 1000Base-T 的上联端口。固定端口交换机又分为桌面式交换机和机架式交换机。图 5-2 所示为 H3C S3100 交换机。

（2）汇聚层交换机：汇聚层 1000Base-T 交换机同时存在机箱式和固定端口式两种设计，可以提供多个 1000Base-T 端口，一般也可以提供 1000Base-X 等其他形式的端口。图 5-3 所示为 H3C-S7502 交换机。汇聚层交换机实际上是一个骨干交换机。

图 5-2　H3C S3100 交换机　　　　　　　图 5-3　H3C-S7502 交换机

接入层和汇聚层交换机共同构成完整的中小型局域网解决方案。

（3）核心层交换机：核心层交换机又称为模块化交换机，全部采用机箱式模块化设计，配备相应的 10/100/1000Base-T 模块，支持三层到更高层的交换。这类交换机是一种企业级交换机。企业核心层交换机一般用于一个大型企业级网络或大型园区网的骨干核心层，所采用的传输介质有光纤、双绞线两种。图 5-4 所示为 H3C S9500 系列核心交换机。

4．按传输介质和传输速度分类

从传输介质和传输速度上看，局域网交换机可以分为以太网交换机、快速以太网交换机、千兆以太网交换机、10 Gbit/s 以太网交换机、FDDI 交换机、ATM 交换机和令牌环交换机等多种交换机，这些交换机分别适用于以太网、快速以太网、千兆以太网、10 Gbit/s 以太网、FDDI、ATM 和令牌环网等网络环境。

图 5-4　H3C S9500 系列核心交换机

5. 按照 OSI 的 7 层网络模型分类

按照 OSI 的 7 层网络模型，交换机又可以分为第二层交换机、第三层交换机、第四层交换机和第七层交换机。

（1）第二层交换机：第二层交换机是根据数据链路层中的信息（如 MAC 地址）来实现不同端口数据间的线速数据交换。即第二层交换是基于硬件设备的桥接，数据帧的发送是由专门的硬件来解决，通常是使用专用集成电路 ASIC（Applications Specific Integrated Circuit）芯片。第二层交换机的主要功能包括物理编址、错误校验、帧序列以及流控，所接入的各网络结点之间可独享网络带宽。一个纯第二层的解决方案，是最便宜的方案，但它不能有效解决广播风暴、异种网络互联和安全性控制等问题。

（2）第三层交换机：第三层交换机是将 IP 地址信息用于网络路径选择，并实现不同网段间数据的线速交换，即带有第三层路由功能的第二层交换机，但它是二者的有机结合，并不是简单地把路由器设备的硬件及软件叠加在局域网交换机上。所以第三层交换机具有第二层交换的所有功能，同时具有路由选择功能、对 VLAN 的支持、对链路汇聚的支持，甚至有的具有防火墙功能，这就是第三层交换机所具有的功能。第三层交换机在网络分段、安全性、可管理性和抑制广播风暴等方面具有很大的优势。

第三层交换的实质是基于硬件的路由，数据包的发送也是通过 ASIC 芯片来完成的。在园区网设计中，第三层交换机可以依靠协议、接口和特殊功能的支持来代替路由器，支持标准数据包头并改写 TTL（Time to Live，一个封包在网络上可以存活的时间）值的第三层交换模式称为逐包转发模式。

第三层交换机普遍应用于网络的核心层，也少量应用于汇聚层。部分第三层交换机也同时具有第四层交换功能，可以根据数据帧的协议端口信息进行目标端口判断。

（3）第四层交换机：端到端性能和服务质量要求对所有联网设备的负载进行细致的均衡，以保证客户机与服务器之间数据平滑地流动，为了满足这一要求，就提出了第四层交换问题。第四层交换技术利用第三层和第四层 TCP 和 UDP 数据包的头部信息来识别应用数据流会话，这些信息包括 TCP/UDP 端口号（Port Number）。利用这些信息，第四层交换机可以做出向何处转发会话传输流的智能决定。即可以根据 TCP/UDP 端口号来唯一区分每个数据包包含哪些应用协议（例如 HTTP、SMTP、FTP 等）。网络站点系统利用这种信息来区分包中的数据，尤其是端口，它能使接收端计算机系统确定它所收到的 IP 包类型，并把它交给合适的高层软件。端口号和设备 IP 地址的组合通常称作"套接字（Socket）"。第 4 层交换的一个简单定义是：它是一种功能，它决定传输不仅仅依据 MAC 地址(第 2 层网桥)或源/目标 IP 地址(第 3 层路由)，而且依据 TCP/UDP(第 4 层)应用端口号。第四层交换除了负载均衡(Load Balance）功能外还支持其他功能，如基于应用类型和用户 ID 的传输流控制功能。采用多级排队技术，第四层交换机可以根据应用来标记传输流以及为传输流分配优先级。此外，四层交换机直接安放在服务器前端，它了解应用会话内容和用户权限，因而使它成为防止非授权访问服务器的理想平台。

简而言之，第四层交换是在硬件路由的基础上再加上应用程序的功能。

（4）第七层交换机：第七层交换机又称为 Web 交换机或内容交换机。第七层交换机的交换技术不仅仅是依据 MAC 地址(第二层交换)或源/目标 IP 地址(第三层路由)以及依据 TCP/UDP 端口(第四层地址)来传送数据包，而是可以根据内容(表示/应用层)来进行传送数据包。这样的处理更具有智能性，交换的不仅仅是端口，还包括了内容（第七层）的交换，主要为数据中心设备（包括 Internet 服务器、防火墙、高速缓冲服务器和网关等）提供管理、路由和负载均衡（Load Balance）传输。第七层交换机利用了第七层信息，提供传统局域网交换机和路由器所缺乏的完备策略，将局部和全球服务器负载均衡、存取控制、服务质量保证（QoS）以及带宽管理等管理能力结合起来。用户不仅能验证是否在发送正确的内容，而且还能打开网络上传送的数据包(不用考虑 IP 地址或端口)，并根据包中的信息做出负载均衡决定。传统网络设备注重高速完成单个帧和数据包的交换，而第七层交换机侧重于跟踪和处理 Web 会话，能对所有传输流和内容进行智能性的控制。

第七层交换机能够对不同级别的用户的 Web 请求给予不同 QoS 优先权，这样就需要对数据请求的内容进行识别，这就需要识别 80 端口中具体的 URL 内容来进行判断，赋予不同的优先权交换到不同的处理器上。因此，第七层交换机能保证对不同类型的传输流进行过滤并分配优先级。这就需要交换的智能性，以实现第七层交换可以实现有效的数据流优化和智能的负载均衡。第七层交换机负载均衡是对所有传输流和内容的控制。由于它可以自由地完全打开传输流的应用／表示层，仔细分析其中的内容，因此可以根据应用的类型而非仅仅根据 IP 和端口号做出更智能的负载均衡决定。用户可自由地根据得到的信息对各类传输流及其目的地做出决策，从而优化网络访问，为最终用户提供更好的服务。第七层交换机的基本功能是：

- 组织数据中心。
- 提供对外一致的服务界面。
- 管理数据的流向和路由。
- 负载均衡：负载均衡是建立在现有网络结构之上，它提供了一种廉价有效透明的方法扩展网络设备和服务器的带宽、增加吞吐量、加强网络数据处理能力、提高网络的灵活性和可用性。负载均衡有两方面的含义：首先是大量的并发访问或数据流量分担到多台结点设备上分别处理，减少用户等待响应的时间；其次是单个重负载的运算分担到多台结点设备上做并行处理，每个结点设备处理结束后，将结果汇总，返回给用户，系统处理能力得到大幅度提高。
- 提供 QoS 和 CoS（服务等级）。
- 请求会话定向。

由此可以看出所需要的 Web 交换技术仅仅用传统的交换机是无法实现的，必须结合高层交换机的技术来实现。为了实现上述的功能，Web 交换机必须检查 4~7 层的协议字段，获取信息来处理数据流的管理和定向。

6．按交换机的交换方式分类

按交换机的交换方式划分，交换机可分为直通式、存储转发方式和碎片隔离方式三种。

（1）直通式（Cut Through）交换机：直通方式的以太网交换机在输入端口检测到一个数据包后，以太网交换机只检查该包的包头，取出包的目的地址，通过启动内部的动态查找表转换成相应的输出端口，在输入与输出交叉处接通，然后把数据包直通到相应的端口，实现交换功能。它只检查数据包，不需要存储，延迟非常小、交换非常快，这是它的优点。它的缺点是：第一，不提供错误检测能力，因为数据包内容并没有被以太网交换机保存下来，所以无法检查所传送的数据包是否有误；第二，由于没有缓存，不能将具有不同速率的输入/输出端口直接接通，而且容易丢包；第三，当以太网交换的端口增加时，交换矩阵变得越来越复杂，实现起来就越困难。

（2）存储转发（Store and Forward）：存储转发方式是计算机网络领域应用最为广泛的方式。以太网交换机的控制器先把输入端口的数据包先暂时存储起来，然后进行循环冗余码校验（CRC）检查是否正确，并过滤掉数据包中的错误，在确定数据包正确后，才取出数据包的目的地址，通过查找表找到想要发送的输出端口地址，转换成输出端口，然后把该包发送出去。如此，存储转发方式在数据处理时延时大，但是它可以对进入交换机的数据包进行错误检测，有效地改善网络性能，尤其重要的是它可以支持不同速度的输入/输出端口间的交换，保持高速端口与低速端口间的协同工作。支持不同速度的输入/输出端口的以太网交换机必须使用存储转发方式，否则就不能支持高速端口与低速端口间的协同工作，其办法是先将低速包（如 10 Mbit/s 或 100 Mbit/s）暂时存储起来，再高速（100 Mbit/s 或 1 000 Mbit/s）转发到端口上。

（3）碎片隔离（Fragment Free）：这是介于直通方式和存储转发方式之间的一种解决方案。它检查数据包的长度是否够 64 B，如果小于 64 B（或称残帧），说明是假包，则丢弃该包；如果大于 64 B，则发送该包。这种方式也不提供数据校验。它的数据处理速度比存储转发方式快，但比直通式慢。由于这种方式能够避免残帧的转发，所以被广泛用于低档的交换机中。

碎片隔离方式的交换机使用了一种特殊的缓存。这种缓存采用先进先出（First In First Out，FIFO）方式，帧从一端进入，再以同样的顺序从另一端出来。当帧被接收时就被保存在 FIFO 中。如果帧以小于 64 B 的长度结束，则 FIFO 中的内容就会被丢弃。因此，不会存在普通直通转发交换机残帧转发问题。这是一个非常好的解决方案，也是目前大多数交换机使用的直通转发方式。包在转发之前就被缓存，确保了碰撞碎片不通过网络传输，在很大程度上提高了网络传输效率。

7．按交换机的可管理性分类

按照交换机的可管理性，可把交换机分为可管理型交换机和不可管理型交换机。

（1）可管理型交换机：能够支持 SNMP 和 RMON 等网络管理协议的交换机被称为可管理型交换机。可管理型交换机便于网络监控、流量分析，但成本也相对较高。大中型网络在汇聚层应该选择可管理型交换机，在接入层视应用需要而定，核心层交换机则全部是可管理型交换机。

近年来，随着低端交换机产品市场竞争的加剧，可管理型交换机也大量在市场中涌现。这类交换机产品具备包括远程管理、安全管理在内的多种控制与管理功能，因此配置灵活，能够适合多种不同的网络环境需求。因此，在低端交换机中，也存在着可管理型交换机。

（2）不可管理型交换机：不能对 SNMP 和 RMON 等网管协议支持的交换机称之为不可管理型交换机。过去低端交换机产品大多是非管理型交换机，这类产品易于配置。由于这类交换机不配备处理器，因而价格相对低廉，但是这类交换机配置灵活性不高，功能不强，不能满足有特定要求的用户。

8．按交换机是否可堆叠分类

按照交换机是否可堆叠，交换机又可分为可堆叠型交换机和不可堆叠型交换机两种。设计堆叠技术的一个主要目的是为了增加端口密度。

9．按交换机的架构特点分类

按交换机的架构特点分类人们还将局域网交换机分为机架式、带扩展槽固定配置式和不带扩展槽固定配置式 3 种。

（1）机架式交换机：机架式交换机是一种插槽式的交换机，这种交换机扩展性较好，可支持不同的网络类型，如以太网、快速以太网、千兆以太网、万兆以太网、ATM、令牌环及 FDDI等，但价格较贵。不少高端交换机都采用机架式结构。

（2）带扩展槽固定配置式交换机：带扩展槽固定配置式交换机是一种有固定端口并带少量扩展槽的交换机，这种交换机在支持固定端口类型网络的基础上，还可以通过扩展其他网络类型模块来支持其他类型网络，这类交换机的价格居中。

（3）不带扩展槽固定配置式交换机。不带扩展槽固定配置式交换机仅支持一种类型的网络（一般是以太网），可应用于小型企业或办公室环境下的局域网，价格最便宜，应用也最广泛。

综上所述，交换机的高性能、安全性、易用性、可管理性、可堆叠性、服务质量、容错性以及高带宽和智能化是当前交换机的技术特点。

5.3 交换机的参数

局域网交换机是组网的核心设备，交换机性能的好坏将直接影响到整个网络系统，因此了解交换机的重要参数，对网络设计、网络改造和扩展是非常有必要的，而且也有助于网络管理。交换机的每一个参数都影响到其性能、功能和不同的集成特性。对用户来讲，局域网交换机最主要的指标是端口的配置、数据交换能力、包交换速度等参数。除此而外，交换机还有背板带宽、转发技术、延时、管理功能、MAC 地址数、扩展树、半双工/全双工、端口类型、端口速率、交换方式、端口密度、冗余模块、堆叠能力、VLAN 数量、MAC 地址数量、三层交换能力等参数。下面就对这些参数进行简单介绍。

（1）转发方式（Forwarding Mode）：转发方式是指交换机所采用的用于决定如何转发数据包的转发机制。转发方式主要分为直通式转发和存储式转发，各种转发方式各有优缺点，不同的转发方式适用于不同的网络环境，因此，应根据网络的需要作出相应的选择。低端交换机通常只有一种转发方式，直通方式或存储转发方式，往往中高端交换机才兼有两种转发方式，并具有智能转换功能，根据通信状况自动切换转发方式。一般情况下，如果网络对数据的传输速率要求不是太高，可以选择存储转发方式的交换机，存储转发方式的交换机比较适应于普通链路质量的网络环境；如果网络对数据的传输速率要求较高，可以选择直通转发方式，直通转发技术适用于网络链路质量较好、错误数据包较少的网络环境。

（2）时延（Latency）：交换机的时延也称为延迟时间，是指从交换机接收数据包到开始向目的端口复制数据包之间的时间间隔，有许多因素会影响延时大小，比如转发技术等。直通式转发技术的交换机有固定的延时。因为直通式交换机不管数据包的整体大小，而只根据目的地址来决定转发方向。采用存储转发技术的交换机由于必须要把完整的数据包接收完毕后才开始转发数据包，所以它的时延与数据包大小有关。数据包大，则时延大；数据包小，则时延小。交换机的时延越小，数据的传输速率就越快，网络的效率也就越高。特别是对要传输流媒体或多媒体的网络而言，必须要有较小时延，时延大了会导致流媒体或多媒体的中断。所以，交换机的时延越小越好。

（3）管理功能：交换机的管理功能是指交换机如何控制用户访问交换机，以及用户对交换机的可视程度如何。几乎所有的中、高档交换机都是可网管的，交换机厂商都提供管理软件或满足第三方管理软件的远程管理交换机。一般的交换机满足 SNMP MIB I / MIB II 统计管理功能。而复杂一些的交换机会增加通过内置 RMON 组来支持 RMON 主动监视功能。有的交换机还允许外接 RMON 监视可选端口的网络状况。

（4）转发速率：转发速率是交换机的一个重要的参数，它决定了交换机的转发数据的速率。目前，大多数交换机流行的是线速交换。线速交换是指交换机的交换速度达到传输线上的数据传输速度，能最大限度地消除交换瓶颈的交换机。

（5）MAC 地址数：所谓 MAC 地址数量是指交换机的 MAC 地址表中可以最多存储的 MAC 地址数量。不同的交换机每个端口所能支持的 MAC 地址数量不同，不过现在的交换机一般都会在几千到几万个以上，差不多都会满足要求。单 MAC 交换机的每个端口只有一个 MAC 硬件地址，单 MAC 交换机主要设计用于连接最终用户、网络共享资源或非桥接路由器。它们不能用于连接集线器或含有多个网络设备的网段。多 MAC 交换机的每个端口捆绑有多个 MAC 硬件地址。多 MAC 交换机在每个端口有足够内存（Buffer）来存储记忆多个 MAC 地址，而能够"记住"该端口所连接的站点情况，多 MAC 交换机的每个端口可以看做是一个集线器。每个厂商的交换机的内存（Buffer）的容量大小各不相同。而 Buffer 容量的大小限制了这个交换机所能够提供的交换地址容量。一旦超过了这个地址容量，目的站的 MAC 地址很可能没有保存在该交换机端口的 MAC 地址表中，有的交换机将丢弃其他地址数据包，有的交换机就将该数据包以广播方式发向交换机的每个端口，不作数据交换。当这种情况频频发生时，将会在很大程度上影响网络传输速率。一般的中小型网络的交换机都能记忆 1 024 个 MAC 地址。

以太网交换机的数据包的转发主要是基于 MAC 地址表进行的。在骨干交换机中，所接入的端口密度是比较高的，同时还可以下接多个工作组交换，所接入的用户也就比较多。所以，交换机的 MAC 地址表的数目往往在 10k 以上，一般在 32 ~ 256 k。所以，在选择骨干交换机时，MAC 地址转发表的数目是一个重要的指标。

（6）扩展树（Spaning Tree）：当一个交换机有两个或两个以上的端口与其他的交换机相连接时，由于交换机实际上是多端口的透明桥接设备，会产生冗余回路，所以交换机也有桥接设备的固有问题——"拓扑环"（Topology Loops）问题。某个网段的数据包通过某个桥接设备传输到另一个网段，而返回的数据包通过另一个桥接设备返回源地址的现象就称为"拓扑环"。一般来说，交换机采用扩展树（又称为生成树）协议算法让网络中的每一个桥接设备，自动防止拓扑环现象的发生。交换机通过将检测到的"拓扑环"中的某个端口断开，达到消除"拓扑环"的目的，维持网络中拓扑树的完整性。在网络设计中，"拓扑环"常被推荐用于关键数据链路的冗余备份链路选择。所以，带有扩展树协议支持的交换机可以用于连接网络中关键资源的交换冗余。骨干交换机和中心交换机必须支持扩展树，否则，将无法构建具有冗余机制的网络拓扑。

（7）背板带宽：背板带宽又称为背板吞吐量，单位是每秒通过的数据包个数（p/s），表示交换机接口处理器或接口卡和数据总线间所能吞吐量的最大数据量。它标志着一个交换机总的吞吐能力。在以背板总线为交换通道的交换机上，任何端口接收的数据首先被放到总线上，再由总线传递给目标端口，这种情况下背板带宽就是总线的带宽。现在的许多交换机，尤其是模块化的交换机都为交换矩阵设计，这种设计的交换能力更强，在这样的交换机上，背板带宽实际上指的是交换矩阵的总吞吐量。背板带宽以 Gbit/s 为单位，从几 Gbit/s 到几百 Gbit/s 不等。一般来说固定端口交换机背板带宽较低，而模块化交换机背板带宽较高。由于所有端口间的通信都需要通过背板，背板所能提供的带宽就成为端口之间并发通信时的瓶颈。带宽越大，能给各通信端口提供的可用带宽就越大，数据交换速度也就越快。反之，数据交换速度也就越慢。显然，交换机的背板带宽越大越好，将会在高负荷下提供高速交换。特别是骨干交换机和中心交换机，更需要比较高的背板带宽。在考虑一个交换机的背板带宽是否够用时，一般考虑以下两个因素：

- 所有端口容量乘以端口数量之和的 2 倍应该小于背板带宽，可实现全双工无阻塞交换，证明交换机具有发挥最大数据交换性能的条件。
- 满配置吞吐量(Mp/s)=满配置 GE 端口数×1.488 Mp/s，其中 1 个千兆端口在包长为 64 B 时的理论吞吐量为 1.488 Mp/s。例如，一台最多可以提供 64 个千兆端口的交换机，其满配置吞吐量应达到 64×1.488 Mp/s=95.2 Mp/s，才能够确保在所有端口上均为线速工作时提供无阻塞的包交换。

一般是两者都满足的交换机才是合格的交换机。

（8）端口速率：目前交换机的端口速率包括 10 Mbit/s、100 Mbit/s、1 000 Mbit/s、10 Gbit/s 4 种。这 4 类不同带宽的端口，往往以不同的形式和数量进行搭配，满足不同类型网络的需要。最常见的搭配形式包括 $n×100$ Mbit/s+$m×10$ Mbit/s、$n×10/100$ Mbit/s、$n×1 000$ Mbit/s+$m×100$ Mbit/s、$n×1 000$ Mbit/s、$n×100/1 000$ Mbit/s 和 $n×10$ Gbit/s+$m×1 000$ Mbit/s 6 种。

从目前网络应用的热点来看，10 Mbit/s 交换机已经淡出市场。$n×100$ Mbit/s+$m×10$ Mbit/s 的组合目前很多厂商（尤其是国外厂商）已经停止生产。

$n×10/100$ Mbit/s 自适应交换机产品价格大幅降低，也是市场作为工作组交换机直接连接到桌面的主流产品，使用户能够在桌面上享受到快速以太网技术，实现 100 Mbit/s 到桌面的高速交换。该交换机能够自动适应 10 Mbit/s 或 100 Mbit/s 的速率，无缝连接以太网和快速以太网。目前，100 Mbit/s 到桌面已经普及。

$n×1 000$ Mbit/s+$m×100$ Mbit/s 配置的交换机已经逐步由中心交换机和骨干交换机，逐渐变成大中型网络中的工作组交换机。但仍可作为小型网络的中心交换机或骨干交换机，对上可直接连接到服务器，对下可连接各工作组交换机。目前，千兆以太网交换技术是我国的主流产品，其价位也比较低。$n×1 000$ Mbit/s 交换机目前和 $n×1 000$ Mbit/s+$m×100$ Mbit/s 一样，已经逐步由骨干交换机变为工件组交换机。$n×10$ Gbit/s+m 1 000Mbit/s 配置的交换机目前是作为城域网及大中型网络的中心交换机和骨干交换机。

目前，100 Mbit/s 到桌面已经普及，随着应用的不断扩大，1 000Mbit/s 传输速率到桌面也将会普及。

（9）全双工。全双工端口可以同时发送和接收数据，这就要求交换机和所连接的设备都支持全双工工作方式。具有全双工功能的交换机具有以下优点：

- 高吞吐量（Throughput）：两倍于单工模式通信吞吐量。
- 避免碰撞（Collision Avoidance）：没有发送/接收碰撞。
- 突破长度限制（Improved Distance Limitation）：由于没有碰撞，所以不受 CSMA/CD 链路长度的限制。+9 通信链路的长度限制只与物理介质有关。

（10）三层交换能力：具有第三层交换的交换机才具有该指标。首先是指交换机有无三层交换能力，是否可以通过软件升级具有此能力；其次是指三层的包转发率的高低，能否实现线速的三层交换（线速三层交换是指具有和两层交换相同的交换速率）。

（11）堆叠能力：交换机之间的连接有两种方式，即级联和堆叠，级联是指通过网线将两台交换机连接起来，而堆叠则指通过堆叠端口（或模块）和堆叠线缆将两台交换机连接起来。不同类型的交换机可以级联，而只有同类的交换机才能堆叠到一起，不同厂商的产品，可堆叠的设备数量有一定差别，一般最多为 9 台。比如，3 Com SuperStack 系列交换机堆叠数量是 4 台，而 Cisco 3550 系列交换机堆叠数量能够到 9 台。

（12）VLAN 支持：VLAN 指的是虚拟局域网，主要是为了防止局域网内产生广播效应，同时加强网段之间的安全性。不同厂商的设备对 VLAN 的支持能力不同，支持 VLAN 的数量也不同，早期的交换机支持 VLAN 能力比较低，现在的交换机大部分都支持基于端口的 VLAN、基于 IP 和 MAC 的 VLAN、基于组播的 VLAN，且支持数量一般都不少。比如，联想 imax iSpirit3524G–L3 就能够支持 256 个 VLAN。

5.4　实现交换机的技术

以第三层交换机为准，实现交换机的具体技术包括：

1．可编程 ASIC

ASIC（Applications Specific Integrated Circuit）的含义是专用集成电路，它将多项功能集成在一个专用于优化第二层处理的芯片上，具有设计简单、高可靠性、低电源消耗、更高的性能和成本更低等优点。

2．分布式流水线

分布式流水线可快速地独立传送数据包，用多个 ASIC 芯片同时处理多个帧。这种并发性和流水线可将转发性能提高到一个新高度：在所有的端口上实现点播 (Unicast)、广播 (Broadcast) 和组播 (Multicast) 的线速性能。

3．动态可扩展的内存

第三层交换机将建立在智能化的存储器系统之上，增加更多的接口模块，扩展了存储器，并通过流水线式的 ASIC 处理，动态地构造缓存，增加了内存的使用率，系统也能够处理大的突发数据流而不丢包。

4．先进的队列机制

传统上是通过一个端口的流量必须在只有一个输出队列的缓存中保存，不论它的优先级多大，都必须按照先进先出的方式被处理。当队列满的时候，任何超出的部分都将被丢弃。此外，当队列变长时，延时也增加了。这就使得在传统的以太网上运行实时事务处理及多媒体应用变得非常困难。鉴于此种原因，许多网络设备厂商开发了一种新技术，可在一个以太网段上提供不同的服务级别，同时提供对延时和抖动的控制。这样，就引进了每端口有不同级别队列的机制，使网络更接近与高性能应用匹配。多媒体和实时数据流这样的数据包通常被放进高优先级队列。

5．自动流量分类

第三层交换机可以指示数据包流水线区分用户指定的数据流，从而实现低延时、高优先级传输及避免拥塞。

6．智能许可权控制

第三层交换机提供多种安全机制，并使用流量分类器，管理员可以限制任何被识别的数据流，包括限制对服务器的访问及排除无用的协议广播。这一点是网络技术领域里的突破性进展，即提供线速防火墙。

7．动态流量监督

流量监督实际上是一个保护机制。它监视流量和网络的拥塞情况，并对这些情况作出动态的响应，以保证所有的网络元素（终端用户和网络本身）都置于控制之下并能最佳运行。

为了在拥塞的局域网上进行优先级处理，许多第三层交换机使用了 IEEE 802.1p 的服务级别。为了避免拥塞，高性能第三层交换机甚至采用了更先进的技术来动态地监视输出队列的大小，以便发现某一个端口是否将变得拥挤。

通过控制队列的大小和拥塞，网络可以维持对延时敏感的数据流所需的极限。

8．实现可扩展的 RMON

对 RMON 的支持已经成为网络管理不可缺少的组成部分。管理信息库（MIB）含有物理层和 MAC 层的统计数据，RMON 2 将统计数据的采集扩展至网络层以上。

9．向量处理技术

向量处理技术用来加速数据帧的处理速度。第三层交换机不仅在第二层之上增加了第三层的控制能力，而且增加了多方位的多种向量控制，从而极大地加强了向量处理功能，使第三层交换机具有快速的帧处理速度、高度适应性的功能控制和增强的管理功能。多方位的向量处理还包括内置的网络管理代理及 RMON 等。

10．多 RISC 处理机

RISC（Reduced Instruction System Computer）是指精简指令系统计算机，在高可靠性的交换机中，都有专门的高性能的 RISC 处理机。多 RISC 处理机能控制高层的桥接和路由，如生成树和 OSPF 协议，以及 SNMP 操作和 HTTP 操作等。使用多 RISC 处理机在管理和计算方面的工作时，不影响数据转发，从而实现高吞吐量和低延时。

5.5　交换机的启动过程

1．交换机的内存体系结构

Cisco 交换机与其他计算机的相似之处是，有自己的 CPU、内存、操作系统、配置和用户界面。与其他计算机的不同之处是，交换机主要采用 4 种类型的内存，即只读内存（ROM）、闪存（Flash）、随机内存（RAM）和非易失性内存（NVRAM）。

（1）ROM：ROM 中保存着交换机的启动（引导）软件。这是交换机运行的第一个软件，负责让交换机进入正常的工作状态。有些交换机将一套完整的 IOS（Internetwork Operating System）保存在 ROM 中，以便在另一个 IOS 不能使用时，作应急之用。ROM 通常存放在一个或多个芯片上。

（2）Flash：Flash 类似于计算机的硬盘，主要用于保存 IOS 软件，维持交换机的正常工作。若交换机安装了 Flash，便是用来引导交换机的 IOS 软件的默认位置。只要 Flash 的容量足够大，便可以保存多个 IOS 映像文件，以提供多重启动。Flash 主要安装在主机的 SIMM 槽上，或是一块 PCMAIC 卡上。

（3）RAM：主要存放 IOS 系统路由表和缓冲，即运行配置，IOS 通过 RAM 满足其所有的常规存储的需要。在配置 IOS 时，就相当于修改了交换机的运行配置。

（4）NVRAM：NVRAM 的主要作用是保存 IOS 在交换机启动时读入的配置文件，即启动配置或备份配置。交换机掉电时配置文件不会丢失。当交换机加电启动时，首先寻找和执行的就是该配置，如果该配置存在，交换机启动后，该配置就成了运行配置，当修改运行配置并执行存储后，运行配置就复制到 NVRAM，当下次交换机加电启动后，该配置就会被自动调用。

2．交换机的启动过程

当 Cisco 交换机加电并引导时，将首先把 ROM 中的基本输入/输出系统（IOS）装入 RAM，然后，装入 Flash 中的 IOS，接下来检测 NVRAM 中是否有配置文件。如果找到配置文件，就会把该配置文件也装入内存。若没有找到配置文件，引导程序便会执行 ROM 的设置脚本，开始交换机的初始化配置。

5.6　交换机的配置

一般情况下，交换机不需要特别的软件和硬件设置，只要接上双绞线就可以工作。但是如果要对交换机设定某些状态，如打开或关闭某个端口，划分 VLAN 等，就需要对交换机进行设置。对交换机进行必要的设置可以实现网络安全、提高网络传输效率和网络管理。

不同的品牌、不同系列的交换机的配置方式是不同的，有的使用命令行方式，有的使用图形化方式。

5.6.1　配置连接方式

交换机的配置必须借助于计算机才能实现，也就是说，配置交换机时必须把计算机和交换机连接在一起，使两者之间能够进行正常的通讯。通常情况下，可以通过两种方式把要配置的交换机和配置所用的计算机连接起来，即通过 Console 端口直接连接的方式和通过集线设备间接连接的方式。

1. 通过 Console 端口直接连接

（1）Console 端口：可网管的交换机上都有一个 Console 端口，用于对交换机进行配置和管理。通过 Console 端口连接并配置交换机，是配置和管理交换机必须要经过的一个步骤。除此之外，还有其他若干种配置和管理交换机的方式（如 Web 方式、Telenet 方式等），但是，这些方式必须依靠通过 Console 端口进行基本配置之后才能进行。这是因为其他方式往往借助于 IP 地址、域名或设备名称才可以实现，而新购买的交换机显然是不可能内置有这些参数的。所以，通过 Console 端口连接并配置交换机是常用的、最基本的也是网络管理员必须掌握的配置和管理交换机的方式。

不同类型的交换机 Console 端口所处的位置并不相同，有的位于交换机的前面板，有的位于交换机的后面板。模块化的交换机大多位于前面板，而固定配置交换机大多位于后面板。在 Console 端口的上方或侧方都会有 CONSOLE 字样的标识。

除 Console 端口的位置不同之外，其类型也有所不同，大多数为 RJ-45 端口，也有少数为 9 针的 DB-9 串口端口或 25 针的 DB-25 端口。

（2）Console 线：无论交换机的 Console 口采用 RJ-45 接口或 DB-9 接口，还是 DB-25 接口，都要通过专门的 Console 线连接至配置用的计算机（通常称作终端）的串行口。Console 线要与交换机的端口相匹配，Console 线也分为两种。一种是串行线，即两端均为串行接口（两端均为母头），两端可以分别插入到计算机的串口和交换机的 Console 端口；另一种是两端均为 RJ-45 接头的扁平线。由于扁平线两端均为 RJ-45 接头，无法直接与计算机串口相连接，为此，还必须同时使用一个如图 5-5 所示的 RJ-45 to DB-9（或 RJ-45 to DB-25）适配器。

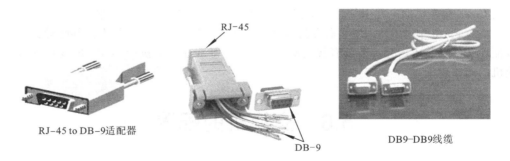

RJ-45 to DB-9适配器

RJ-45

DB-9

DB9-DB9线缆

图 5-5　RJ-45 to DB-9 适配器与 DB9-DB9 线缆图

通常情况下，在交换机的包装箱内都会赠送一根 Console 线和相应的 DB-9 或/和 DB-25 适配器。

（3）设备连接：在利用 Console 线将计算机的串口与交换机的端口连接在一起之前，应当确认做好以下工作。

① 计算机能正常运行，并且最好能使用笔记本式计算机（便携式计算机），这样在移动和操作过程中比较方便。

② 计算机中安装了 Windows 95、Windows 98、Windows 2000 或 Windows XP 操作系统。

③ 安装有 "超级终端"（Hyper Terminal）组件。如果在 "附件"（Accessories）中没有发现该组件，可通过 "添加/删除程序" 的方式添加该 Windows 组件。

④ Console 线以及 RJ-45 to DB-9 或 RJ-45 to DB-25 适配器的连接。图 5-6 所示为计算机的串口（DB-9）和交换机控制端口及其连接示意图。

⑤ 为交换机分配 IP 地址、域名或名称。

按照如图 5-6 所示的方式，利用 Console 线将计算机的串口与交换机的 Console 端口连接在一起。

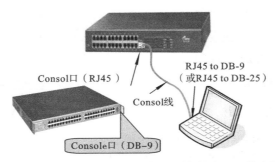

图 5-6　计算机的串口（DB-9）和交换机控制端口及其连接示意图

（4）计算机与交换机通信。在使用超级终端建立与交换机的通信之前，必须先对超级终端进行必要的设置。下面以 Windows XP 为例，简要介绍操作过程。

① 利用 Console 线将计算机的串口与交换机的 Console 端口连接在一起，打开计算机的电源。

② 选择"开始"→"程序"→"附件"→"通讯"→"超级终端"命令，显示如图 5-7 所示的窗口。

③ 双击 Hypertrm.exe 图标，显示如图 5-8 所示的对话框。

图 5-7　超级终端窗口

图 5-8　"连接说明"对话框

④ 在"名称"文本框中输入标识与交换机连接的名称，如 Switching。单击"确定"按钮，显示如图 5-9 所示的对话框。

⑤ 在"连接时使用"下拉列表框中选择计算机使用的串行口。通常情况下，使用串行口 1，即选择"直接连接到串口 1"选项。单击"确定"按钮，显示如图 5-10 所示的对话框。

⑥ 在"波特率"下拉列表框中，选择"9600"，其他各选项都选取其默认值。然后单击"确定"按钮，显示"超级终端"窗口（第一次连接交换机，配置终端参数为：波特率——9600；数据位——8；停止位——1；奇偶校验——无；流控制——无）。

⑦ 打开交换机的电源，交换机自检通过以后，连续按【Enter】键，即可在"超级终端"窗口显示交换机初始界面。例如，Cisco Catalyst 1900 交换机的终端屏幕上初始界面内容如下：

图 5-9 "连接到"对话框   图 5-10 "COM1 属性"对话框

```
Catalyst 1900 Management Console
Copyright (c) Cisco Systems, Inc.1993-1999
All rights reserved.

Standard Edition Software
Ethernet address: 00-E0-1E-7E-B4-40

PCA Number: 73-2239-01
PCA Serial Number: SAD01200001
Model Number: WS-C1924-A
System Serial Number: FAA01200001

----------------------------------------

User Interface Menu

[M] Menus
[K] Command Line
[I] IP Configuration

Enter Selection:
```

计算机与交换机连接成功之后，就可以用菜单（Menus）方式或用命令行（Command Line）模式对交换机进行配置和管理。

上述菜单显示了 3 个选项：

- [M] Menus 是主菜单，主要是交换机的初始配置和监控交换机的运行状况。
- [K] Command Line 是命令行，主要是通过命令来操作。
- [I] IP Configuration 是配置 IP 地址、子网掩码和默认网管的一个选项。值得注意的是，这是第一次连接交换机显示的界面，如果已经配置好了 IP Configuration，那么下次登录时将没有这个选项。

（5）对交换机进行配置：

① 配置 IP 地址：在对交换机配置 IP 地址之前，要得到该交换机的 IP 地址、子网掩码

（Subnet Mask）和默认网关（Default gateway）。

　　第 1 步：交换机自检通过以后，就会有如下的界面出现在终端屏幕上。

```
Catalyst 1900 Management Console
Copyright (c) Cisco Systems, Inc. 1993-1999
All rights reserved.
Standard Edition Software
Ethernet address: 00-E0-1E-7E-B4-40
PCA Number: 73-2239-01
PCA Serial Number: SAD01200001
Model Number: WS-C1924-A
System Serial Number: FAA01200001
---------------------------------------
User Interface Menu

[M] Menus
[K] Command Line
[I] IP Configuration


Enter Selection:I
```

　　第 2 步：输入 I （IP Configuration）后，出现如下的 IP 配置界面。

```
Catalyst 1900 - IP Configuration
Ethernet Address:00-E0-1E-7E-B4-40
-------------Settings-----------------
[I] IP address
[S] Subnet mask
[G] Default gateway
[B] Management Bridge Group
[M] IP address of DNS server 1
[N] IP address of DNS server 2
[D] Domain name
[R] Use Routing Information Protocol
-------------Actions-------------------
[P] Ping
[C] Clear cached DNS entries
[X] Exit to previous menu
Enter Selection: I
```

　　第 3 步：再次输入 I（IP Address）后，得到如下的提示。

```
Enter administrative IP address in dotted quad format (nnn.nnn.nnn.nnn):
Current setting: 0.0.0.0
New setting:
```

　　如果交换机现在还没有 IP 地址，就会显示当前配置（Current setting）为 0. 0. 0. 0，就可以在 New setting 后面输入要给交换机所配的 IP 地址。如果交换机连接到一个动态分配地址（DHCP/ BOOTP）的网络中，服务器会自动分配给它一个 IP 地址。

　　第 4 步：如果还想配置子网掩码和默认网关，在 IP 配置界面里面分别选择 S 和 G。

② 配置密码：

第 1 步：在 IP 配置菜单中，选择 X（Exit）退回到主菜单中，显示如下。

```
User Interface Menu
[M] Menus
[I] IP Configuration
[P] Console Password
```

第 2 步：选择 P，输入一个 4~8 位的密码。该密码在用户登录验证时并不加密保存。

Cisco 的密码有两种：secret password 和 password。其中，secret password 被加密存储，安全性较强，而 password 没有加密，安全性较差，所以 secret password 比 password 的级别更高。这两种密码都包括 1~25 个大写或小写字母，也可以包括阿拉伯数字，而空格也被认为是有效的字符。两种密码都区分大小写，但如果密码的首字符是空格，则将被忽略。通过 CLI 来配置交换机的 secret password 密码。

第 3 步：按任意键，回到登录界面。

在配置好 IP 地址和密码后，交换机就能够按照默认的配置来正常工作。如果想更改交换机配置以及监视网络状况，可以通过控制命令菜单，或者是在任何地方通过基于 Web 的 Catalyst 1900 Switch Manager 来进行操作。如果交换机运行的是 Cisco Catalyst 1900/2820 企业版软件，可以通过命令控制端口（Command-Line Interface，CLI）来改变配置。

2. 通过集线设备间接连接

（1）设备连接：计算机除了可以通过交换机的 Console 口直接连接之外，还可以通过交换机的普通端口进行连接，如图 5-11 所示。不过，通过普通端口对交换机进行配置管理时，不再使用超级终端，而是以 Telnet 或 Web 浏览器的方式实现与被管理交换机的通信。实现这种连接的前提是必须已经为交换机配置好了 IP 地址。否则，计算机就根本无法找到要管理的交换机，也就无法与之通信。

（2）Telnet：Telnet 协议是远程访问（登录）协议，可以用该程序登录到远程计算机、网络设备或专用 TCP/IP 网络。Windows 9x 及以后的版本都内置有 Telnet 客户端程序，用于实现与远程交换机的通信。

在使用 Telnet 连接至交换机前，应当确认做好以下准备工作：

- 用于管理的计算机中安装了 TCP/IP 协议，并配置好 IP 地址信息。
- 被管理的交换机上已经配置好 IP 地址信息。如果尚未配置好 IP 地址信息，则必须通过 Console 端口进行配置。
- 被管理的交换机上建立了具有管理权限的用户账户。如果没有建立新的账户，则 Cisco 交换机上默认的管理员账户是 Admin。

在计算机上运行 Telnet 客户程序，并登录至远程交换机的操作步骤如下：

① 选择"开始"→"运行"命令，显示如图 5-12 所示的对话框。

② 在"打开"文本框中，输入 telnet ip_address,其中 ip_address 表示被管理交换机的 IP 地址。

例如，交换机的 IP 地址为 192.192.192.6，那么，命令格式如下：

```
telnet 192.192.192.6
```

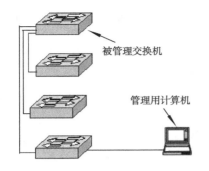

图 5-11　计算机与被管理计算机的远程连接图

图 5-12　"运行"对话框

③ 单击"确定"按钮或按【Enter】键，建立与远程交换机的连接。例如，计算机通过 Telnet 与 Catalyst 1900 交换机建立连接时显示的页面内容如下：

```
Catalyst 1900 Management Console
Copyright (c) Cisco Systems, Inc. 1993-1999
All rights reserved.
Standard Edition Software
Ethernet address: 00-E0-1E-7E-B4-40
PCA Number: 73-2239-01
PCA Serial Number: SAD01200001
Model Number: WS-C1924-A
System Serial Number: FAA01200001
--------------------------------------
3 user(s) now action on Management Console.
User Interface Menu
[M] Menus
[k] Conmmand Line
Enter Selection:
```

然后，就可以根据自己的实际需要，对该交换机进行配置和管理工作。

（3）Web 浏览

通过 Web 浏览器可以在网络中对交换机进行远程管理。在通过这种方式管理之前，必须已经完成交换机 IP 地址的设置，并且将交换机和管理计算机连接在同一网段内。

当利用 Console 端口为交换机设置了 IP 地址并启用 HTTP 服务后，就可以通过支持 Java 的 Web 浏览器访问交换机，并可以通过 Web 浏览器修改交换机的各种参数并对交换机进行管理。通过 Web 页面，可以对交换机的许多重要参数进行修改和设置，并可实时查看交换机的运行状态。

在利用 Web 浏览器访问交换机之前，应当确认已经做好了以下准备工作：

- 用于管理的计算机中安装了 TCP/IP 协议，并配置好 IP 地址信息。
- 用于管理的计算机中安装了支持 Java 的 Web 浏览器，如 IE 5.0 以上版本、Netscape 5.0 以上版本，或 Oprea with Java 等浏览器。
- 被管理的交换机上建立了具有管理权限的用户账号。
- 被管理交换机的 Cisco IOS 支持 HTTP 服务，并且已经启用了该服务。

在计算机上运行 Web 浏览器，并连接至被管理的交换机上。操作步骤如下：

① 运行支持 Java 的 Web 浏览器，在“地址”栏中输入被管理交换机的 IP 地址（如 61.159.62.182 或输入其域名后按【Enter】键，弹出如图 5-13 所示的对话框。

② 分别在“用户名”和“密码”文本框输入具有最高权限的用户名和密码（用户名/密码应当事先通过 Console 端口进行设置）。

③ 单击“确定”按钮，即可进入交换机管理的主 Web 界面。通过 Web 界面查看交换机的各种参数和运行状态，并可以根据需要对交换机的某些参数做必要的修改。

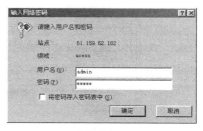

图 5-13 “输入网络密码”对话框

5.6.2 命令行界面

Cisco 交换机所使用的软件系统为 Catalyst IOS。命令行界面（Command-Line Interface，CLI）是一个基于 DOS 命令行的软件系统，不区分大小写。与 DOS 命令不同，CLI 可以缩写命令与参数，只要它包含的字符足以与其他当前可用到的命令和参数区别开即可。交换机的配置和管理可以通过多种方式来实现，既可以使用纯字符形式的命令行和菜单（Menu），也可以使用图形界面的 Web 浏览器或专门的网管络管理软件（如 CiscoWork 2000）。相比较而言，命令行方式的功能更为强大，但掌握起来难度相对更大。

1. CLI 方式适用的连接方式

访问 CLI 的方法如下：

（1）通过 Console 线直接连接至被管理交换机的方式。

（2）通过交换设备间接连接至被管理交换机的方式。

当使用这种方式时，需要事先为交换机配置 IP 地址信息。然后，采用 Telnet 的方式从远程计算机上连接至被管理的交换机上。

2. 命令行界面命令模式

所有的 DOS 命令都可以在 DOS 提示符下执行。与 DOS 命令不同，Cisco ISO 命令集需要在各自的命令模式下才能执行，因此，不同的命令需要在不同的命令模式下才能执行。如果想执行某个命令，必须先进入相应的配置模式。例如，Iinterface type- number 命令，只能在 Global configuration 模式下执行，duplex full-flow-control 命令只能在 Interface configuration 模式下执行。

Cisco IOS 共包括 6 种不同的命令模式：

（1）普通用户（User Exec）模式：交换机启动后直接进入该模式，该模式只包含少数几条命令，用于查看交换机或路由器简单运行状态和统计信息。

（2）特权用户（Privileged Exec）模式：该模式有密码保护，用户进入该模式后可以查看交换机或路由器的全部运行状态和统计信息，并可进行文件管理和系统管理，而且特权用户模式是进入其他用户模式的“关口”，要进入其他用户模式，必须先进入特权用户模式。

（3）全局配置（Global Configuration）模式：在特权模式下输入 config 进入全局配置模式。在该模式下，可以配置交换机或路由器的全局参数，如主机名、密码和路由协议等。

（4）虚拟局域网（Vlan DataBase）配置模式：在特权模式下输入 VLAN database 进入虚拟

局域网配置模式。在该模式下，可对交换式网络进行虚拟局域网的划分。

（5）端口配置（Interface Configuration）模式：在全局配置模式下，输入 interface 进入端口配置模式。在该模式下，可对交换机或路由器的各种端口进行配置，如配置 IP 地址、封闭网络协议等。

（6）进程配置（Line Configuration）模式：为使用终端仿真程序配置交换机或路由器设置进程号，在全局配置模式下输入。

在不同的模式下，CLI 界面的提示符不同。6 种 CLI 命令模式的用途、提示符、访问及退出方法如表 5-1 所示。

表 5-1　6 种 CLI 命令模式

模　　式	访 问 方 法	提 示 符	退 出 方 法	用　　途
普通用户（User EXEC）	一个进程的开始	Switch>	输入 **logout** 或 **quit**	改变终端设置，执行基本测试，显示系统信息
特权用户模式（Privileged EXEC）	在 User EXEC 模式中输入 **enable** 命令	Switch#	输入 **disable** 退出	校验输入的命令，该模式有密码保护
全局配置模式（Global configuration）	在 Privileged EXEC 模式中输入 **configure** 命令	Switch (config)#	输入 **exit**、**end** 或按【Ctrl+Z】键，返回至 Privileged Exec 模式	将配置的参数应用于整个交换机
端口配置模式（Interface configuration）	在 Global configuration 模式中，输入 **Interface** 命令	Switch (config-if)#	输入 **exit** 返回至 Global configuration 模式，按下【Ctrl+Z】键或输入 **end** 返回至 Privileged Exec 模式	为 Ethernet interfaces 配置参数
虚拟局域网模式（Vlan dataBase）	在 Privileged Exec 模式中输入 **VLAN database** 命令	Switch (vlan)#	输入 **exit** 返回至 Global configuration 模式，按下【Ctrl+Z】键或输入 **end** 返回至 Privileged Exec 模式	配置 VLAN 参数
进程配置模式（Line configuration）	在 Global configuration 模式中，为 Line vty or line console 命令指定一行	Switch (config-line)#	输入 **exit** 返回至 Global configuration 模式，按下【Ctrl+Z】键或输入 **end** 返回至 Privileged Exec 模式	为 terminal line 配置参数

3．使用帮助信息

在任何模式下，只须输入"?"，即可显示命令模式下所有可用到的命令及其用途。此外，还可在一个命令和参数后面加"?"，以得到相关的帮助。例如，在特权用户（Privileged EXEC）模式下，查看有哪些可用的命令，则可以在提示符的后面直接输入"?"，即 Switch#?，按【Enter】键，系统就可显示在该模式下可用的命令及其用途。

另外，"?"还具有局部关键字查找功能，即如果只记得某个命令的前几个字符，则可以使用"?"，系统会列出所有以该字符或字符串开头的命令。但要注意的是，在最后一个字符和"?"之间，不能有空格。例如，在特权用户（Privileged EXEC）模式下，输入"s?"，即"Switch#s?"，系统会显示以 s 开头的所有命令。若想查看 show 命令的用法，则输入"show?"，按【Enter】键即可。

4．命令的简化方式

使用 Cisco IOS 命令，没有必要输入命令所包含的完整字符，只要输入命令所包含字符的长度能够区别其他命令就可以了。例如，可以将 show configure 命令简写为 sh conf。

5.6.3　使用命令行界面配置交换机

由于所有的 Cisco 交换机都是采用 Cisco IOS 操作系统，所以，其配置方法和命令大致相同，但略有差异。下面以 Cisco catalyst 2948G-L3 交换机为例，简单介绍交换机的基本配置方法。在命令描述中使用如下约定：

- 命令和关键字使用粗体字。
- 在实际配置交换机时，根据具体情况用具体数字、数值或名称（英文）替换的参数用斜体字符（字符串）或用双引号括起来的字符（字符串）表示。
- "[ ]"内的参数是可选项。
- "{}"内的参数是必选项。
- 拥有 2 个关键字，且每次只能选择其中一个，使用"｜"分开，并放置于"{}"内。

Cisco catalyst 2948G 交换机有 48 个 Faster Ethernet 端口(100 MB 端口)和 2 个 Gigabit 端口，分别标记为 f1 ~ f48 和 g1 ~ g2。

1.　指定模块、端口、VLAN 号、IP 地址和 MAC 地址

（1）指定模块和端口。Cisco catalyst 2948G 交换机有两个模块和 1 个插槽。进入交换机界面时，必须使用模块号码。该交换机上的所有用户配置端口逻辑地位于模块 2 上。

在所有用户端口的模块上，面对端口最左边的端口为第 1 端口（Port）。当指定某模块某端口时，其书写方式为 mod_num/port_num (模块号/端口号)。

固定配置交换机上的端口都位于 0 模块。

在某些命令中，必须指定若干端口，端口间使用逗号","，可指定一个单独的端口，使用连字符"-"可指定端口范围。连字符优先于逗号。例如：

- 2/1 表示指定模块 2 上的端口 1。
- 3/2，3/5，5/8 表示指定模块 3 上的端口 2 和端口 5，以及模块 5 上的端口 8。
- 4/4-8 表示指定模块 4 上的端口 4 至端口 8。
- 2/1-5，4/10 表示指定模块 2 上的端口 1 至端口 5，以及模块 4 上的端口 10。
- 0/1-5 表示固定配置交换机上的端口 1 至端口 5。

（2）指定 VLAN 号。在字符"VLAN"后面加上一个数字(VLAN ID)，用来标识不同的 VLAN。在 VLAN ID 之间使用逗号","，可指定一个单独的 VLAN；使用连字符"-"，可以指定 VLAN 的范围。例如：

- VLAN 6 表示指定 VLAN6。
- VLAN2，4，8 表示指定 VLAN 2、VLAN4 和 VLAN8。
- VLAN3-10，12 表示指定 VLAN 3 至 VLAN10 以及 VLAN12。

（3）指定 IP 地址。在命令中指定 IP 地址时，必须使用十进制格式，并用下圆点相连。例如：

192. 192. 2. 8

（4）指定 MAC 地址。在命令中指定 MAC 地址时，MAC 地址必须是以连字符分开的 6 个十六进制数。例如：

00-E0-1E-7E-B4-40

2. 配置管理端口/主机名与密码

可以把 CiscoCatalyst2498G-L3 的任意端口设置为管理端口，操作步骤如下：

第 1 步：进入 Privileged EXEC(特权模式)。

```
Switch> enable
Switch#
```

第 2 步：进入 Global configuration 模式。

```
Switch# configure terminal
Switch(config)#
```

第 3 步：设置主机名，输入欲为交换机命名的名称，如 Switch。

```
Switch(config)# hostername  "Switch"
Switch(config)#
```

若交换机名为 xyw，则显示为 xyw(config)#。

第 4 步：设置 enable password。

```
Switch(config)# enable password "password"
```

password 为输入的具体密码。下一次进行设置时，用户必须输入 secret password 才能访问 Global configuration 模式。

第 5 步：设置 secret password。

```
Switch(config)# enable  secret  "password"
```

第 6 步：进入 Interface configuration 模式。可将任意一个 Faster Ethernet 端口或任意一个 Gigabit Ethernet 端口配置为管理端口，如把 f1 配置成管理端口。

```
Switch(config)# interface f1
Switch(config-if)#
```

第 7 步：为该端口设置 IP 地址和子网掩码。

```
Switch(config-if)# ip address "ip-addreess subnet-mask" (如 192.192.1.8
255.255.255.0)
```

第 8 步：启用该端口配置。

```
Switch(config-if)# no shutdown
```

第 9 步：返回 Global configuration 模式。

```
Switch(config-if)# exit
Switch(config)#
```

第 10 步：进入 Line configuration 模式。在该模式下，输入的命令用于使用 Telnet 进程对交换机进行配置操作。

```
Switch(config)# line vty "line-number" (输入 0~4 之间的数字)
Switch(config-line)#
```

第 11 步：为进入 telnet 进程输入密码。

```
Switch(config-line)# password "password"
```

第 12 步：返回至 Privileged EXEC（特权模式）。

```
Switch(config-line)# end
Switch#
```

第 13 步：将配置保存在 NVRAM 内。

`Switch# copy running-config startup-config`

说明：交换机的更新配置能够立即生效，不必重新启动系统。此时的配置只是驻留在主内存中，断电后，更改的配置将不能保存。若要保存新的配置，则必须将其从主内存复制至 NVRAM 中。下次启动时，配置文件则从 NVROM 调入主内存，控制交换机逐行执行配置文件的命令。

3．TFTP 服务器及其有关配置命令

（1）TFTP 服务器：TFTP（Trivial File Transfer Protocol）服务器可以实现交换机或交换机软件系统的保存和升级、配置文件的保存和下载，使得对交换机和交换机的管理变得简单、快捷。因此，在进行交换机和路由器的管理之前，安装一台 Cisco TFTP 服务器是很有必要的。

任何一台计算机只要安装有 TFTP 服务器软件，即可成为一台 TFTP 服务器。TFTP 服务器软件可以到 Cisco 的网站 http://www.cisco.com 下载，也可以在神州数码网站 http://www.digitalchina.com 下载。对 Cisco IOS 进行升级时，把下载的软件复制到该 TFTP 服务器目录下（C:\Program File\Cisco Systems\Cisco tftpsever），通过该 TFTP 服务器，即可实现对交换机或路由器软件的升级，以及配置文件的备份与恢复。

值得注意的是，为了安全起见，操作时最好戴上防静电环。

（2）有关配置命令：

TFTP 服务器与引导闪存中的内容可以互相复制。这会对网络操作系统的备份、升级和对配置文件的管理提供很大的帮助。有关配置命令如下：

① Pwd (print working directory)命令：用于查看引导闪存当前目录。例如：

`Switch# pwd bootflash:`

② dir [bootflash:]命令：用于查看引导闪存中所有的目录内容。例如：

```
Switch# dir
    Directory of bootflash:/
    1-rw-  4333234   <no data> switch-in-mz.old
    2-rw-  5215321   <no date> switch-in-mz
    206777216 bytes total (7268346 bytes free)
```

dir 命令的使用如表 5-2 所示。

表 5-2 dir 命令的使用

任　　　　务	命　令　格　式
显示闪存中的文件列表	**dir**
只显示闪存中被删除的文件列表	**dir deleted**
显示闪存中所有的文件列表，包括被删除的文件	**dir all**
显示闪存中文件的详细列表	**dir long**

③ show file 命令：用来显示闪存中指定文件的内容。例如，显示文件为 dns-config.cfg 的域名服务配置文件。例如：

`Switch# show file bootflash:dns-config.cfg`
`Begin`
`!`

```
#dns
set ip dns server 192.192.11.200
set ip dns enable
set ip dns domain qmlz.com
end
Switch#
```

④ delet 与 squeeze 命令：delet 与 squeeze 命令用来删除指定文件。squeeze 命令可以从引导闪存中清除已经删除的文件，以释放内存空间。例如：

```
Switch# dir
    Directory of bootflash:/
    1-rw- 4333234    <no data> switch-in-mz.old
    2-rw- 5215321    <no date> switch-in-mz
    206777216 bytes total (7268346 bytes free)
Switch# delete switch-in-mz.old
       Delete filename [switch-in-mz.old]?
       Delete bootflash:switch-in-mz.old? [confirm]
Switch# dir
    Directory of bootflash:/
    2-rw- 5215321    <no date> switch-in-mz
    206777216 bytes total (7268346 bytes free)
Switch# squeeze bootflash
       All delete file will be removed, proceed (y/n) [n]?y
       Squeeze operation may take a while , proceed (y/n) [n]?y
          Erasing squeeze log
Switch#
```

⑤ dir delete 与 undelete index 命令：dir delete 命令用来查看所有被删除的文件及其索引号。undelete index 用来恢复被删除的文件，其中 index 表示要恢复索引文件的索引号。

在闪存中查找被删除文件的索引号：

```
Switch# dir delete
    -#- ED-type -crc -seek - nlen - length - date/time- name
    2   D ffffff 542aa7f71 657a00 14    135   Oct 18 2002 18:50:08
switch-in-mz.old
    1 -rw- 4333234                    <no date>
    13213946 bytes available (3231989 bytes used)
```

恢复删除文件：

```
Switch# undelete 2
```

校验：

```
Switch# dir
Directory of bootflash:/
    1-rw- 4333234    <no data> switch-in-mz.old
    2-rw- 5215321    <no date> switch-in-mz
       206777216 bytes total (7268346 bytes free)
```

⑥ copy bootflash:tftp:命令：用于将系统映像备份至 TFTP 服务器，即把系统文件从引导闪存复制到 TFTP 服务器，为系统映像建立一个备份。以备系统文件出错时进行恢复。

显示引导闪存中的内容，包括映像文件名称：

`Switch# dir bootflash:`

从引导闪存中将文件复制到 TFTP 服务器：

`Switch# copy bootflash:tftp:`

提示输入系统映像名称：

`Souce filename [ ]? switch-in-mz`

输入 TFTP 服务器的域名或 IP 地址。既可以连接方括号中的默认的地址，也可以输入新的地址。

```
Address or name of remote host
[ ]?192.192.10.11
```

输入目标文件名。既可以接受默认的文件名，也可以输入新的文件名。

```
Destination filename
[switch-in-mz]?
```

⑦ **copy tftp bootflash:**命令：将系统映像从 TFTP 服务器复制到引导闪存，可实现对引导闪存中的系统映像文件的更新或升级。

当引导闪存中的系统文件出现问题时，可以从 TFTP 服务器中复制一份新的系统文件。使用该方式也可以完成系统映像文件的升级。

先把系统文件映像下载到 TFTP 服务器的当前目录下，然后将其从 TFTP 复制到引导闪存。

将文件从 TFTP 服务器复制到引导闪存：

`Switch# copy bootflash:tftp:`

输入 TFTP 服务器的域名或 IP 地址：

`Address or name of remote host [ ]? 192.192.10.11`

提示输入系统映像文件的文件名，可以采用默认值，也可以重新输入新的文件名。

`Source filename [ ]? Boot/ switch-in-mz`

输入目的文件名，可以采用默认值，也可以输入新的文件名。

`Destination filename [switch-in-mz]?`

输入 no 保存已经位于引导闪存中的原映像文件。如果引导闪存已经用尽，则需输入 yes，使得从 TFTP 服务器向其中复制新的映像文件之前，清除其中所有的文件。

```
Erase bootflash:before copying ? [confirm]
Erasing the bootflash file system will remote all files! Continue ?
```

输入 no：

```
[confirm]no
Loading boot/switch-in-mz from 192.192.1.8 (via fastEthernet):
!!!!!!!!!!!!!!!!!!!!!!!!!!!!!!!!!!!!!!!!!!!!!!!!!!!!!!!!!!!!!!!!!!!!!!!!!!!!!
[ok3099840/6199296 bytes]
       verifying chechsum…ok(ox447e)
       3099840 bytes copied in42.144secs (73805 bytes/sec)
    Erase bootflash:before copying?[confirm]
 Erasing the bootflash file system will remote all files! Continue ?
```

输入 yes：

```
[confirm]yes
```

```
    Erasing device...
    eeeeeeeeeeeeeeeeeeeeeeeeeeeeeeeeeeeeeeeeeeeeeeeeeeeeeeeeeeeeeeeee
...erased
Erase of boot/switch-in-mz from 192.192.1.8 (via fastEthernet2)
!!!!!!!!!!!!!!!!!!!!!!!!!!!!!!!!!!!!!!!!!!!!!!!!!!!!!!!!!!!!!!!!!!!!!!!
[ok-3143788/6287360 bytes]
    Verifying chechsum…ok
    3143788 bytes copied in 40.736 secs (78594 bytes/sec)
```

使用 set boot system flash device:filename prepend（备用映像文件名），修改 BOOT 变量值，指定闪存设备（device)和下载的映像文件名称（filename），从而使得交换机在重新启动时使用新的映像文件引导。

使用 reboot 命令重新引导交换机，如果原来是以 tlenet 方式连接到交换机的，此时连接被中断。

当交换机重新引导后，输入 show version 命令可以查看当前的软件版本。

4. 检查接口呼模块状态

（1）检查模块状态。对于多插槽交换机而言，可以使用 show module all 命令检查已经安装的模块，以及每个模块或指定模块的 MAC 地址、版本号及工作状态。

检查所有模块的状态：

`Switch# show module all`

检查指定模块的状态：

`Switch# show module "mod_num"`

（2）检查接口状态。当需要查看端口工作状态时，可以使用 show interface status 命令。

`Switch# show interface status`

5. 配置 EtherChannel

EthernetChannel 技术是 Cisco 开发的，应用于交换机和交换机之间以及交换机和服务器之间的多链路技术。使用 Faster EthernetChannel 和 GigbitEthernetChanne 技术，可以通过 2 条或 4 条链路，将 4 个 10/100 Mbit/s 或 2 个 1 000 Mbit/s 端口连接在一起，迭加其传输带宽。用 Faster EthernetChannel 和 GigbitEthernetChanne 将若干端口绑定在一起视为一个端口，从而成倍提高交换机之间的连接带宽。

但是，组中的所有端口拥有相同的 VLAN 配置。Faster Ethernet 端口和 GigbitEthernet 端口不能被添加在同一端口组。

（1）建立 EtherChannel 逻辑接口。最多可以建立 16 个 Faster EtherChannel 和 1 个 Gigbit EtherChannel。

第 1 步：进入配置模式。

`Switch# configure terminal`
`Switch(config)#`

第 2 步：创建 Port-Channel 接口。

`Switch(config)# interface Port-Channel "channel-number"`
`Switch(config-if)#`

其中，channel-number 为具体数字，如"2"表示第 2 个 Port-Channel。

第 3 步：为该 EtherChannel 指定 IP 地址和子网掩码。

Switch(config-if)# **ip address** " ip-address　subnet-mask "

第 4 步：退出配置模式。

Switch(config-if)# **end**

第 5 步：校验配置。

Switch# show running-config interface port-channel "channel-number"

（2）为该 EtherChannel 捆绑端口。配置欲指定到 EthernetChannel 的 FasterEthernet 或 Gigbit Ethernet 端口，如把 f2、f3、f4 指定到 channel-number，如 port-channel 2。

第 1 步：进入配置模式。

Switch# **configure terminal**

第 2 步：选择欲配置的物理接口。

Switch(config-if)# **interface** f2

第 3 步：确保该物理端口未指定 IP 地址。如果该接口指定了 IP 地址，则必须禁用。Ethernet 端口现在使用指定给 EtherChannel 接口（如 port-channel 2）的 IP 地址。

Switch(config-if)# **no ip address**

第 4 步：将接口配置到 EtherChannel，如 port-channel 2，此时，channel-number 为 2。

Switch(config-if)# **channel-group** "channel-number"

第 5 步：将其他欲配置的端口捆绑在 channel-number 上，如依次将 channel-number 设置为 3 和 4 等，重复上述步骤。

Switch(config-if)# **interface** f3
Switch(config-if)# **no ip address**
Switch(config-if)# **channel-group** 2
Switch(config-if)# **interface** f4
Switch(config-if)# **no ip address**
Switch(config-if)# **channel-group** 2

第 6 步：退出配置模式。

Switch(config-if)# end

第 7 步：检验配置。

switch# show **running-config interface port-channel** 2
switch# show **running-config interface** f2
switch# show **interface** f2
switch# show **interface** f3
switch# show **interface** f4

第 8 步：将配置保存至 NVRAM。

switch# **copy running-config starup-config**

（3）拆除 EthernetChannel 接口　port-channel 2。

① 移除 IP 地址和子网掩码。

第 1 步：进入配置模式。

Switch# **configure terminal**

第 2 步：指定欲配置的物理接口。

```
Switch(config)# interface port-channel 2
```
第 3 步：从该端口中移除 IP 地址和子网掩码。
```
Switch(config-if)# no ip address  ip-address subnet-mask
```
第 4 步：退出 interface configuration 模式。
```
Switch(config-if)# exit
Switch(config)#
```
② 移除 port-channel 接口。

第 1 步：进入 interface configuration 模式，指定欲从 Etherchannel 接口中移除 Faster Ethernet 或 Gigabit Ethernet 端口。本例移除 f2、f3 和 f4。
```
Switch(config)# interface f2
```
第 2 步：移除 port-channel 接口。
```
Switch(config-if)# no channel-group 2
```
第 3 步：退出配置模式。
```
Switch(config-if)# end
Switch#
```
第 4 步：重复第 1 步～第 3 步的操作，可移除 f3 和 f4。

第 5 步：将配置保存至 NVRAM。
```
switch# copy running-config starup-config
```

5.7　配置虚拟局域网

5.7.1　配置 VTP

在建立 VLAN 之前，必须知道如何在网络 VTP（VLAN Trunking Protocol）。使用 VTP 可以在一个或多个交换机上建立配置修改中心，并自动写成与网络中其他所有交换机的通信。

VTP 是一个在交换机之间同步及传递 VLAN 配置信息的协议。一个 VTP Server 上的配置将会传递给网络中的所有交换机，VTP 通过减少手工配置而支持较大规模的网络。

1. VTP 域

VTP 域（或称为 VLAN 管理域）是由一个或多个相连接的、使用相同 VTP 域名的交换机所组成。一台交换机能够被配置而且也只能被配置一个 VTP 域。使用命令行界面 CLI 或简单网络管理协议 SNMP 可以修改 VLAN 的配置。

VTP 为第二层信息协议，主要是维护配置的一致性。默认情况下交换机处于 non-management-domain 状态，其 VLAN 信息不会广告出去。通过设置 VTP P（默认为关状态），增加可用带宽。

VTP 有 3 种模式：Server 模式、Client 模式和 Transparent 模式。

（1）Server（服务器）模式：在 VTP Server 模式下，允许创建、修改、删除 VLAN 及其他一些对整个 VTP 域的配置参数，同步本 VTP 域中其他交换机传递来的最新的 VLAN 信息。交换机在默认情况下为 Server 模式。

（2）Client（客户）模式：在 VTP Client 模式下，一台交换机不能创建、删除、修改 VLAN 配置，也不能在 NVRAM 中存储 VLAN 配置，但可以同步接受由本 VTP 域中其他交换机传递来的 VLAN 信息。

（3）Transparent（透明）模式：VTP Transparent 交换机不加入到 VTP。VTP Transparent 交换机可以转发本 VTP 域中其他交换机送来的 VTP 广播信息，但不与本 VTP 域的交换机共享 VLAN 配置，不将自己的 VLAN 配置传递给本 VTP 域中的其他交换机，其 VLAN 配置只影响到它自己。

2．VTP 修剪（VTP Pruning）

由于主干线路承载了所有 VLAN 的流量，因此有些流量可能就没有必要在链路上进行广播，VTP 修剪使用 VLAN 通告通过减少不必要的泛滥通信（Flood Traffic）提高网络带宽，如广播包（Broadcast Packet）未知（Unknown Packet）和泛滥包（Flood Unicast）。VTP 修剪通过访问适当设备的方式，限制了到中继链接的泛滥通信，这就增加了网络带宽。在默认情况下，VTP 未被使用，主干连接运载此 VTP 管理域中的所有 VLAN 流量，而在实际工作中，有些交换机不必将本地端口配置到每个 VLAN 中，这样启用 VTP 配置就成为必要。

在启用 VTP 之前，必须确认管理域中所有的设备都支持该功能。

在 VTP Server 上为整个管理域用 VTP 修剪后，VTP 修剪将在几秒内实现。默认状态下，从 VLAN2 到最后一个 VLAN 都不得修剪。VLAN1 通常不可被修剪。VTP 修剪不能在一个管理域中的一两个交换机上设置，因为如果一个交换机上设置了 VLAN，则在该管理域中的所有交换机上都设置了 VTP 修剪。

使用 clear vtp pruneeligible 命令，可以使 VLAN 不进行修剪。若使 VLAN 能进行修剪，应输入 set vtp pruneeligible 命令。

VTP 修剪默认值如表 5-3 所示。

表 5-3　VTP 修剪默认值

功　　能	默　认　值	功　　能	默　认　值
VTP 域名	空	VTP 密码	无
VTP 模式	Server	VTP 修剪	禁用
VTP 版本 2 可用状态	Version 2 禁用		

3．VTP 配置策略

在网络中执行 VTP 时，应当遵循如下的策略：

（1）一个 VTP 域中的所有交换机必须运行相同的 VTP 版本。

（2）在安全模式下，必须为管理域中的每个交换机都配置一个密码。

（3）在安全模式下配置 VTP 时，如果不为域中的每个交换机都分别指定一个管理域密码，管理域将不能实现全部功能。

（4）在 VTP Server 上启用或禁用 VTP 修剪，将导致整个管理域启用或禁用 VTP 修剪。

4．启用 VTP 修剪

启用 VTP 的步骤如下：

第 1 步：进入配置模式。

Switch# **configure terminal**

第 2 步：在管理域中启用 VTP 修剪。使用 no 关键字，可以在管理域中禁用 VTP 修剪。

Switch(config)# **[no] vtp pruning**

第 3 步：检验配置。

Switch# **show vtp status**

5. 启用 VTP 版本 2

默认状态下，VTP 版本 2 被禁用。当在 Server 上启用 VTP 版本 2 时，所有位于该 VTP 域中支持 VTP 版本 2 的设备都将启用版本 2。需要注意的是，在同一 VTP 域中，所有设备必须使用同一 VTP 版本。除非 VTP 域中的所有设备都支持 VTP 版本 2，否则，若有 1 台交换机不支持，则 VTP 版本 2 将无法启用，则运行 VTP 版本 1。

第 1 步：进入配置模式

Switch# **configure terminal**

第 2 步：启用 VTP 版本 2

Switch# **[no] vtp version** {1|2}

第 3 步：检验配置

Switch# **show vtp status**

5.7.2 配置 VLAN

1. VLAN 及其的特点

VLAN（Virtual Local Area Network）即虚拟局域网，是一种通过将局域网内的设备逻辑地而不是物理地划分成一个个网段，从而实现虚拟工作组的新兴技术。IEEE 于 1999 年颁布了用以标准化 VLAN 实现方案的 802.1Q 协议标准草案。

VLAN 技术允许网络管理者将一个物理的 LAN 逻辑地划分成不同的广播域（或称虚拟 LAN，即 VLAN），每一个 VLAN 都包含一组有着相同需求的计算机工作站，与物理上形成的 LAN 有着相同的属性。但由于它是逻辑地而不是物理地划分，所以同一个 VLAN 内的各个工作站无须被放置在同一个物理空间，即这些工作站不一定属于同一个物理 LAN 网段。一个 VLAN 内部的广播和广播流量都不会转发到其他 VLAN 中，从而有助于控制流量、减少设备投资、简化网络管理、提高网络的安全性。

VLAN 具有分段性、灵活性和安全性等特点。

分段性，可根据部门，功能和项目来划分成不同的网段；灵活性，组成 VLAN 的用户不用考虑物理位置，同一个 VLAN 也可以跨越多个交换机；通过广播域的分隔，使每个逻辑的 VLAN 就像一个独立的物理桥，提高了网络的性能和安全，但不同的 VLAN 间的通信需要经过路由器来连接。

2. 基本的 VLAN 配置

下面以 Catalyst 1900 交换机为例，并且假如交换机划分了 3 个 VLAN，说明在交换机上如何配置 VLAN。

（1）单个交换机 VLAN 配置。

当不使用 VTP 协议时，交换机应该配置成 VTP transparent 模式，此时交换机 VLAN 的配置主要包括如下内容：

- 使用全局命令，启用 VTP 的 transparent 模式。
- 使用全局命令，必须定义每个 VLAN 的编号，并且还可以为其定义相应的名称，但也可以不定义名称。
- 使用接口子命令，将每个端口分配到相应的 VLAN。

① 在全局配置（Global configuration）模式中配置 VLAN。当交换机是 VTP Server 或处于透明（Transparent）模式时，可以在 Global Configuration 模式和 Config-Vlan 配置模式下配置 VLAN。VLAN 配置保存在 vlan.dat 文件中，使用 show vlan 命令可以显示 VLAN 配置。

如果交换机处于透明模式，使用 copy running-config startup-config 命令将 VLAN 配置保存到 startup-config 文件中。在将运行配置保存为启动文件后，使用 show running-config 和 show startup-config 命令可以查看 VLAN 配置。

交换机引导时，如果 startup-config 和 vlan.dat 文件中的 VTP 域名和 VTP 模式不匹配，交换机将使用 vlan.dat 中的配置。

第 1 步：用 Console 线或用 Telnet 远程登录命令连接至交换机上，会出现如下的主配置界面。

```
Catalyst 1900 Management Console
Copyright (c) Cisco Systems, Inc. 1993-1999
All rights reserved.
Standard Edition Software
Ethernet address: 00-E0-1E-7E-B4-40
PCA Number: 73-2239-01
PCA Serial Number: SAD01200001
Model Number: WS-C1924-A
System Serial Number: FAA01200001
-------------------------------------
User Interface Menu
[M] Menus
[K] Command Line

Enter Selection:
```

第 2 步：选择 K，按【Enter】键，进入命令行配置模式。

```
CLI session with the switch is open.
To end the CLI session,enter [Exit].
switch >
```

第 3 步：输入 enable,进入特权模式。

```
switch >enable
```

第 4 步：进入配置模式

```
switch# configure terminal
```

第 5 步：设置 VTP 模式,并设置域名

```
switch(config)#vtp transparent domain "domain-name"
```

第 6 步：设置 VLAN 名称。

```
switch(config)#vlan 2 name VLAN2
switch(config)#vlan 3 name VLAN3
```

我们配置了 2 个 VLAN，为什么 VLAN 号从 2 开始呢？这是因为默认情况下，所有的端口都放在 VLAN 1 上，所以要从 2 开始配置。理论上 1900 系列的交换机最多可以配置 1 024 个 VLAN，但是，只能有 64 个同时工作，我们应该根据自己网络的实际需要来规划 VLAN 的号码。配置好了 VLAN 名称后要进入每一个端口来设置 VLAN。在交换机中，要进入某个端口比如说第 6 个端口，要用 interface Ethernet 0/6。对于 Catalyst 1924 交换机，有 24 个端口，我们让端口 1~8 属于 VLAN1，端口 9~16 属于 VLAN2，端口 17~24 属于 VLAN3。相关命令是 vlan-membership static/ dynamic VLAN 号。静态的或者动态的两者必须选择一个，后面是配置的 VLAN 号。

第 7 步：选择欲配置的每个端口，并将其分配到相应的 VLAN。

```
switch(config)# interface e0/9
Switch(config-if)#vlan-membership static2
Switch(config)# interface e0/10
Switch(config-if)#vlan-membership static2
Switch(config)# interface e0/11
Switch(config-if)#vlan-membership static2
…
switch(config)# interface e0/16
switch(config-if)# vlan-membership static2
switch(config)# interface e0/17
switch(config-if)# vlan-membership static3
switch(config)#interface e0/18
switch(config-if)#vlan-membership static3
switch(config)#interface e0/19
switch(config-if)#vlan-membership static3
…
switch(config)#interface e0/24
switch(config-if)#vlan-membership static3
```

在以上的配置中，没有配置 VLAN1，因为它是自动配置的，而且任何没有指定静态 VLAN 配置的端口都被认为是在 VLAN1 中的。同样，交换机的地址也被认为是在 VLAN1 的广播域中。

第 8 步：返回特权模式。

```
switch(config-if)# end
```

第 9 步：使用 show vlan [id | name] vlan_name 命令来校验配置。

```
switch# show vlan
switch# show vlan2
switch# show vlan3
```

② 在 VLAN Database 模式中配置 VLAN。

第 1 步：进入配置模式。

```
switch# configure terminal
```

第 2 步：进入 VLAN configuration 模式。

```
switch# vlan database
```

第 3 步：添加 VLAN。

switch(vlan)# **VLAN** vlan_ID

第 4 步：返回特权模式。

switch(config-vlan)# **end**

第 5 步：校验 VLAN 配置。

switch# **show vlan** [id|name] vlan_name

（2）多个交换机的配置。

VLAN 可以跨越多个交换机，这些交换机之间用主干（Trunk）链路来连接。也就是在各二、三级交换机上，需要设置级联端口为 Trunk 模式，VTP 设为 Client 模式，根据各端口所处的 VLAN，分别配置相应的 VLAN 号。

Trunk 是独立于 VLAN 的、将多条物理链路模拟为一条逻辑链路的 VLAN 与 VLAN 之间的连接方式。采用 Trunk 方式不仅能够连接不同的 VLAN 或跨越多个交换机的相同 VLAN，而且还能增加交换机间的物理连接带宽，增强网络设备间的冗余。网络设备间的级联采用 Trunk 方式，使得级联端口不隶属于任何 VLAN，也就是说该端口所建成的网络设备间的级联链路是所有 VLAN 进行通信的公用通道。

在建立 Trunk 时，Cisco 的产品主要基于两种标准协议：ISL 和 IEEE 802.1q。

ISL 是 Cisco 研发设计的通用于所有 Cisco 网络产品的 VLAN 间互联封装协议，该协议针对 Cisco 网络设备的硬件平台在信息流处理和多媒体应用方面进行了合理有效的优化。

IEEE 802.1q 协议是 IEEE 于 1996 年发布的国际规范标准。

用接口配置命令 trunk 将 1 个快速以太网接口设置成主干模式，在 Cisco Catalyst 1900 交换机上有两个快速以太网接口 fa0/26 和 fb0/27。在使用动态交换链路协议(DISL)为 ISL 时，启用和定义主干协议类型可以是静态地进行，也可以是动态地进行。

trunk 接口配置命令的语法如下：

switch(config)#trunk **[on/off/desirable/auto/nonnegotiate]**

命令参数说明如下：

- on：将端口配置成永久的 ISL 主干模式，并与连接设备协商将链路转换成主干模式；
- off：禁止端口的主干模式，并与连接设备协商将链路转换成非主干模式；
- desirable：触发端口进行协商，将链路从非主干模式转换成主干模式；如连接设备在 on、desirable 或 auto 状态下，此端口将和主干进行协商，否则该端口为非主干端口；
- auto：只有在连接设备是 on 或 desirable 状态下才使端口变为主干；
- nonnegotiate：将端口配置成永久的主干模式，并且不和对方协商。

在实际工作中，可根据配置参数的选项，设置成相应的模式。

【例 5-1】若有两个交换机，组成 3 个 VLAN 的配置如下：

第 1 步：进入配置模式。

switch# **configure terminal**

第 2 步：选择欲配置的级联端口 e fa 0/26。

switch1(config)#**interface** e fa 0/26

第 3 步：设置级联端口为 trunk。

switch1(config-if)#**trunk** on

第 4 步：将设置的端口 trunk 分配到 VLAN。

```
switch1(config-if)#vlan-membership static1
switch1(config-if)#vlan-membership static2
switch1(config-if)#vlan-membership static3
```

第 5 步：选择欲配置的级联端口 e fb 0/27。

```
switch1(config)#interface e fb 0/27
```

第 6 步：设置级联端口为 trunk。

```
switch1(config-if)#trunk on
```

第 7 步：将设置的端口 trunk 分配到 VLAN。

```
switch1(config-if)#vlan-membership static1
switch1(config-if)#vlan-membership static2
switch1(config-if)#vlan-membership static3
```

第 8 步：返回特权模式

```
switch(config-if)# end
```

第 9 步：使用 show 命令命令来校验配置。

```
switch# show trunk e fa 0/26
switch# show trunk e fb 0/27
switch# show vlan-membership
```

需要注意有是，两个快速以太网端口上不但被配置为主干有效，而且 3 个 VLAN 都被静态地配置到这些端口上，通过同时配置这些 VLAN，交换机将主干端口当成这些 VLAN 的一部分，当然网络中的路由器也必须配置成支持 ISL。

（3）使用 VTP 配置 VLAN。

对 Catalyst 1900 系列交换机，VTP 配置参数默认值如表 5-4 所示。

VTP 和管理域可以设置密码，但在域中的所有交换机必须输入相应的密码，否则 VTP 将不能正常工作。

VTP 服务器上的 VTP 裁剪的启用和禁止将会传播到整个管理域中，如果 VTP 裁剪启用，除 VLAN1 上的所有 VLAN 都将被裁剪。

表 5-4　VTP 配置参数默认值

功　　能	默　认　值	功　　能	默　认　值
VTP 域名	无（None）	VTP 陷阱	启用（Enabled）
VTP 模式	服务器（Server）	VTP 修剪	禁用（Disabled）
VTP 密码	无		

【例 5-2】假定有如图 5-14 的 VLAN 连接，Switch1 和 switch2 均为 Cisco catalyst 1912 交换机，Switch1 上的快速以太网模块为 0/26，Switch2 上的快速以太网模块为 0/27。

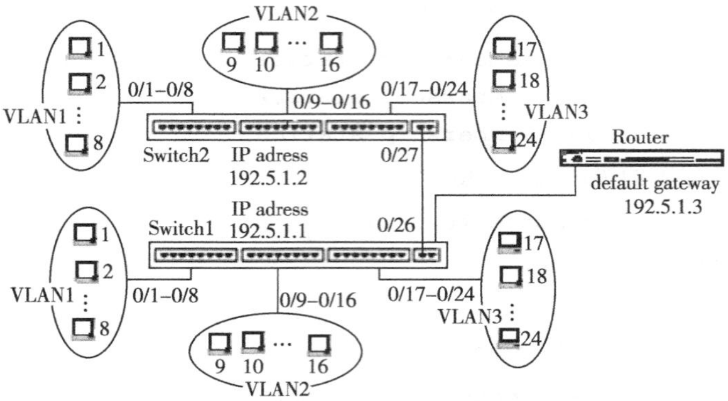

图 5-14　例 5-2 示意图

具体配置如下：

① 作为 VTP 服务器交换机 1 的配置。

第 1 步：进入配置模式。

switch1#**configure terminal**

第 2 步：配置交换机 1 的 IP 地址及子网掩码。

switch1(config)#**ip address** 10.5.1.1 255.255.255.0

第 3 步：配置默认网关。

switch1(cofig)#**ip defaul-gateway** 192.5.1.3

第 4 步：设置 VTP Server 模式和域名，并启动 VTP Pruning 模式。

switch1(config)#**vtp server domain** main pruning enable

第 5 步：设置 VLAN 名称。

switch1(config)# **vlan** 2 **name** vlan2
switch1(config)# **vlan** 3 **name** vlan3

第 6 步：选择欲配置的每个端口，并将其分配到相应的 VLAN。

switch1(cofig)#**interface** e 0/9
switch1(cofig-if)#**valn-membership static2**
switch1(cofig)#**interface** e 0/10
switch1(cofig-if)#**valn-membership static2**
...
switch1(cofig)#**interface** e 0/16
switch1(cofig-if)#**valn-membership static2**
switch1(cofig)#**interface** e 0/17
switch1(cofig-if)#**valn-membership static3**
switch1(cofig)#**interface** e 0/18
switch1(cofig-if)#**valn-membership static3**
...
switch1(cofig)#**interface** e 0/24
switch1(cofig-if)#**valn-membership static3**

第 7 步：选择欲配置的级联端口。

switch1(config)#**interface** e fa 0/26

第 8 步：设置级联端口为 trunk。

switch1(config-if)#**trunk** on

第 9 步：将设置的端口 trunk 分配到 VLAN。

switch1(config-if)#**vlan-membership static1**

switch1(config-if)#**vlan-membership static2**

switch1(config-if)#**vlan-membership static3**

第 10 步：选择欲配置的级联端口。

switch1(config)#**interface** e fb 0/27

第 11 步：设置级联端口为 trunk。

switch1(config-if)#**trunk** on

第 12 步：将设置的端口 trunk 分配到 VLAN。

switch1(config-if)#**vlan-membership static1**

switch1(config-if)#**vlan-membership static2**

switch1(config-if)#**vlan-membership static3**

② 作为 VTP 客户交换机 2 的配置。

第 1 步：进入配置模式。

switch2# **configure terminal**

第 2 步：配置交换机 2 的 IP 地址及子网掩码。

switch2(config)# **ip address** 192.5.1.2 255.255.255.0

第 3 步：配置默认网关。

switch2(cofig)#**ip defaul-gateway** 192.5.1.3

第 4 步：设置 VTP 为 client 模式。

switch2(config)#**vtp client**

第 5 步：选择欲配置的每个端口，并将其分配到相应的 VLAN。

switch2(config)# **interface** e 0/9

switch2(config-if)# **valn-membership static2**

switch2(config)# **interface** e 0/10

switch2(config-if)# **valn-membership static2**

…

switch2(config)# **interface** e 0/16

switch2(config-if)# **valn-membership static2**

switch2(config)# **interface** e 0/17

switch2(config-if)# **valn-membership static3**

switch2(config)# **interface** e 0/18

switch2(config-if)# **valn-membership static3**

…

switch2(config)# **interface** e 0/24

switch2(config-if)# **valn-membership static3**

第 6 步：选择欲配置的级联端口。

switch2(config)#**interface** e fa 0/27

第 7 步：设置级联端口为 trunk。

switch2(config-if)#trunk on

第 8 步：将设置的端口 trunk 分配到 VLAN。

```
switch2(config-if)#vlan-membershi static1
switch2(config-if)#vlan-membershi static2
switch2(config-if)#vlan-membershi static3
```

第 9 步：返回特权模式。

```
switch(config-if)# end
```

第 10 步：检验配置。

```
switch1#show vtp
```

说明：

- 在交换机 2 配置中没有域名，这可能通过第一个通告学习。
- 在交换机 2 配置中无须对 VLAN 进行定义，而且在 VTP 客户模式下是不能定义的。

5.7.3　配置第三层接口

第三层交换是将第二层交换机和第三层路由器两者的优势结合成一个灵活的解决方案，可在各个层次提供线速性能。这种集成化的结构还引进了策略管理属性，它不仅使第二层与第三层相互关联起来，而且还提供流量优先化处理、安全以及多种其他的灵活功能，如 trunking、虚拟网和 Intranet 的动态部署。如果用传统的交换机作为 VLAN 间的路由设备，由于其吞吐量太小而成为很难适应的大规模、高速率网络传输的要求，无疑将成为快速以太网或千兆以太网网络传输的瓶颈。于是，专门用于解决 VLAN 间的通信、集第三层转发与第二层交换于一身的第三层交换机技术就产生了。第三层交换机实际上是使用了集成电路的交换机，但比传统的交换机提供了更高的速率和更低的成本，也比传统的交换机更易于管理。由于第三层交换机集成了交换机的功能，所以第三层交换机又被称为路由交换机（Routing Switch）。VLAN 之间的通信必须通过第三层才能实现，所以当交换机划分 VLAN 后，必须配置第 3 层接口。

1．配置逻辑第 3 层接口

在配置逻辑第 3 层接口之前，必须在交换机上创建和配置 VLAN，并将 VLAN 成员指定到第 2 层接口。此外，还要启用 IP 路由，并指定 IP 路由协议。逻辑第 3 层接口配置如下：

第 1 步：进入配置模式。

```
Switch# configure terminal
```

第 2 步：创建 VLAN。

```
Switch(config)# vlan vlan_ID
```

第 3 步：选择欲配置的接口。

```
Switch(config-vlan)# interface vlan vlan_ID
```

第 4 步：配置 IP 地址和子网掩码。

```
Switch(config-vlan)# ip address ip_adress subsnet_mask
```

第 5 步：启用接口。

```
Switch(config-vlan)# no shutdown
```

第 6 步：退出配置模式。

```
Switch(config-vlan)# end
```

第 7 步：将配置保存到 NVRAM。

Switch# **copy running-config startup-config**

第 8 步：检验配置。

Switch# **show interface** [type slot｜interface]

Switch# **show ip interface** [type slot｜interface]

Switch# **show running-config interface** [type slot｜interface]

Switch# **show running-config interface** vlan vlan_ID

2．配置物理第三层接口

在配置物理第三层接口之前，必须先启用 IP 路由，并指定 IP 路由协议。

第 1 步：进入配置模式。

Switch# **configure terminal**

第 2 步：当 IP 路由未启用时，启用 IP 路由。

Switch(config)# **ip routing**

第 3 步：选择欲配置的接口。

Switch(config)#**interface** {fasterhernet ｜ gigabitethernet} {slot/port ｜ port_channel port_channel_number}

第 4 步：将该端口从物理第 2 层端口转换为物理第 3 层端口。

Switch(config-if)# **no switchport**

第 5 步：配置 IP 地址和子网掩码。

Switch(config-if)# **ip address** ip_adress subsnet_mask

第 6 步：启用该接口。

Switch(config-if)# **no shutdown**

第 7 步：退出配置模式。

Switch(config-if)# **end**

第 8 步：将配置保存到 NVRAM。

Switch# **copy running-config startup-config**

第 9 步：检验配置。

Switch# **show interface** [type slot ｜interface]

Switch# **show ip interface** [type slot｜interface]

Switch# **show running-config interface** [type slot｜interface]

小　　结

本章比较详细地介绍了交换机的管理、配置和连接。

交换机是常用的网络设备，我们主要介绍了交换机的分类、交换机的参数、实现交换机的技术、交换机的配置，以及交换机和集线设备之间的连接方法。

本章重点是交换机的分类、交换机的参数、交换机的基本配置以及交换设备或集线设备之间的连接，尤其是能够用 Console 线对交换机进行简单的配置，并能够用命令行界面简单配置交换机。

习　　题

一、选择题

1. （　　）是专门为计算机之间能够相互高速通信且独享带宽而设计的一种数据交换的网络设备。

    A. 集线器　　　　　B. 路由器　　　　　C. 交换机　　　　　D. 网桥

2. 以下不是网络发展趋势的是（　　）。

    A. 宽带化　　　　　B. 传输光纤化　　　　C. 分组化　　　　　D. 集中化

3. 若一台交换机的端口不够用时，且该交换机是可堆叠的，可以采取（　　）方法来扩充端口。

    A. 买一台交换机，通过级联的方法来扩充端口，每个端口的带宽不受影响

    B. 买一台集线器，通过级联的方法来扩充端口，每个端口的带宽不受影响

    C. 买一台可堆叠的交换机，通过堆叠电缆与原交换机堆叠在一起，每个端口的带宽不受影响

    D. 买一台可堆叠的集线器，通过堆叠电缆与原交换机堆叠在一起，每个端口的带宽不受影响

4. 一台上连 100 Mbit/s，共有 24 个端口的交换机，若同时上网的计算机有 10 台，所有计算机的网卡都是 10/100 Mbit/s 自适应的，问每个端口所对应的计算机实际带宽理论可以达到多少（　　）？

    A. 100 Mbit/s　　　B. 10 Mbit/s　　　C. 1 Mbit/s　　　D. 6.25 Mbit/s

5. 同时具有路由选择、VLAN 支持功能的交换机是（　　）交换机？

    A. 三层　　　　　　B. 二层　　　　　　C. 一层　　　　　　D. 路由

二、简答题

1. 交换机实质上是一个什么设备？

2. 交换机之间的堆叠与级联有何区别？

3. 当交换机之间进行级联时，什么情况下用直通电缆？什么情况下用交叉电缆？

4. 如何制作一根交叉电缆？

5. 交换机的内存类型有哪些？

6. 简述交换机的启动过程。

7. 交换机的参数有哪些？

8. 不对交换机进行任何配置，则该交换机是否可以正常工作？是否影响数据交换？

第6章 路由器的管理

路由器是网络互连的关键设备,它是一种连接多个网络或网段的网络设备,用来寻找最佳路径传输数据,通常被称为是互联网络的枢纽和"交通警察"。其主要工作之一就是为在网络上传输的数据包寻找最佳路径并进行传送。作为不同网络之间互相连接的枢纽,路由器系统构成了基于 TCP/IP 的因特网的主体脉络,也可以说,路由器构成了因特网的骨架。路由器及其组网的高度灵活性及良好的性能,得到了广泛的应用。

6.1 路由器概述

路由器是工作在 OSI 参考模型第三层——网络层的数据包转发设备。路由器能将不同网络或网段之间的数据信息进行"翻译",以使它们能够相互"读"懂对方的数据,从而构成一个更大的网络。

路由器通过路由决定数据的转发。转发策略称为路由选择,这也是路由器名称的由来。它的处理速度是网络通信的主要瓶颈之一,它的可靠性则直接影响着网络互连的质量。

6.1.1 路由器的基本组成

从本质上说,路由器实际上也是一台计算机。和其他计算机一样,路由器由中央处理器 CPU、操作系统、只读存储器(ROM)和随机存储器(RAM)等几部分组成,并且路由器也有自己的配置和用户界面,这些都和其他计算机有相似之处。路由器和其他计算机的不同点在于内存配置和用户界面不同。

1. CPU

CPU 也是路由器的心脏。CPU 负责执行组成路由操作系统的指令,以及通过控制台或者通过远程登录连接而输入的用户密码。

通常在中低端路由器中,CPU 负责交换路由信息、路由表查找以及转发数据包。在中低端路由器中,CPU 的能力直接影响路由器的吞吐量(路由表查找时间)和路由计算能力(影响网络路由收敛时间)。而在高端路由器中,通常包转发和查表由 ASIC 芯片完成,CPU 只实现路由协议、计算路由以及分发路由表。

由于路由器技术的发展,路由器中许多工作都可以由硬件实现(专用芯片)。CPU 性能并不完全反映路由器性能。路由器性能由路由器吞吐量、时延和路由计算能力等指标体现。

2．内存

和计算机一样，路由器也有单独的内存，每个内存都分配有不同的功能。在不同的路由器之间，内存的功能也不相同。

路由器和其他计算机的不同之处在于用户界面和内存配置不同。路由器中主要有 4 种类型的内存：ROM、RAM、Flash、和 NVRAM。内存用作存储配置、路由器操作系统、路由协议软件等内容。在中低端路由器中，路由表可能存储在内存中。通常来说，在不考虑价格的情况下，路由器内存越大越好。但是与 CPU 能力类似，内存同样不能直接反映路由器性能与能力。因为高效的算法与优秀的软件可能大大节约内存。

（1）只读存储器：只读存储器（ROM）相当于 PC 的 BIOS，包括引导程序和操作系统软件。Cisco 路由器运行时首先运行 ROM 中的程序，该程序主要进行加电自检，对路由器的硬件进行检测。ROM 为一种只读存储器，存储了路由器正在使用的 IOS 的一份副本，系统掉电后程序也不会丢失。

（2）随机存储器：随机存储器（RAM）又称为动态内存（DRAM）。RAM 中主要包含路由表、ARP 高速缓存、fast-switch 缓存、数据包缓存等。DRAM 中也包含有正在执行的路由器配置文件。IOS 将 RAM 分成共享内存和主存。主存用来存储路由器配置和与路由协议相关的 IOS 数据结构。路由表、ARP 表存储在主存中。ROM 中的内容在系统掉电时会完全丢失。

（3）闪存：闪存（Flash）是一种可擦写、可编程的 ROM，Flash 包含 IOS 及源代码。可以把它想象为和 PC 的硬盘功能一样，但其速度快得多。Flash 中容纳路由器上正在运行的 IOS 的当前版本。可以通过用 IOS 的新版本覆写和 OS 对路由器进行软件升级。它与 ROM 不同，ROM 位于物理芯片中，ROM 中的内容不能覆写。Flash 中的程序，在系统掉电时不会丢失。IOS 的多个备份也能够放在 Flash 中保存。

（4）非易失性的 RAM 。非易失性的 RAM（NVRAM）用于存储路由器的备份配置文件，NVRAM 中的内容在系统掉电时不会丢失。

3．IOS

网络互联操作系统（Internetwork Operating System，IOS）是路由器的软件。通过 IOS，Cisco 路由器可以连接 IP、IPX、IBM、DEC、AppleTalk 的网络，并实现许多丰富的网络功能。路由器的运行，是离不开操作系统的。

一般来说，路由器的引导方式与 PC 启动时相似，首先运行 ROM 中的程序，进行系统自检及引导，然后运行 Flash 中的 IOS，并在 NVRAM 中寻找路由器的配置，并将其装入 RAM 中。

路由器的引导过程与 PC 基本相同，引导过程如下：

（1）从 ROM 中装入引导程序并运行之，系统自检及引导。

（2）从闪存中装入网络互联操作系统（IOS），并运行之。

（3）查找并加载 NVRAM 中的配置文件，或预先指定网络服务器中的配置文件，如果配置文件不存在，路由器就进入设置模式。

4．接口

路由器接入网络的网络连接是通过接口（或称为端口）实现的。接口既可以在主板上，也可以在分离的接口模块上。路由器的端口分为物理端口和逻辑端口。下面就分别介绍路由器的端口。

（1）物理端口：路由器的物理端口用来将路由器连接到网络，是与特定类型的网络介质之间的物理连接。根据端口的配置情况，路由器可分为固定式路由器和模块化路由器两大类。每种固定式路由器采用不同的接口组合，这些端口不能升级，也不能局部变动。模块化路由器上有若干个插槽，可以插入不同的接口卡，可以根据实际需求灵活地进行升级或变动。

固定式路由器上的物理端口主要有局域网端口和广域网端口两大类。

① 局域网端口：包括 AUI 端口、RJ-45 端口、SC 端口以及令牌环网端口和 FDDI 端口等。

● AUI 端口（即粗缆口）：比较常见的端口之一，通过粗缆收发器实现与 10Base-5 网络的连接。一般需要通过外接的收发转发器或称为外接转换器（AUI to RJ-45），实现与 10Base-T 以太网络的连接。也可以借助于其他类型的收发转发器（外接转换器）实现与 10Base-2 网络的连接或与 10Base-F（光缆）的连接。

● RJ-45 端口：最常用的端口，通过 RJ-45 端口可以连接 10Base-T 和 100Base-TX 网络。在路由器的面板上，10Base-T 端口通常标识为 ETH，而 100Base-TX 端口则通常标识为 10/100bTX。图 6-1 所示为 Cisco 2500 和路由器面板端口图。

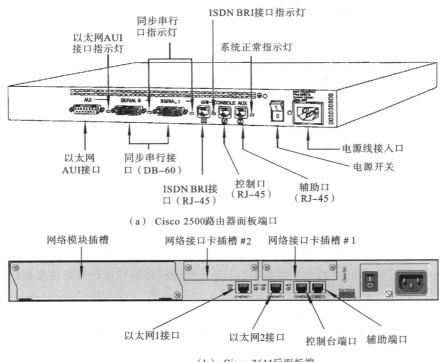

（a）Cisco 2500 路由器面板端口

（b）Cisco 2611 后面板端

图 6-1　Cisco 2500 和 Cisco 2611 路由器端口示意图

② 广域网接口：通常是指同步/异步串口接口，除此之外，ISDN 也属于广域网接口，通过广域网端口可以将局域网连接到广域网，如 Internet。RJ-45 端口和 AUI 端口也可以连接接到广域网。

③ 同步/异步串口：该端口可以用软件设置为同步工作方式。在同步工作方式下，最大支持 128 kbit/s 的数据传输速率，异步方式下，最大支持 115.2 kbit/s。

④ 高速同步串口（SERIAL）：最大支持 2.048 Mbit/s 的 E1 速率。通过软件配置，这种端口可以连接 DDN、帧中继（Frame Relay）、X.25、PSTN（模拟电话线路）。如果用同步端口连接电

话线路，要求 Modem 必须支持 V.25bis。

⑤ 异步串口（ASYNC）：通常使用专用电缆连接 Modem，用于实现远程计算机通过公用电话网拨入网络。

⑥ AUI 端口：即粗缆口，也被用于广域网接口之一，Cisco2600 系列路由器上，AUI 端口需要外接转换器（（AUI to RJ-45），连接 10Base-T 以太网络。

⑦ ISDN BRI 端口：ISDN BRI 端口用于 ISDN 线路通过路由器实现与 Internet 或其他远程网络的连接，用于目前的大多数双绞线铜线电话线。ISDN BRI 的 3 个通道总带宽为 144 kbit/s。其中两个通道称为 B（荷载 Bearer）通道，速率为 64 kbit/s，用于承载声音、影像和数据通信。第三个通道是 D（数据）通道，是 16 kbit/s 信号通道，用于告诉公用交换电话网如何处理每个 B 通道。ISDN 有两种速率连接端口，一种是 ISDNBRI（基本速率接口），另一种是 ISDN PRI（基群速率接口），基于 T1（23B+D）或者 E1（30B+D），总速率分别为 1.544 Mbit/s 或 2.048 Mbit/s。ISDN BR1 端口是采用 RJ-45 标准，与 ISDN NT1 的连接使用 RJ-45-to-RJ-45 直通线，如图 6-2 所示。

⑧ AUX 端口（辅助端口）：该端口（见图 6-3）为速度较慢的异步端口，最大支持 38 400 bit/s 的数据传输速率，也可连接广域网或作辅助用途。通常，此端口主要用于路由器的远程配置管理或拨号备份。

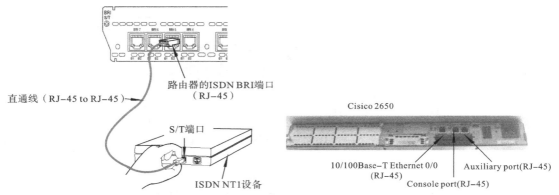

图 6-2　ISDN 设备通过直通线与路由器连接示意图　　图 6-3　Cisco 2650 路由器后部面板端口

⑨ Console 端口：该端点是一个异步串行口，主要连接终端或运行终端仿真程序的计算机，在本地配置路由器，如图 6-3 所示。

⑩ 高密度异步端口：该端口通过一转八线缆，可以连接八条异步线路。

⑪ SC 端口：即光纤端口，用于直接连接至交换机或集线器的光纤端口，低端路由器中应用较少，且以 100Base-FX 最为常见。

（2）逻辑端口：路由器的逻辑端口并不是实际的硬件端口，它是一种虚拟端口，是用路由器的操作系统（IOS）的一系列命令创建的。这些虚拟端口可以被网络设备当成物理端口（如串行端口）来使用，以提供路由器与特定类型的网络介质的连接。路由器上主要配置 Loopback 端口、Null 端口以及 Tunnel 等端口。

① Loopback 端口：又称回馈端口，一般配置在使用外部网关协议，对两个独立的网络进行路由的核心级路由器上。当两个物理端口出现故障时，核心级路由器中的 Loopback 端口被作为 BGP（边界网关协议）的结束地址，将数据包放在路由器内部处理，并保证这些数据包到达最终目的地。

②　Null 端口：主要用来阻挡某些网络数据。如果不想让某一网络的数据通过某个特定的路由器时，可以配置一个 Null 端口丢弃所有由该网络传送过来的数据包。

③　Tunnel 端口：Tunnel 又称为隧道端口或通道端口，用于传输某些端口本来不能支持的数据包。

④　拨号端口：用于按需拨号路由（DDR），可用于建立支持 DDR 的循环端口组。

⑤　桥组虚拟端口：桥组虚拟端口用于集成路由和桥接（IRB）。IRB 允许路由和桥接某种协议。

⑥　子端口：子端口是一种特殊的逻辑端口绑定在物理端口中，但却作为一个独立的端口来使用。子端口是一个混合端口，根据绑定它的物理端口来取决于它是 WAN 端口还是 LAN 端口。子端口有如 IP 地址和 IPX 编号的第三层属性。子端口由其物理端口的类型、编号、小数点和另一个编号所组成。例如，Serial0.1 是 Serial 0 的一个子端口，小数点后的编号可以是从 0 到 2 的 32 次方减 1 之间的任何数。0 代表其物理端口。

在高端路由器上，有时使用逻辑端口来访问或限制某一部分的数据是一种很灵活的方式。

6.1.2　路由器的功能

所谓路由就是指通过相互连接的网络把信息从源地点传送到目标地点的活动。一般来说，在路由过程中，信息至少会经过一个或多个中间结点。路由和交换之间的主要区别就是交换发生在 OSI 参考模型的第二层（数据链路层），而路由发生在第三层，即网络层。这一区别决定了路由和交换在传输信息的过程中需要使用不同的控制信息，所以两者实现各自功能的方式是不同的。

路由器有两大典型功能，即数据通道功能和控制功能。数据通道功能包括转发决定、背板转发以及输出链路调度等，一般由特定的硬件来完成；控制功能一般用软件来实现，包括与相邻路由器之间的信息交换、系统配置和系统管理等。

通常情况下，路由器用来将地理上分散的网络连接在一起，其基本功能是把数据（IP 报文）传送到正确的网络上。包括：

（1）实现 IP 数据报的接收及转发，包括为经过路由器的每个数据报寻找一条最佳传输路径，并将该数据有效地传送到目的站点，即数据报的寻径和传送。

（2）实现 IP、TCP、UDP、ICMP 等互联网络协议。

（3）子网隔离，实现网络支持的差错控制、拥塞控制以及流量控制，抑制广播风暴。

（4）将数据报按照预定的规则重新组装（分解或合并）成适当大小的数据包，到达目的地后再把数据包包装成原有形式。

（5）将 IP 地址与相应网络的链路层地址相互转换。例如，将 IP 地址转换成以太网硬件地址。

（6）路由表的维护，并与其他路由器交换路由信息，这是 IP 数据报转发的基础。

（7）实现对 IP 数据报的过滤和记账。

（8）提供网络管理和系统支持机制，包括存储/上载配置、诊断、升级、状态报告、异常情况报告及控制等。

6.1.3　路由器的分类

路由器分类方法很多，目前也没有统一的分类标准。各种分类方法有一定的关联，但是并不完全一致。

1．按路由器的数据交换能力和价格分类

从数据处理能力上，路由器可分高端路由器、中端路由器和低端路由器，各厂家划分并不完全一致。通常，将背板交换能力大于 40 Gbit/s，每秒信息吞吐量在 100 亿比特以上的路由器称为高端（档）路由器，背板交换能力 40 Gbit/s 以下，每秒信息吞吐量在几十万至 100 亿之间的路由器称为中低端路由器。

高端路由器又称为核心路由器，它是构成企业互联网的主干，支持所有通用的路由协议和网络协议，支持多于 50 个局域网或广域网端口，如 Cisco 12000 系列路由器为高端路由器。核心路由器从一个侧面代表着一个国家信息领域的技术水平。我国于 2001 年 3 月就研制出自主知识产权的并具有国际同类产品性能的首台核心路由器"银河玉衡"。"银河玉衡"路由器的报文转发率为每秒 2 500 万个，信息吞吐量为 400 亿比特以上，相当于每秒传输 25 亿个汉字信息，综合性能达到当时国际先进水平。"银河玉衡"是由国防科技大学计算机学院和大唐电信科技有限股份公司共同承担的国家"863"重大攻关课题。

中端路由器用于大型企业中连接主干网设备，也可以用于组建小型企业网的主干。这类路由器支持常见的路由协议和网络协议，如 Cisco 7500、Cisco 7000、4000 及 3000 系列路由器。

低端路由器一般用作访问路由器。它把小规模的端点连入企业网。其典型配置是一个 Ethernet 接口及 Token Ring 接口，支持低速租用线路或拨号连接，一般这种路由器应尽量简单，易于配置和管理。例如，Cisco 2500 系列以下的路由器就属于低端路由器。

2．按路由器的结构分类

按路由器的结构分类，路由器可分为模块化结构与非模块化结构。通常，中高端路由器为模块化结构，低端路由器为非模块化结构。

3．按路由器在网络中的位置分类

按路由器在网络中的位置分类，路由器可分为核心路由器与接入路由器。

核心路由器位于网络中心，通常使用高端路由器，要求快速的包交换能力与高速的网络接口，通常是模块化结构。

接入路由器位于网络边缘，通常使用中低端路由器，要求相对低速的端口以及较强的接入控制能力。

4．按路由器的功能分类

按路由器的功能分类，路由器可分为通用路由器与专用路由器。

一般所说的路由器为通用路由器。专用路由器通常为实现某种特定功能对路由器接口、硬件等作专门优化。例如，接入服务器用作接入拨号用户，增强 PSTN 接口以及信令能力；增强 VPN（路由器增强隧道）处理能力以及硬件加密；宽带接入路由器强调宽带接口数量及种类。

5．按路由器的性能分类

按路由器的性能分类，路由器可分为线速路由器以及非线速路由器。

通常线速路由器是高端路由器，能以媒体速率转发数据包；中低端路由器是非线速路由器。但是，一些新的宽带接入路由器也有线速转发能力。

路由器分类方法还有很多种，而且随着 Internet 和企业网络的发展，以及路由器技术的发展，还会出现越来越多的分类方法。

6.1.4 Cisco 路由器的用户界面及命令模式

Cisco 路由器的用户界面与其他计算机的不同，用户界面配置命令及其模式与交换机类似，路由器也有许多命令模式。表 6-1 给出了 6 种命令模式。

表 6-1　6 种 CLI 命令模式

模　式	访 问 方 法	提 示 符	退 出 方 法	用　途
用户模式（User EXEC）	一个进程的开始	Router>	输入 logout 或 quit	改变终端设置，执行基本测试，显示系统信息
特权用户模式（Priviledged EXEC）	在 User EXEC 模式中输入 enable 命令	Router #	输入 disable 退出	校验输入的命令，该模式有密码保护
全局配置模式（Global Configuration）	在 Privileged EXEC 模式中输入 configure 命令	Router (config)#	输入 exit, end 或按下【Ctrl+Z】组合键，返回至 Privileged Exec 模式	将配置的参数应用于整个路由器
端口配置模式（Interface Configuration）	在 Global configuration 模式中，输入 Interface 命令	Router (config–if)#	输入 exit 返回至 Global configuration 模式，按下【Ctrl+Z】组合键或输入 end 返回至 Privileged Exec 模式	为 Ethernet interfaces 配置参数
虚拟局域网模式（Vlan DataBase）	在 Privileged Exec 模式中输入 VLAN database 命令	Router (vlan)#	输入 exit 返回至 Global configuration 模式，按下【Ctrl+Z】键或输入 end 返回至 Privileged Exec 模式	配置 VLAN 参数
进程配置模式（Line Configuration）	在 Global configuration 模式中，为 Line vty or line console 命令指定一行	Router (config–line)#	输入 exit 返回至 Global configuration 模式，按下【Ctrl+Z】键或输入 end 返回至 Privileged Exec 模式	为 terminal line 配置参数

不管是哪种命令模式，都不必为路由器输入完整的命令，只要输入足以标识唯一的命令字母，路由器就可以接受命令。例如：

```
Router#wri t
```

该命令是 write terminal 的缩写，在屏幕上显示路由器的配置命令。

假设已经在预先配置的路由器控制台上连接了终端，将会出现密码，显示如下：

```
Router>
```

此时，便可开始输入命令。在 Cisco 路由器用户界面中有两级用户密码，即两级访问权限：用户级和特权级。第一级访问允许查看路由器的状态，叫做普通用户模式（User EXEC）。第二级访问叫做特权模式（Privileged EXEC）。在这种模式下，可以查看路由器的配置、改变配置和运行调试命令。特权模式又叫做 Enable 模式，因为进入了特权模式，必须输入 enable 命令，后面紧跟着输入正确的密码。操作如下：

```
Router>enable Press the Enter key
Password: Supply the Enable password,then press Enter
Router#
```

现在，命令提示符已经变成了#，这表明此时处于 Enable 特权模式。

普通用户模式又叫做查看模式，能够用 show 和 debug 命令，这种模式允许检查接口状态、协议和其他与路由器相关的项。第一次登录后，路由器就进入这种模式。第二种模式又叫做配置模式，这种模式状态下，允许修改当时正在运行的路由器的配置。只有获得 enable 特权之后，才能进入配置模式。

在任何模式下，可以用"？"获得该模式下可执行的命令及简单解释。在任何时候都可以输入"？"键，来寻求下面该输入什么。

如果路由器是第一次启动，在路由器内没有配置，路由器在启动后会出现很多提示，最后为与下面的提示相似的 Setup 画面：

```
...
Notice: NVRAM invalid, possibly due to write erase.
        --- System Configuration Dialog ---
Would you like to enter the initial configuration dialog? [yes/no]:
```

这时按【Ctrl+C】组合键退出 Setup 会话。(如果多按了【Enter】键，路由器可能在 Setup 会话的其他提示处等待输入，也一样按【Ctrl+C】组合键退出会话)。

按【Ctrl+C】组合键后路由器输出一些提示，最后提示：

```
Press RETURN to get started!
```

这时按【Enter】键，进入用户 EXEC 命令行状态，提示：

```
Router>
```

6.1.5　路由器的常用命令

路由器的配置命令与交换机类似。

1．帮助命令

在 IOS 操作中，无论任何状态和位置，都可以输入"？"得到系统的帮助。

2．改变路由器任务的命令

改变路由器任务的命令如表 6-2 所示。

表 6-2　改变路由器任务的命令

任　　务	命　　令
进入特权命令状态	enable
退出特权命令状态	disable
进入设置对话状态	setup
进入全局设置状态	config terminal
退出全局设置状态	end
进入端口设置状态	interface type slot/number
进入子端口设置状态	interface type number.subinterface [point–to–point	multipoint]
进入线路设置状态	Line type slot/number
进入路由设置状态	Router protocol
退出局部设置状态	exit

3．显示命令

路由器的显示任务命令如表 6-3 所示。

表 6-3　路由器的显示任务命令

任　　　务	命　　　令
查看版本及引导信息	show version
查看运行设置	show running-config
查看开机设置	show startup-config
显示端口信息	show interface type slot/number
显示路由信息	show ip router

4．路由器的复制命令

路由器的复制命令（copy）是从 tftp 服务器复制设置文件或把设置文件复制到 tftp 服务器上，主要用于 IOS 及 CONFIG 的备份和升级。路由器复制命令的格式及其应用如图 6-4 所示。

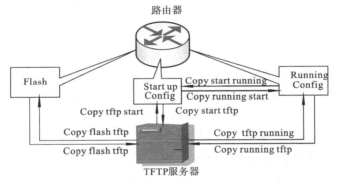

图 6-4　路由器复制命令配置格式及应用示意图

5．网络命令

路由器的网络命令如表 6-4 所示。

表 6-4　路由器的网络命令

任　　　务	命　　　令
登录远程主机	telnet hostname|IP address
网络侦测	ping hostname|IP address
路由跟踪	trace hostname|IP address

6．基本设置命令

路由器的基本设置命令如表 6-5 所示。

表 6-5　路由器的基本设置命令

任　　　务	命　　　令
全局设置	config terminal
设置访问用户及密码	username username password password
设置特权密码	enable secret password
任务	命令

续表

任　　务	命　　令
设置路由器名	hostname name
设置静态路由	ip route destination subnet-mask next-hop
启动 IP 路由	ip routing
启动 IPX 路由	ipx routing
端口设置	interface type slot/number
设置 IP 地址	ip address address subnet-mask
设置 IPX 网络	ipx network network
激活端口	no shutdown
物理线路设置	line type number
启动登录进程	login [local|tacacs server]
设置登录密码	password password

6.2　路由器的连接

一个内部局域网要与外部的广域网连接，一般是通过路由器来实现的。路由器的接口类型非常多，不同的接口用于不同的网络连接，如果不清楚路由器端口的作用，就很可能导致网络连接不正确，网络不通。下面通过对路由器的几种网络连接形式来进一步理解各种端口的连接应用环境。路由器的硬件连接因端口类型不同，主要分为与局域网设备之间的连接、与广域网设备之间的连接以及与配置设备之间的连接 3 种类型。

1．路由器与局域网交换设备之间的连接

局域网设备主要是指集线器与交换机，交换机通常使用的端口只有 RJ-45 和 SC，而集线器使用的端口则通常为 AUI、BNC 和 RJ-45。路由器和交换机进行连接时，在物理上可以把路由器看做是一台普通的计算机，通过双绞线将路由器连接到交换机的任何一个端口。

（1）RJ-45 to RJ-45：如果路由器和集线设备均提供 RJ-45 端口，那么，可以使用双绞线将交换设备和路由器的两个端口连接在一起。应该注意的是，与集线设备之间的连接不同，路由器和集线设备之间的连接使用的是直通线，而集线设备之间的级联通常是通过级联端口进行的，而路由器与集线器或交换机之间的互连是通过普通端口进行的。另外，路由器和集线设备端口通信速率应当尽量匹配，也可以使集线设备的端口速率高于路由器的速率，并且最好将路由器直接连接至交换机，如图 6-5 所示。

（2）AUI to RJ-45：如果路由器仅拥有 AUI 端口，而集线设备提供的是 RJ-45 端口，则必须借助于 AUI to RJ-45 收发器才可实现两者之间的连接。收发器与集线设备之间的双绞线跳线也必须使用直通线，如图 6-6 所示。

（3）SC to RJ-45 或 SC to AUI：这种情况一般是路由器与交换机之间的连接，如交换机只拥有光纤端口，而路由设备提供的是 RJ-45 端口或 AUI 端口，那么必须借助于 SC to RJ-45 或 SC to AUI 收发器才可实现两者之间的连接。收发器与交换机设备之间的双绞线跳线同样必须使用直通线，这种情况是比较少见。

2. 路由器与外部广域网的连接

（1）异步串行口连接：异步串口主要是用来与 Modem 设备连接，用于实现远程计算机通过公用电话网拨入局域网络。除此之外，也可用于连接其他终端。当路由器通过电缆与 Modem 连接时，必须使用 RJ-45 to DB-25 或 RJ-45 to DB-9 适配器来连接。路由器与 Modem 或终端的连接如图 6-7 所示。

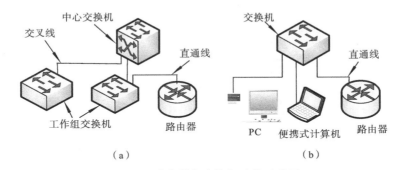

（a）　　　　　　　　　　　　　（b）

图 6-5　路由器与交换机连接示意图

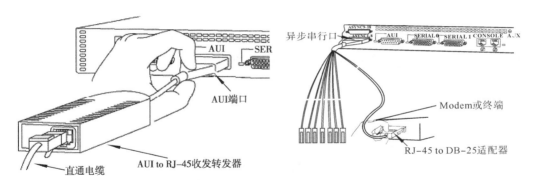

图 6-6　AUI 端口 RJ-45 端口的连接　　　图 6-7　路由器与 Modem 或终端的连接示意图

（2）同步串行口连接：在路由器中所能支持的同步串行端口类型比较多，如 Cisco 系统就可以支持 5 种不同类型的同步串行端口，分别是 EIA/TIA-232 电缆接口、EIA/TIA-449 电缆接口、V.35 电缆接口、X.21 串行电缆接口和 EIA-530 电缆接口。图 6-8 所示为 5 种不同类型的同步串行接口。

EIA/TIA 232 有时又被称作 RS-232 C.RS（Recommended Standard）代表推荐标准（EIA 制定的标准一般都被冠以 RS），232 是标识号，C 代表 RS-232 的最新一次修改。它是由是美国电子工业协会/电信工业协会（Electronic Industries Association/ Telecommunications Industries Association，EIA/TIA）在 1969 年公布的通信协议标准。它最初主要用于近距离的 DTE 和 DCE 设备之间的通信，后来被广泛用于计算机的串行接口（COM1、COM2 等）与终端或外设之间的近地连接标准。该标准在数据传输速率 20 kbit/s 时，最长的通信距离为 15 m。该标准对应的国际标准是 CCITT 推荐的标准 V.24。RS-323 C 可以有多种类型的连接器（接口），如 25 针连接器（DB-25）、15 针连接器（DB-15）和 9 针连接器（DB-9），其中以 DB-25、DB-9 最为常见。

一般来说，适配器连线的两端采用不同的外形，带插针之类的适配器一端称之为"公头"，而带有孔的适配器一端通常称之为"母头"，这主要是考虑到连接的紧密性。不论哪种类型的接口，孔端（母头）连接器用来连接 DTE（Data Terminal Equipment，数据终端设备）设备、针端连接器用来连接 DCE（Data Communications Equipment，数据通信设备）设备。图 6-9 所示为同步串行口与 Internet 接入设备连接示意图。

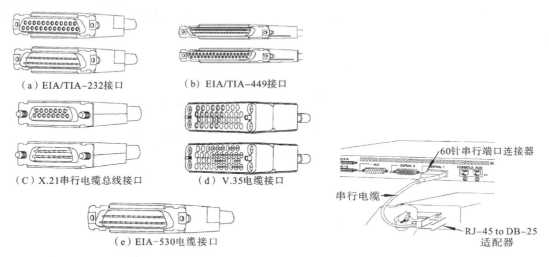

（a）EIA/TIA-232接口　　（b）EIA/TIA-449接口

（c）X.21串行电缆总线接口　　（d）V.35电缆接口

60针串行端口连接器

串行电缆

RJ-45 to DB-25
适配器

（e）EIA-530电缆接口

图 6-8　五种同步串行口　　　　图 6-9　同步串行与 Internet 接入设备连接图

路由器通过同步串行口与外部网连接的典型连接方法如图 6-10 所示。

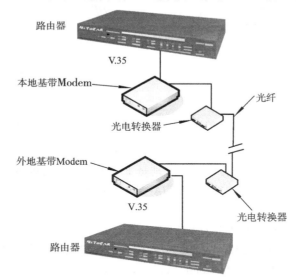

路由器

V.35

本地基带Modem

光电转换器

光纤

外地基带Modem

V.35

光电转换器

路由器

图 6-10　路由器通过同步串行口与外部网的连接示意图

（3）ISDN BRI 端口连接：Cisco 路由器的 ISDN BRI 模块一般可分为两类，一是 ISDN BRI S/T 模块，二是 ISDN BRI U 模块，前者必须与 ISDN 的 NT1 终端设备一起才能实现与 Internet 的连接，因为 S/T 端口只能接数字电话设备，不适用当前现状，但通过 NT1 后就可连接现有的模拟电话设备，连接图如图 6-2 所示。ISDN BRI U 模块由于内置有 NT1 模块，被称之为"NT1+"终端设备，它的"U"端口可以直接连接模拟电话外线，因此，无须再外接 ISDN NT1，可以直接连接至电话线墙板插座。

6.3　路由器的配置

6.3.1　路由器的基本设置方式

一般来说，可以用 5 种方式来设置路由器，如图 6-11 所示。

1. 通过 Console 端口配置

将计算机的串口直接通过 Console 线（交叉线或称为翻转线）与端口接 PC 终端或运行终端仿真软件的微机，通过 Console 端口进行配置。这种方式是用户对路由器的主要配置方式，如图 6-12 所示。

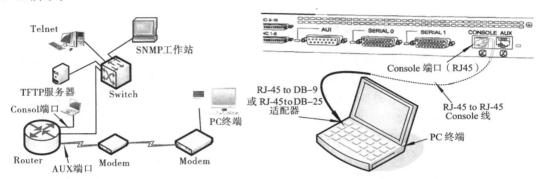

图 6-11　路由器的 5 种配置方式示意图　　图 6-12　路由器通过 Console 线与计算机连接示意图

2. 通过 AUX 端口连接 Modem 进行远程配置

当欲通过电话线与远方的 PC 终端相连接可实现远程配置。AUX 端口与 Modem 的连接如图 6-13 所示。

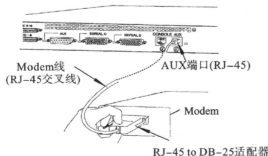

图 6-13　路由器通过 AUX 端口和 Modem 配置路由器

3. 通过 Telnet 方式进行配置

通过 Ethernet 上的 Telnet 程序方式对路由器进行配置。这种方式可以在网络中任何位置对路由器进行配置，但是要有配置的权限，同时也需要计算机支持 Telnet。

4. 从网络 TFTP 服务器配置路由器

通过 Ethernet 上的 TFTP（Trivial File Transfer Protocol）服务器配置路由器。从 TFTP 服务

器上下载路由器配置文件。可以用纯文本编辑器来编辑路由器配置文件，并将其放置在 TFTP 服务器的根目录下，采用手工方式或 AutoInstall 方式下载路由器配置文件。

当 Cisco 路由器大量生产出来时，就定义了所有路由器的基本配置，并且每个位置上都拥有可修改的 IP 地址。如果每次安装新的路由器，这个基本配置都能够从网络服务器上加载到每个路由器中，安装配置就简单多了。

TFTP 是简单的文件传输协议，但它不如 FTP 复杂，功能也不丰富。这是因为 TFTP 使用 UDP，而不是使用 TCP，它几乎没有安全性、用户身份验证或者是端对端的可靠性。

5. 通 SNMP 网管工作站配置路由器

通过可运行网络管理软件的网管工作站配置路由器，如至少有一台运行 Cisco 的 Ciscowork、HP 的 Open View 等。

6.3.2 路由器的初始配置

一台新购置的路由器，由于没有配置文件，需要进行初始配置。但路由器的第一次设置必须通过第一种方式进行，即通过 Console 端口配置,此时终端的硬件设置如下：波特率为 9 600、数据位为 8、停止位为 1、奇偶校验为"无"。接好路由器的控制台，先打开终端电源，打开路由器的电源，路由器初始化，即：ROM 执行上电自检，检测 CPU、内存、接口电路；将操作系统装入主内存等操作；NVRAM 中存储的配置文件装载到主内存并执行，配置启动路由进程，提供接口地址，设置介质特性。如果 NVRAM 中设有有效的配置文件，则进入 Setup 会话模式，然后进入系统配置会话，显示配置信息，如每个接口的配置信息。当 NVRAM 中没有有效的配置文件时，路由器会自动进入 Setup 会话模式。以后也可在命令行敲入 Setup 进行配置。

Setup 命令是一个交互方式的命令，每一个提问都有一个默认配置，如果用默认配置，则直接按【Enter】键即可。如果系统已经配置过，则显示目前的配置值。如果是第一次配置，则显示出厂设置。当屏幕显示"------ More ------"，按空格键后继续显示信息；若从 Setup 中退出，只要输入【Ctrl+C】组合键即可。

1. 路由器接通电源初始化

当路由器初始化结束后，首先显示的是 Cisco 路由器的一些版本信息、版权信息和加载 IOS 的过程等。所显示的信息如下：

```
System Bootstrap, Version 11.3(1)XA, PLATFORM SPECIFIC RELEASE SOFTWARE (fc1)
Copyright (c) 1998 by cisco Systems, Inc.
C2600 platform with 32768 Kbytes of main memory

rommon 1 b f
program load complete, entry point: 0x80008000, size: 0xef4e0
…
Notice: NVRAM invalid, possibly due to write erase.
program load complete, entry point: 0x80008000, size: 0x415b20
…
Use, duplication, or disclosure by the Government is
subject to restrictions as set forth in subparagraph
(c) of the Commercial Computer Software - Restricted
Rights clause at FAR sec. 52.227-19 and subparagraph
```

```
(c) (1) (ii) of the Rights in Technical Data and Computer
Software clause at DFARS sec. 252.227-7013.

        Cisco Systems, Inc.
        170 West Tasman Drive
        San Jose, California 95134-1706


 Cisco Internetwork Operating System Software
IOS (tm) C2600 Software (C2600-JS-M), Version 11.3(2)XA,
PLATFORM SPECIFIC RELEASE SOFTWARE (fc1)
Copyright (c) 1986-1998 by cisco Systems, Inc.
Compiled Tue 10-Mar-98 14:18 by rnapier
Image text-base: 0x80008084, data-base: 0x809CD49C


cisco 2611 (MPC860) processor (revision 0x100) with 24576K/8192K bytes of
memory.
Processor board ID 04614954
M860 processor, part number 0 mask 32
Bridging software.
X.25 software, Version 3.0.0.
2 Ethernet/IEEE 802.3 interface(s)
3 Serial network interface(s)
32 terminal line(s)
DRAM configuration parity is disabled.
32K bytes of non-volatile configuration memory.
8192K bytes of processor board System flash (Read/Write)


        --- System Configuration Dialog ---

At any point you may enter a question mark '?' for help.
```
//这是告诉你在设置对话过程中的任何地方都可以输入 "？" 得到系统的帮助。
```
Use ctrl-c to abort configuration dialog at any prompt.
```
//按 ctrl-c 可以退出设置过程。
```
Default settings are in square brackets '[]'.
```
//缺省设置将显示在 '[]' 中。

2．开始路由器的初始配置对话

当出现下面信息时，开始路由器的初始配置。
```
Would you like to enter the initial configuration dialog? [yes/no]:y
```
//如果按【y】或【Enter】键，路由器就会进入设置对话过程

若回答 no，即终止 AutoInstall，就进入了 Cisco IOS 软件的命令行界面（CLI）。

3．观察当前端口的有关信息

当前端口的有关信息如下：
```
First, would you like to see the current interface summary? [yes/no]:
```
//首先你可以看到各端口当前的状况

Any interface listed with OK? Value" NO" does not have a valid configuration

下面所显示的端口编号取决于 Cisco 模块化路由器的平台。本例显示的是某个 Cisco2600 系列的路由器。

Interface	IP-Address	OK?	Method	Status	Protocol
Ethernet0/0	unassigned	NO	unset	up	up
Serial0/0	unassigned	NO	unset	down	down
BRI0/0	unassigned	NO	unset	up	up
Serial0/1	unassigned	NO	unset	up	down
Serial0/2	unassigned	NO	unset	up	down

4. 路由器就开始全局参数的设置

全局参数的设置如下：

（1）设置路由器名，如"router"。

Enter host name [Router]: router
The enable secret is a password used to protect access to privileged EXEC
and configuration modes.This password,after entered ,becomes encrypted in
configuration.

（2）设置路由器的一级密码(secret)，如"password"。

Enter enable secret: password
The enable password is used when you do not specify an enable secret password,
with some older software versions, and some boot images.

（3）设置进入特权状态的二级密码(password)，如"guessme"。

Enter enable password:guessme

The virtual terminal password is used to protect access to the router over
a network interface.

（4）输入虚拟终端访问时的密码(以备远程登录)，如"guessagain"。

Enter virtual terminal password:guessagain

（5）根据网络规划完成下面的配置：

Configure SNMP Network Management? [yes]:
//配置简单网管吗?选"N"
Community string [public]:
Configure LAT? [no]:
Configure AppleTalk? [no]:n
Configure DECnet? [no]:n
Configure IP? [yes]:y
//配置 IP 吗?选 y
Configure IGRP routing? [yes]:n
//配置 IGRP 路由选择协议吗?选 n
Your IGRP autonomous system number [1]:15

注意：若对 IGRP 协议回答 no，则将会提示配置 RIP 协议。

Configure RIP routing? [no]:n
//配置 RIP 路由协议吗?选 n

```
Configure CLNS? [no]:
Configure IPX? [no]:yes
Configure XNS? [no]:
Configure Apollo? [no]:
Configure bridging? [no]:n
```
//配置桥接吗?选 n

（6）配置 ISDN Basic Rate Interface(BRI)模块使用的交换类型:

如果路由器包含了 ISDN BRI 端口，就输入 BRI 模式使用的交换类型。

```
BRI interface needs isdn switch-type to be configured
Valid switch types are :
    [0] none..........Only if you don't want to configure BRI
    [1] basic-1tr6....1TR6 switch type for Germany
    [2] basic-5ess....AT&T 5ESS switch type for the US/Canada
    [3] basic-dms100..Northern DMS-100 switch type for US/Canada
    [4] basic-net3....NET3 switch type for UK and Europe
    [5] basic-ni.....National ISDN switch type
    [6] basic-ts013...TS013 switch type for Australia
    [7] ntt..........NTT switch type for Japan
    [8] vn3..........VN3 and VN4 switch types for France
```

注意： 国内交换机的交换类型一般为 basic-net3。

```
Choose ISDN BRI Switch Type [2]:4
```

（7）如果配置的是拨号访问路由器，系统还会设置异步口的参数。若想让用户通过集成 Modem 拨入，必须配置异步串行线路。

```
Async lines accept incoming modems calls. If you will have users dialing in
via modems, configure these lines.
Configure Async lines? [yes]:n
```
//配置异步线路吗?选 n
```
Async line speed [115200]:
```
//设置线路的最高速度

注意： Cisco 建议不要修改该速度。

```
Will you be using the modems for inbound dialing? [yes]:
```
//你是否在拨入时使用调制解调器?

注意： 如果异步端口将使用相同的基本配置参数，Cisco 推荐在下一步的提示中回答 yes。这样使所使用的调制解调器作为一个组来配置。否则,将需要单独对每个端口进行配置。

```
Allow dial-in users to choose a static IP addresses? [no]:
    Configure for TCP header compression? [yes]:
    Configure for routing updates on async links? [no]:
Enter the starting address of IP local pool? [X.X.X.X]:192.20.30.40
```

注意： 应确保 IP 地址都处于同一个子网。

```
Enter the ending address of IP local pool? [X.X.X.X]: 192.20.30.88
You can configure a test user to verify that your
```

```
dial-up service is working properly
What is the username of the test user? [user]:
What is the password of the test user? [passwd]:
Will you be using the modems for outbound dialing? [no]:
```

5. 配置端口参数

Setup 过程下面的提示取决于网络模块和 WAN 接口卡在路由器上的位置。

（1）Ethernet 接口配置。对网络端口的配置，主要是配置其 IP 地址和子网掩码。

```
Do you want to configure Ethernet0/0 interface [yes]:y
```
//是否想配置 Ethernet0/0 接口？选 y
```
Configure IP on this interface? [yes]:y
```
//在这个接口上配置 IP 吗？选 Y
```
IP address for this interface: 172.20.1.1
```
//配置该接口的 IP 地址：172.20.1.1
```
Subnet mask for this interface [255.255.0.0]:
```
//配置该接口的子网掩码.（默认的是 255.255.0.0,可以手工输入修改）
```
Class B network is 172.20.0.0, 30 subnet bits, mask is /30
Configure IPX on this interface? [no]:y
IPX network number [1]:
Need to select encapsulation type
    [0] sap (IEEE 802.2)
    [1] snap (IEEE 802.2 SNAP)
    [2] arpa (Ethernet_II)
    [3] novell-ether (Novell Ethernet_802.3)
Enter the encapsulation type [2]:
```

（2）FastEthernet 接口配置。

```
Do you want to configure FastEthernet0/0 interface [yes]:y
```
//配置 FastEthernet0/0 接口？选择 y
```
Use the 100 Base-TX (RJ-45) connector? [yes]:y
```
//是否使用 100 Base-TX (RJ-45)连接器？选择 y
```
Operate in full-duplex mode? [no]:y
```
//是否使用全双工模式？选择 y
```
Configure IP on this interface? [no]:y
```
//在这个接口上配置 IP 吗？选择 y
```
IP address for this interface: 172.20.1.3
```
//配置该接口的 IP 地址
```
Number of bits in subnet field [0]:
Class B network is 172.20.0.0 ,30 subnet bits, mask is /30
Configure IPX on this interface? [yes]:
    IPX network number [1]:
  Need to select encapsulation type
    [0] sap (IEEE 802.2)
    [1] snap (IEEE 802.2 SNAP)
    [2] arpa (Ethernet_II)
    [3] novell-ether (Novell Ethernet_802.3)
  Enter the encapsulation type [2]:
```

（3）令牌环(Token Ring Interface)接口的配置。

```
Do you want to configure TokenRing0/0 interface? [yes]:
Tokenring ring speed (4 or 16)? [16]:
Configure IP on this interface? [yes]:
    IP address for this interface: 172.20.2.1
    Subnet mask for this interface [255.255.0.0]:
    Class B network is 172.2.0.0, 30 subnet bits; mask is /30
Configure IPX on this interface? [no]:y
    IPX network number [1]:
    Need to select encapsulation type
        [0] sap (IEEE 802.2)
        [1] snap (IEEE 802.2 SNAP)
    Enter the encapsulation type [0]:
```

（4）串行端口(Serial Interface)的配置。

```
Do you want to configure Serial0/0 interface? [yes]:y
```
    //配置 Serial0/0 接口吗?选择 Y
```
    Some encapsulations supported are
    ppp/hdlc/frame-relay/lapb/atm-dxi/smds/x25
Choose encapsulation type [ppp]:
```
//选择封装方式，或根据与路由器相连选用的封装类型来决定用什么样的封装类型，默认方式是 PPP。所谓封装就是指用特定协议头部信息对数据打包成帧的过程。在配置路由器时，对 PPP 或 HDLC 封装，不需要作进一步的配置
```
No serial cable seen.
Choose mode from (dce/dte) [dte]:
```

注意：因为路由器上没有连串口线,所以必须说明该端口是用作 DTE 还是 DCE。如果已经连接串口线, Setup 命令会检测设备 DTE/DCE 的状态。若串行电缆是 DCE,会出现下面的提示:

```
Serial interface needs clock rate to be set in dce mode.
The following clock rates are supported on the serial interface.
    0
    1200, 2400, 4800, 9600, 19200, 38400
    56000, 64000, 72000, 125000, 148000, 500000
    800000, 1000000, 1300000, 2000000, 4000000, 8000000

 Choose clock rate from above: [2000000]:
 Configure IP on this interface? [yes]:
    IP address for this interface:172.20.2.5
    Subnet mask for this interface [255.255.0.0]:
    Class B network is 172.20.0.0, 30 subnet bits; mask is /30
Configure IPX on this interface? [no]: yes
IPX network number [30]:
```

① 帧中继封装(Frame Relay Encapsulation)。

```
The following lmi-types are available to be set, when connected to a frame
relay switch.
```
//当连接帧中继交换机时,下面是可以设置的 LMI 标准

```
        [0] none
        [1] ansi
        [2] cisco
        [3] q933a
    Enter lmi-type [2]:
```

注意： 如果将本地管理端口(Local Management Interface, LMI)类型指定为 none, 则 Setup 命令只为设备提示数据链路连接提示(data-link connection identifie, DLCI)类型标识号。如果使用默认值或指定另外的 LMI 类型, DLCI 类型标识号将由指定的协议提供。

```
Enter the DLCI number for this interface [16]:
//输入该接口的 DLCI 编号[16]:
Do you want to map a remote machine's IP address to dlci? [yes]:
//是否要影射远程机器的 IP 地址到 DLCI? [yes]:
IP address for the remote interface:2.0.0.2
//远程接口的 IP 地址: 2.0.0.2
Do you want to map a remote machine's IPX address to dlci? [yes]:
//是否要影射远程机器的 IPX 地址到 DLCI? [yes]:
IPX address for the remote interface:40.1234.5678
//远程接口的 IPX 地址: 40.1234.5678
Serial interface needs clock rate to be set in dce mode.
The following clock rates are supported on the serial interface.
    0
    1200, 2400, 4800, 9600, 19200, 38400
    56000, 64000, 72000, 125000, 148000, 500000
    800000, 1000000, 1300000, 2000000, 4000000, 8000000

choose speed from above: [2000000]:1200
Configure IP on this interface? [yes]:
  IP address for this interface:2.0.0.1
  Subnet mask for this interface [255.0.0.0]:
  Class A network is 2.0.0.0, 8 subnet bits; mask is /8
If IPX is configured on the router, the setup command facility prompts for
the IPX map:
Do you want to map a remote machine's IPX address to dlci? [yes]:
  IPX address for the remote interface:40.0060.34c6.90ed
```

② LAPB 封装（LAPB Encapsulation）。

```
  lapb circuit can be either in dce/dte mode.
  Choose either from (dce/dte) [dte]:
```

③ X.25 封装(X.25 Encapsulation)。

```
X.25 circuit can be either in dce/dte mode.
//X.25 电路能用 dce/dte 模式中的任何一个
Choose from either dce/dte [dte]:
//选择 dce 或 dte,默认 dte
Enter local X.25 address:1234
//输入本地 X.25 地址,如 1234
```

We will need to map the remote x.25 station's X.25 address to the remote
stations IP/IPX address.
//需要影射远程 x.25 站点的 X.25 地址到远程站点 IP/IPX 地址
Enter remote X.25 address:4321
　//输入远程 X.25 地址,如 4321
Do you want to map the remote machine's X.25 address to IP address? [yes]:
//是否要影射远程机器的 x.25 地址到 IP 地址? [yes]:
IP address for the remote interface:2.0.0.2
//远程接口 IP 地址: 2.0.0.2
Do you want to map the remote machine's x.25 address to IPX address? [yes]:
//是否要影射远程机器的 x.25 地址到 IPX 地址? [yes]:
IPX address for the remote interface:40.1234.5678
//远程接口 IPX 地址: 40.1234.5678
Enter lowest 2-way channel [1]:
//输入最低有通道[1]:
Enter highest 2-way channel [64]:
//输入最高有通道[64]:
Enter frame window (K) [7]:
//输入帧窗口
Enter Packet window (W) [2]:
//输入包窗口
Enter Packet size (must be powers of 2) [128]:

④ ATM-DXI 封装（ATM-DXI Encapsulation）。

Enter VPI number [1]:
Enter VCI number [1]:
Do you want to map the remote machine's IP address to vpi and vci's? [yes]:
//是否要影射远程机器的 IP 地址到 vpi 和 vci 的地址? [yes]:
IP address for the remote interface:2.0.0.2
//远程端口的 IP 地址是:2.0.0.2
Do you want to map the remote machine's IPX address to vpi and vci's? [yes]:
//是否要影射远程机器的 IPX 地址到 vpi 和 vci 的地址? [yes]:
IPX address for the remote interface:40.1234.5678
//远程端口的 IPX 地址是: 40.1234.5678

⑤ SMDS 封装（SMDS Encapsulation）。

Enter smds address for the local interface:c141.5556.1415
//输入本地接口的 smds 地址:c141.5556.1415
We will need to map the remote smds station's address
　to the remote stations IP/IPX address
//需要影射远程 smds 站点地址到远程站点 IP/IPX 地址
Enter smds address for the remote interface:c141.5556.1414
//输入远程接口的 smds 地址:c141.5556.1414
　Do you want to map the remote machine's smds address to IP address? [yes]:
//是否要影射远程机器的 smds 地址到 IP 的地址?
IP address for the remote interface:2.0.0.2
//远程接口的 IP 地址: 2.0.0.2

```
Do you want to map the remote machine's smds address to IPX address? [yes]:
```
//是否要影射远程机器的 smds 地址到 IPX 的地址？
```
IPX address for the remote interface:40.1234.5678
```
//远程接口的 IPX 地址：47.1234.5678

⑥　串行 Cisco IOS 命令生成(Serial Cisco IOS Commands Generated)。

下面是 Cisco IOS 命令生成的典型的串行配置的例子：
```
interface Serial0/0
encapsulation ppp
clock rate 2000000
ip address 2.0.0.1 255.0.0.0
```

（5）异步/同步串行接口配置。
```
Do you want to configure Serial1/0 interface? [yes]:
```
//是否要配置串行 1/0 接口？
```
Enter mode (async/sync) [sync]:
```
//输入模式(异步/同步) [sync]:

① 同步模式的配置(Synchronous Configuration)。

如果选择同步模式,就会在屏幕上显示与下面类似的信息：
```
Do you want to configure Serial1/0 interface? [yes]:
```
//是否要配置串行 1/0 接口？ [yes]:
```
Enter mode (async/sync) [sync]:sync
```
//输入模式(异步/同步) [sync]:sync
```
Some supported encapsulations are
  ppp/hdlc/frame-relay/lapb/x25/atm-dxi/smds
```
//一些支持的封装是 ppp/hdlc/ frame-relay（帧中继）/lapb/x25/atm-dxi/smds
```
  Choose encapsulation type [hdlc]:
```
//选择封装类型[hdlc]:

注意：对 PPP 和 HDLC 封装而言，下面为每种封装类型提示了描述信息,不需要进一步地的配置。
```
No serial cable seen.
```
//没有所看见的串行电缆。
```
Choose mode from (dce/dte) [dte]:
```
//从(dce/dte)中选择模式类型[dte]:

注意：如果没有电缆线连接到路由器，就需要说明接口是否需要作为 DTE 或 DCE 被使用。如果电缆线连接到路由器,安装命令设备就可以确定 DTE/DCE 的状态。如果串行线是 DCE，就会看见下列的提示：
```
Configure IP on this interface? [no]:yes
```
//在该接口上配置 IP 吗? 选择 yes
```
Configure IP unnumbered on this interface? [no]:no
```
//在该接口上配置动态 IP 吗? 选择 no
```
IP address for this interface:2.0.0.0
```
//该接口的 IP 地址是: 2.0.0.0

Subnet mask for this interface [255.0.0.0]:

//该接口的子网掩码是: 255.0.0.0

Class A network is 2.0.0.0, 8 subnet bits; mask is /8

Configure LAT on this interface? [no]:

//在该接口上配置 LAT 吗?

② 异步模式配置（Asynchronous Configuration）。

如果选择异步模式,就会在屏幕上显示与下面类似的信息。

Do you want to configure Serial1/1 interface? [yes]:

//是否要配置串行1/1 接口? [yes]:

Enter mode (async/sync) [sync]:async

//输入模式(异步/同步) [sync]:async

Configure IP on this interface? [yes]:

//是否在该端口配置 IP 地址? [yes]:

Configure IP unnumbered on this interface? [no]:yes

//是否在该端口上配置 IP 地址? [no] : yes

IP address for this interface: 2.0.0.0

//该端口的 IP 地址是: 2.0.0.0

Subnet mask for this interface [255.0.0.0]:

//该端口的子网掩硬驱是[255.0.0.0]:

Class A network is 2.0.0.0, 8 subnet bits; mask is /8

Configure LAT on this interface? [no]:

//在该端口上配置 LAT 吗? [no]:

Configure AppleTalk on this interface? [no]:

//在该端口上配置 AppleTalk 吗? [no]:

Configure DECnet on this interface? [no]:

//在该端口上配置 DECnet 吗? [no]:

Configure CLNS on this interface? [no]:

//在该端口上配置 CLNS 吗? [no]:

Configure IPX on this interface? [no]:yes

//是否在该端口上配置 IPX? [no]:yes

IPX network number [8]:

//IPX 网络号是[8]:

Configure Vines on this interface? [no]:

//在该端口上配置 Vines 吗? [no]:

Configure XNS on this interface? [no]:

//在该端口上配置 XNS 吗? [no]:

Configure Apollo on this interface? [no]:

//在该端口上配置 Apollo 吗? [no]:

6. 完成配置

当根据 setup 安装命令解释程序的提示输入了所有信息时,系统会显示出所有的配置信息。例如, Cisco 2600 系列、Cisco 3600 系列和 Cisco 3700 系列路由器就会显示出"配置例子"。

完成路由器的配置, 还要完成下列工作:

（1）安装命令程序提示信息询问是否要保存本配置。

若回答"no",则所进入的配置信息就不被保存,并且返回到路由器启用提示符(2600 #)。安装程序返回到系统配置对话状态。

若回答"yes",则本配置就保存在 NVRAM 中,并且返回到用户配置模式(2600>)。

```
Use this configuration? {yes/no}:yes
Building configuration...
Use the enabled mode 'configure' command to modify this configuration.
Press RETURN to get started!

%LINK-3-UPDOWN: Interface Ethernet0/0, changed state to up
%LINK-3-UPDOWN: Interface Ethernet0/1, changed state to up
%LINK-3-UPDOWN: Interface Serial0/0, changed state to up
%LINK-3-UPDOWN: Interface Serial0/1, changed state to down
%LINK-3-UPDOWN: Interface Serial0/2, changed state to down
%LINK-3-UPDOWN: Interface Serial1/0, changed state to up
%LINK-3-UPDOWN: Interface Serial1/1, changed state to down
%LINK-3-UPDOWN: Interface Serial1/2, changed state to down
...
```

（2）当屏幕上的信息停止滚动时，按【Enter】键返回 2600>提示符。

（3）2600>提示符表示现在处于命令行接口(CLI)，并且已经进行了路由器的基本配置，但是还没有完成配置。这里有两种选择：

① 再一次运行 setup 命令，建立另一个配置。

```
2600>enable
Password:password
2600#setup
```

② 在命令行界面模式中修改现存的配置或配置具有 CLI 的附加特征的功能。

6.3.3　路由器的命令行配置模式

路由器的配置工作大部分可以使用 setup 模式来完成，但是某些端口的配置无法用 setup 模式完成。可以使用随路由器或网络模块所带的软件，或使用命令行界面进行手工配置。所谓命令行界面，就是指在路由器的提示符下直接输入 Cisco IOS 命令。一般情况下，手工配置方式，更为灵活、方便和有效。

在开始配置路由器之前，应断开所有 WAN 电缆连接，以防止路由器试图运行 AutoInstall 过程。每次打开路由器电源开关时，若路由器 NVRAM 中没有保存合法的配置（如增加了新的端口），而又存在 WAN 两端的连接，路由器就试图运行 AutoInstall。AutoInstall 需要几分钟的时间来确定是否连接到远程的 TCP/IP 主机。

将 PC 连接到路由器 Console 口上，进入 Windows 9x 的超级终端方式，打开路由器的电源开关，就可以对路由器进行配置操作。

1．路由器的工作模式

在命令行状态下,主要有几种工作模式。表 6-1 给出了路由器的 6 种工作模式。

（1）用户模式（User EXEC）：或称为普通用户模式。从 Console 口或 Telnet 及 AUX 进入路由器时，首先要进入用户模式。在用户模式下，用户只能查看路由器的连接状态，访问其他网络和主机，用户也不能查看和配置路由器。用户只能运行少数的命令，默认的路由器提示符为：

Router>

如果设置了路由器的名字，若路由器的名字是 Route，则提示符为：

Router>

若路由器的名字是 2600，则提示符就为：

2600>

用 logout 命令退出。

（2）特权模式（Priviledged EXEC）：或称为超级权限模式。在默认状态上，特权模式下用户不但可以执行所有的用户命令，还可以查看和更改路由器的设置内容。但绝大多数命令用于测试网络，检查系统等，不能对端口及网络协议进行配置。在没有进行任何配置的情况下，默认的超级权限提示符为：

Router#

如果设置了路由器的名字，则提示符为：

路由器的名字#

由一般用户模式切换到超级权限模式输入：

enable

在没有任何设置下，输入该命令即可进入超级权限模式下，如果设置了密码，则需要输入密码。

使用 **exit** 或 **disable** 命令退出超级权限模式，返回 User EXEC 模式。

（3）全局配置模式（Global Configuration）：全局配置模式中可以配置路由器的全局性的参数，要进入全局配置模式，必须首先进入超级权限模式。然后，在超级权限模式下输入 config termainal 按【Enter】键即进入全局设置模式。其默认提示符为：

Router (config)#

如果设置了路由器的名字，则其提示符为：

路由器的名字(config)#

使用 exit 或 end 命令或按【Ctrl+Z】组合键命令退出全局配置模式,返回 Priviledged EXEC 模式。

下面介绍几个常用的全局配置命令：

① 配置路由器的名字。例如，hostname 路由器的名字：

hostname 2600

② 设置进入特权模式的密码。

enable password password
或 **enable secret** password

其中：*password* 为密码字符串。用 enable password 设置的密码是没有进行加密的，可以查看到密码字符串；用 enable secret 设置的密码是加密的，设置后无法查看到密码字符串。

注意：配置密码后，一定不要忘记，否则，要进入特权模式（超级权限模式）很麻烦，在某些情况下，除非重新回忆起密码，否则，就无法进入特权模式。

（4）局部配置模式：要进入局部设置模式，首先必须进入全局设置模式。路由器处于局部设置状态，这时可以设置路由器某个局部的参数。路由器的提示符为：Router(config-if)#、Router(config-line)#、Router(config-router)#等。

① 端口配置模式（Interface Configration）。

进入方法：在全局设置模式下，用 interface 命令进入指定的端口。

`Router(config)#`**`interface`**` interface-type interface-number`

即：路由器名`(config)#` **`interface`** 端口名（回车）

提示符：`Router(config-if)#`

在路由器中，高速同步串行口的号码由 0 开始，串行口 0 的端口名为 s0（或 serial0），串行口 1 的端口名为 s1（或 serial1），以太网口为 e0(或 ethernet0)。

【例 6-1】若要在名为 Router 的路由器上配置以太网口 0，则命令为：

`Router(config)#`**`interface`**` e0`

按【Enter】键后，配置计算机上显示为：

`Router(config-if)#`

② 子端口配置模式（Subinterface Configuration）。

进入方法：在端口配置模式下用 interface 命令进入指定子端口。

`Router(config-if)#`**`interface`**` interface-type interface-number.number`

提示符：`Router(config-subif)#`

③ 控制器配置模式（Controller Configuration）。

进入方法：在全局配置模式下，用 controller 命令配置 T1 或 E1 端口。

`Router(config)#`**`controller`**` e1 slot/por 或 number`

提示符：`Router(config-controller)#`

④ 集线器配置子模式（Hub Configuration）。

进入方法：在全局配置模式下，用 hub 命令指定具体的 hub 端口。

`Router(config)#`**`hub`**` Ethernet number port`

提示符：`Router(config-hub)#`

⑤ 线路配置子模式（Line Configuration）。

进入方法：在全局配置模式下，用 line 命令指定具体的 line 端口。

`Router(config)#`**`line`**` number 或{vty｜aux｜con} number`

提示符：`Router(config-line)#`

【例 6-2】配置 console 端口的命令。

```
line con 0
login
password password
```

注意：一般不要配置 console 端口的 login 及密码，否则一旦忘记，再进入路由器很麻烦。

⑥ 路由配置子模式（Router Configuration）。

进入方法：在全局配置模式下，用 router protocol 命令指定具体的路由协议。

`Router(config)#`**`router protocol`**` [option]`

提示符：`Router(config-router)#`

不同的局部配置模式有不同的提示符，假设路由器的名字为 Router，不同的局部配置模式的提示符如表 6-6 所示。

表 6-6 局部配置模式及其提示符

局部配置模式	提 示 符	说 明
Interface	Router(config)#	端口配置
Subinterface	Router(config-subif)#	子端口配置
Controller	Router(config-controller)#	控制器配置
Map-list	Router(config-map-list)#	影像表配置
Map-class	Router(config-map-class#	影像类配置
Line	Router(config-line)#	线路配置
Router	Router(config-router)#	路由配置
Ipx router	Router(config-ipx-router)#	Ipx 路由配置
Router map	Router(config-router-map)#	路由影像配置

在任何配置模式下输入 exit 命令，就会返回上一级模式。若在任何配置模式下输入全局配置命令（如 hostname），可自动回到全局配置模式。若按【Ctrl+Z】组合键或输入 end 命令，就会回到特权模式(Router#)。

当模式改变时，提示符也随之改变。

（5）SETUP 模式：SETUP 模式是用对话的方式，即一问一答的方式实现对路由器的配置，但这种方式只能对路由器进入简单的配置，无法实现进一步的配置。新路由器第一次进入配置时，系统会自动进入 SETUP 模式，并询问是否用 SETUP 模式进行配置。在任何时候，要进入 SETUP 模式，在超级权限模式下，输入 setup 命令，就可进入 SETUP 模式。

（6）引导（RXBOOT）模式：引导（RXBOOT）模式或称为 ROM 监视器模式。引导（RXBOOT）模式并非一种真正的 IOS 模式，在路由器出现问题时，有时可以 RXBOOT 模式解决。如果路由器试图引导，但却找不到一个合适的 IOS 映像可以运行时，就会自动进入 RXBOOT 模式。在 RXBOOT 模式中，路由器不能完成正常的功能，只能进行软件升级和手工引导。

在出现忘记了路由器的密码等问题时，有时可以用 RXBOOT 模式来解决。有两种方式可以进入 RXBOOT 模式。

方法 1：在路由器加电 60 s 内，在 Windows 的超级终端下，同时按【Ctrl+ Break】组合键 3～5 s 左右就进入 RXBOOT 模式。

方法 2：在全局设置模式下，输入 config-register 0x0 ，然后关闭电源重新启动，或在超级权限下，输入 reload 命令，则进入 RXBOOT 模式。RXBOOT 模式的提示符为 ">"。

RXBOOT 模式的另一种用途是：如果丢失了进入超级权限的密码，但【Break】键没有被封锁，可以用 RXBOOT 模式来解决。

【例 6-3】Cisco 路由器密码恢复，其步骤如下：

① 将路由器 Console 端口连接到 PC 的串口（如 COM1 或 COM2）上，并启动超级终端，把配置设为 9 600 波特率（要看设备要求，大部分设备为 9 600）、8 个数据位、无奇偶校验、2 个停止位。

② 在 ">" 提示符下，用 show version 命令显示并记录配置寄存器的值，通常为 0x2102 或 0x102。记住此登记码，后面第⑧步要将此登记码还原。

③ 关闭路由器的电源，在 Windows 9x/2000 或 Windows NT 下的超级终端下，重新加电，并在路由器启动 60 s 内，同时按【Break】键或【Ctrl+Break】组合键 3～5 s，进入 RXBOOT 模式。将会看到 "〉" 提示符(无路由器名)，如果没有看到 "〉" 提示符，说明没有正确发出 Break 信号，这时可检查终端或仿真终端的设置。

④ 根据路由器系列不同，分别进行如下配置：

- 如果路由器是 2000、2500、3000、680x0 based 4000、7000 系列，则 IOS 版本为 10.0 以下或出现 ">" 提示符。

改变寄存器值：

```
> o/r 0x42
```

重新初始化：

```
>i
```

这时，路由器将跳过原有配置，也就是没有超级权限的密码。

- 如果路由器是 1003、1004、3600、4500、4700、72xx、75xx 系列或出现 "ROMMON>" 提示符：

```
ROMMON> confreg 0x42
ROMMON> reset
```

⑤ 当提示是否进入配置对话框时（Would you like to enter the initial configuration dialog? [yes]:），回答 NO（如误输入 YES，立刻按【Ctrl+C】组合键退出）。在出现 Press RETURN to get started!提示时，按【Enter】键，进入 ROM 模式 "Router >"。

⑥ 输入 **enable** 命令，进入超级权限模式，输入 Router# show config 查看原路由器配置和未加密密码，建议此时立刻做一个文本备份文件，以免误操作将原路由器配置丢失；再输入 Router# configuration memory,将 NVRAM 模式中的参数表装入内存。

⑦ 输入 Router# configure terminal 命令进入全局配置模式，从配置表中找出（或改写）忘记的有效密码。若要改写忘记的有效密码，则在全局设置模式下，输入 **enable secret** 密码字符串，更改完毕后一定要写入 NVRAM 中（Router#write memory 或 copy running-config startup-config），否则会丢失路由器原配置，并且会使改写的密码无效。

⑧ 将第②步查到的登记码还原，一般为 0x2102（即从闪存正常启动，并屏蔽中断），并激活所有端口（系统会将所有端口自动关闭）。

```
Router (config)# config-register 0x2102
Router (config)# interface xx
Router (config-if)# no shutdown
```

⑨ 退出编辑，按【Ctrl+Z】组合键，在超级权限模式下，保存配置，输入：

```
Router# copy run start 或 Router# write mem
```

⑩ 重新加电,或在超级权限模式下重新热启动路由器,输入 Router# **reload** 或 Router# **reset**。经过以上步骤，即可以在不丢失原有路由器配置的情况下，找到或更改密码。

2. 路由器配置的基本步骤

路由器启动 IOS 后，即进入用户模式，配置计算机的超级终端上就会出现提示符：路由器名>，如果想看路由器的所有资料,可用 show 命令显示。其格式为：

　　路由器名> **show** （回车）

　　配置路由器的基本步骤如下：

　　① 从用户模式进入特权模式；

　　② 从特权模式进入配置模式；

　　③ 配置以太网端口；

　　④ 配置同步端口；

　　⑤ 配置路由协议；

　　⑥ 将配置信息写入 NVRAM 中保存。

　　下面分别进行介绍。

　　（1）从用户模式进入特权模式。在用户模式下，输入 Enable 命令，并输入密码即可进入。
具体操作如下：

　　Router>**enable**

　　Password:password

　　//输入密码

　　Router#

　　//出现 Router#提示符表示已经进入特权模式

　　（2）从特权模式进入配置模式，并配置主机名及密码。

　　Router# **config terminal**

　　//从终端配置路由器，即以命令方式输入配置命令，按【Ctrl+Z】组合键结束。

　　Router（Config）#

　　//表示已经进入全局配置模式

　　Router（Config）#**hostname** Router

　　//修改路由器的名字，如主机名为 Router

　　Router（Config）#**enable secret** password

　　//输入特权模式加密密码，当用户在提示符（Router>）下输入 enable 后，必须输入密码，才能进
入特权模式，如 password

　　要检查所配置的主机名及密码是否正确，可输入 show config 命令。

　　Router（Config）#**show config**

　　//显示路由器的配置文件

　　（3）配置以太网端口。以太网端口是路由器与本地局域网相连的端口，配置以太网口，只
需要配置其 IP 地址和子网掩码。具体步骤如下：

　　① 指定将要配置的端口，命令格式为：

　　Router(config)#**interface** interface-type interface-number

　　其中：interface-type interface-number 表示端口名

　　提示符：Router(config-if)#

　　在路由器中，高速同步串行口的号码由 0 开始，串行口 0 的端口名为 s0（或 serial0），串
行口 1 的端口名为 s1（或 serial1），以太网口为 e0(或 ethernet0)。

　　【例 6-4】若要在名为 Router 的路由器上配置以太网口 0，则命令为：

　　Router(config)#**interface** ehernet 0 或 Router(config)#**interface** e0

　　//指定 e0 口

按【Enter】键后，配置计算机上显示为：

`Router(config-if)#`

② 配置以太网端口的 IP 地址。操作命令为：

`Router(config-if)#ip address ip address mask`

其中：ip address 为本端口的 IP 地址，mask 是子网掩码。

【例 6-5】将 e0 口的 IP 地址配置为 192.71.172.20,子网掩码配置为 255.255.255.0。其命令为：

`Router(config-if)#ip address 192.71.172.20 255.255.255.0`

回车后,显示：

`Router(config-if)#`

③ 退出 e0 口配置状态：

`Router(config-if)#exit`

按【Enter】键后，显示：

`Router(config)#`

（4）配置同步端口。对同步端口进行配置,除了要指定 IP 地址和子网掩码外,还要指定（或称封装）串行口某种协议。

① 指定将要配置的端口。

指定要配置端口的命令与以太网端口相同，即：

`Router(config)# interface interface-type interface-number`

在路由器中，串行口 0 的端口名为 s0（或 serial0），串行口 1 的端口名为 s1（或 serial1）。

【例 6-6】若要在名为 Router 的路由器上配置同步串口 0，其命令为：

`Router(config)# interface s0`

按【Enter】键后，在配置计算机上显示为：

`Router(config-if)#`

② 配置同步串口的 IP 地址及子网掩码。

配置同步串口的 IP 地址的命令与以太网端口相同。其操作命令为：

`Router(config-if)#ip address interface-type interface-number`

其中：interface-type interface-number 表示端口名。

【例 6-7】将 s0 口的 IP 地址配置为 192.71.172.6,子网掩码配置为 255.255.255.0。其命令为：

`Router(config-if)#ip address 192.71.172.6 255.255.255.0`

按【Enter】键后显示：

`Router(config-if)#`

③ 给同步串口封装协议。

用的协议有 HDLC 和 PPP 协议。HDLC 协议是一种数据打包协议，它定义了一种在同步线路上对 IP 包的链路封装，用于在点到点串行线路上运行 TCP/IP。HDLC 协议一般用于 DDN 线路，该协议具有简单高效的特点。它是 Cisco 路由器默认的协议。

PPP 协议是提供点到点链路上承载网络层信息包的一种链路层协议。PPP 定义了一整套的协议，包括链路控制协议（LCP）、网络层控制协议（NCP）和验证协议（PAP 和 CHAP）。PPP 协议能够提供用户验证、易于扩充和支持同步和异步而获得较广泛的应用。

串行口封装协议的命令为：

```
Router(config-if)#encapsulation protocol name
```
其中：`protocol name` 为协议名

【例 6-8】将 s0 口封装成 HDLC 协议的命令为：
```
Router(config-if)#encapsulation hdlc
```
按【Enter】键后，则显示为：
```
Router(config-if)#
```

注意：本地路由器与上一级路由器相连的串行口所封装的协议应是一致的，否则不能实现两台路由器通信。

④ 退出 s0 口的配置状态，命令为：
```
Router(config-if)#exit
```
（5）配置路由协议。路由协议有很多，下面以最为常用的、以 TCP/IP 下的路由选择协议（Open Shortest Path First，OSPF）为例进行简单配置。

① 指定使用 OSPF 协议，命令格式为：
```
Router(config)#router ospf process-id
```
其中：process-id 为 OSPF 路由进程编号，指定范围为 1 ~ 65 535。OSPF 路由进程编号只标志本地 OSPF 进程，并不一定在所有路由器上都保持相同。process-id 只在路由器的内部起作用，不同的路由器 process-id 可以不同。

【例 6-9】将 router 路由器的路由协议指定为 ospf，进程标识为 100，则命令如下：
```
Router(config)#router ospf 100
```
② 指定与该路由器相连的网络。

为了在路由器的某个端口上启用 OSPF，需要定义参与 OSPF 的子网,该子网属于哪一个 OSPF 路由信息交换区域。命令格式为：
```
Router(config-router)#network address wildcard-mask area area-id
```
其中：address 是 IP 子网号，wildcard-mask 是子网掩码的反码。area-id 是网络区域 ID，是一个在 0 ~ 4 294 967 295 之间的十进制数，也可以是带有 IP 地址格式的 x.x.x.x。当网络区域 ID 为 0 或 0.0.0.0 时为主干域。

【例 6-10】指定本路由器的区域 ID 为 5，网络地址为 192.5.2.0,子网掩码的反码为 0.0.0.255，则命令为：
```
Router(config-router)#network 192.5.2.0 0.0.0.255 area 5
```
③ OSPF 区域间的路由信息的配置，对某一特定范围的子网进行配置，命令格式为：
```
Router(config-router)#area area-id rang rang-mask
```
其中：rang-mask 为子网范围掩码。

【例 6-11】指定本路由器的区域 ID 为 5，子网掩码的范围为 255.255.0.0,则命令为：
```
Router(config-router)#area 5 range 255.255.0.0
```
④ 指明网络类型。命令格式为：
```
Router(config-router)#ip ospf network broadcast 或 non-broadcast 或 point-to-broadcast
```
一般情况下，DDN、帧中继和 X.25 都属于非广播型网络，即 non-broadcast。

⑤ 指定与该路由器相邻的结点地址。命令格式为：
```
Router(config-router)#neighbor ip-address
```

其中：ip-address 是相邻路由器的相邻端口的 IP 地址。

对于非广播型的网络连接，需要指明路由器的相邻路由器。

（6）将配置信息写入 NVRAM 中保存。对路由器各种端口和协议参数进行配置时，配置信息都存储在路由器的内存中，当路由器掉电后就会消失。因此，当路由器配置完毕后，需要写入路由器中的 NVRAM 里保存，即使路由器掉电，配置信息仍然保存着。将配置信息写入 NVRAM 的命令是 write 或 copy。

【例 6-12】将以上配置好的信息写入名为 Router 的路由器中。其命令如下：

```
Router#writ
```
或用：
```
Router# copy running-config startup-config
Router#exit
```
或 Router（config-if）#<Ctrl> + <Z>
```
//写入后，用 exit 命令退出特权模式
Router>
```

3．路由器的检查命令

路由器的状态可以在特权模式下用 show 命令来检查。show 命令可以显示配置的许多配置信息以及工作状况。

（1）检查接口配置。可以执行下面的测试命令，检查路由器的状况，如表 6-7 所示。

表 6-7　检查路由器端口配置命令

命　　令	用　　　　途
show version	显示路由器的硬件配置，包括端口信息、软件版本、配置文件的名称、来源及引导程序来源
show process	显示当前进程的各种信息
show stacks	显示进程堆栈的使用情况、中断使用及系统本次重新启动的原因
show buffers	提供缓冲区的统计信息
show controllers	显示所有的网络模块及其端口
show interface [type slot/port]	命令指定端口，显示的第一行给出端口正确的插槽号、端口编号，以及端口及线路的协议状态和工作状态等
show protocols	显示路由器的所有端口以及各个端口配置的协议，主要是第三层协议的各种配置信息。若需要，返回配置模式增加或删除路由器上或端口上的协议

（2）检查路由器内存。在特权模式下，可以使用 show 命令来检查 RAM 和 NVRAM 的内容。但在用户模式下不能使用这些命令，如表 6-8 所示。

表 6-8　检查路由器内存命令

命　　令	用　　　　途
show running-config	显示当前配置
show startup-config	显示存放在 NVRAM 中的配置
how flash	显示存放在 flash 中的 IOS 文件名、flash RAM 所使用的空间和空闲的空间
how mem	显示路由器内存的各种统计信息

续表

命　　令	用　　　　途
write terminal	显示内存中正在运行的当前配置
show config	显示保存在 NVRAM 中的后备配置文件

（3）查看网络邻居。在使用网络时，和路由器直接相连的其他路由器一般称为网络邻居。收集这些路由器的信息是很重要的。

Cisco 路由器有一个专门的协议，称为 Cisco 发现协议（Cisco Discover Protocol，CDP），它可以访问和得到邻居路由器的相关信息。CDP 利用数据链路广播来发现那些也运用了 CDP 的邻近的 Cisco 路由器。若路由器使用 IOS 10.3 以后的版本，在路由器启动后，CDP 是自动打开的。

CDP 的平台是独立的，它不关心运行的网络协议是什么，不管是什么协议，都可以将相邻的路由器的信息收集起来。查看网络邻居的命令如表 6-9 所示。

表 6-9　查看网络邻居命令

命　　　令	用　　　　途
show cdp interface	检查路由器的接口，确保 CDP 是激活的
cdp enable	在端口配置模式下，激活某端口上的 CDP
cdp run	激活路由器上所有端口上的 CDP
cdp holdtime seconds	在配置模式下使用，设置 CDP 的保持时间间距
show cdp neighbors	显示邻居路由器的平台及协议信息
show cdp neighbors details	显示 CDP 邻居的有关细节
ping ip-address	对指定的 IP 地址发送有关回应请求。每次的回应信号在屏幕上显示为一个感叹号（!），在超时无返回信号则显示为一个点（.），一连串的感叹号（!!!!!!）表示连接正常。一连串的点（……）或显示 timed out 或 failed 表示连接失败

【例 6-13】OSPF 基本配置举例。如图 6-14 所示，路由器 B 的同步串行口 S0 作为网络的出口，通过通信链路连接上一级的路由器 A。以太网口 e0 与局域网主交换机连接。路由器 B 的以太网口的 IP 地址为 192.50.12.20，子网掩码为 255.255.252.0。路由器 A 的同步串行口 S0 的 IP 地址为 192.50.2.1，路由器 B 的同步串行口 S0 的 IP 地址为 192.50.2.2，子网掩码均为 255.255.252.0，路由器 A 的以太网口的 IP 地址为 192.100.1.1，子网掩码为 255.255.252.0。广域网协议采用 HDLC，路由协议采用 OSPF，进程 ID 为 199，区域标识符为 0。试给出路由器的配置过程。

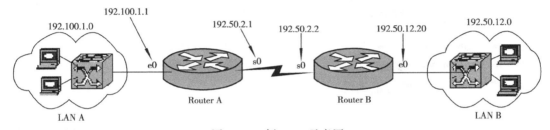

图 6-14　例 6-13 示意图

这里给出路由器 B 的配置过程，路由器 A 的配置过程与 B 类似。

```
Router>enable                          //进入特权模式
```

```
Password:password                              //输入密码
Router#conf terminal                           //切换到全局配置状态,或用 conf t。
Router(config)#enable secret routerpass        //定义超级密码为 routerpass
Router(config)#hostname RouterB                //定义路由器的名字为 RouterB
```

注意：建议最好用一个组织化的命名方案来命名路由器。

```
RouterB(config)#interface e0                   //进入以太网口 e0 的配置模式,或用: int e0
RouterB(config-if)#description the LAN port link to my local network
//端口说明
RouterB(config-if)#ip address 192.50.12.20 255.255.252.0
//配置以太网口的 IP 地址及子网掩码
RouterB(config-if)#no shutdown                 //激活 e0 端口
RouterB(config-if)#exit                        //退出以太网口 e0 的配置模式
RouterB(config)#int s0                         //进入同步串行口 s0 的配置模式
RouterB(config-if)#description the WAN port link to RouterA
//端口说明
RouterB(config-if)#encapsulation hdlc
//封装成 HDLC，可选
RouterB(config-if)#ip address 192.50.2.2 255.255.252.0
//定义互联广域网 IP 地址及子网掩码
RouterB(config-if)#exit                        //退出同步串口 s0 的配置模式
RouterB(config-if)#no shutdown                 //激活 s0 端口
RouterB(config)#Router ospf 199
//配置动态路由协议 OSPF，进程号为 199
RouterB(config-router)#network 192.50.12.0 0.0.3.255 area 0
//设置网络号 192.50.12.0，区域号 0
RouterB(config-router)#network 192.50.2.0 0.0.3.255 area 0
//设置网络号 192.50.2.0，区域号 0
RouterB(config-router)#exit                    //退出路由协议配置模式
RouterB(config)#exit
RouterB# copy running-config startup-config
//将配置文件保存在 NVRAM 中，或用 RouterB(config)#wr m
```

以下命令可以省略：

```
RouterB#show running config                    //显示运行中的配置文件
RouterB#show configuration                     //显示 NVRAM 中的配置文件
RouterB#show interface e0                      //显示以太网口 e0 的状态
RouterB#show interface s0                      //显示同步串口 s0 的状态。
RouterB#show ip route                          //显示路由信息
RouterB#show version                           //显示 IOS 版本信息
```

4. 路由器配置结果的正确性测试

路由器配置的正确与否，可用 **ping** 命令进行测试。其测试方法是：在内部的局域网中任意一台计算机上，用 **ping** 命令检查路由器连接的上一级路由器的网络端口地址是否连通。假设路由器连接的上一级路由器的 IP 地址是 192.50.2.1,则其测试命令为：

ping 192.50.2.1

另外，还可以用 **ping** 命令检查外部网络中的一台连网的计算机是否连通。例如，外部网络其一台服务器的 IP 地址为 200.5.2.10，则

ping 200.5.2.10

返回的信息是连通的，就说明路由器的配置是正确的。

6.3.4　配置 IP 路由

1.　配置路由器的 IP 地址

前面已经简单介绍了路由器的 IP 地址的配置，这里有必要再介绍路由器的 IP 地址配置的原则及其方法。

路由器的每个端口都连接着一个具体的网络，所以连接到该网络的路由器就应该有一个 IP 地址。由于连接到该网络的路由器端口位于该网络上，因此，路由器该端口的 IP 地址的网络号与所连接网络的网络号应该相同。为了让路由器正常工作，一般必须为路由器的端口设置 IP 地址。

（1）配置路由器 IP 地址的基本原则。

要正确地配置路由器的 IP 地址，必须要遵循一些规则：

- 通常路由器的物理网络端口要有一个 IP 地址。
- 相邻路由器的相邻端口的 IP 地址必须在同一 IP 网段上。
- 同一路由器的不同端口的 IP 地址必须在不同的 IP 网段上。
- 除了相邻路由器的相邻端口外，所有网络中路由器所连接的网段即所有路由器的任何两个非相邻端口都必须不在同一网段上。

图 6-15 中的 R1、R2、R3 和 R4 共 4 个路由器，分别管理不同的网段。对于 R1 和 R2 来说，它们互为相邻的路由器，其中 R1 路由器的 s0 口与 R2 路由器的 s1 口为相邻路由器的相邻端口，但是 R1 路由器的 s1 口与 R2 路由器 s1 口并不是相邻端口，R1 与 R4 路由器也不是相邻路由器。

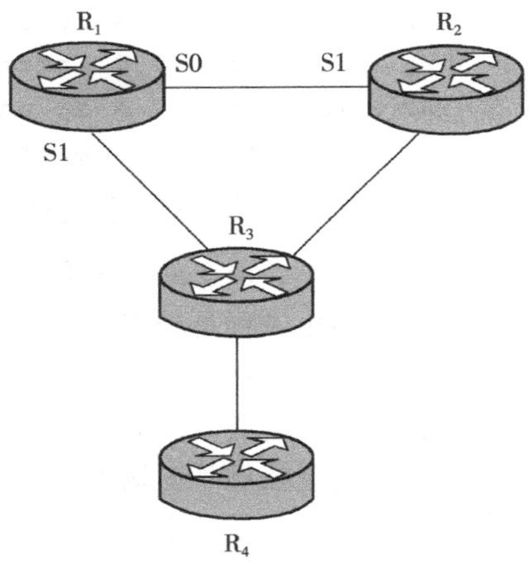

（2）IP 地址的配置。IP 协议配置的主要任务包括：配置端口的 IP 地址、配置广域网线路协议、配置 IP 地址与物理地址的映射、配置路由和其他配置等。首先要做的工作就是对路由器的端口配置 IP 地址。局域网和广域网端口的 IP 地址的配置方式完全相同。

图 6-15　相邻与不相邻路由器示意图

如前所述，如果要为某端口设置 IP 地址，必须先进入端口配置模式。其命令格式为：

Router(config)# **interface** *type slot/number*

① 为端口配置一个 IP 地址，命令格式为：

Router(config-if)# **ip address** *ip address mask*

其中：ip address 为本端口的 IP 地址；Mask 为子网掩码，用于识别 IP 地址中的网络地址位数。

② 给一个端口指定多个 IP 地址。每个端口可以支持多个 IP 地址，其命令格式为：

Router(config-if)# **ip address** *ip address mask* **secondary**

其中：参数 secondary 使每个端口可以支持多个 IP 地址。可以无限制地指定多个 Secondary 地址，secondary IP 地址可以用在各种环境下。例如，在同一端口上配置两个以上的不同网段的 IP 地址，实现连接在同一局域网上不同的网段之间的通信。

③ 无编号 IP 地址（IP unnumbered Address）。

串行口通常用于广域网连接。如果要在串口（Serial）或者是作 IP 隧道技术的端口上，不指定一个 IP 地址而能在上面运行 IP 协议，可使用无编号 IP 地址来实现。无编号 IP 地址的优点首先是可以节省地址空间，其次是可以和其他无编号 IP 地址进行通信，而不必担心两个互相连接的端口是否在同一个子网上。使用无编号 IP 时，可以理解为路由器上的串行口从另一个端口"借"一个 IP 地址进行点对点的链路通信。因此，在指定 unnumbered 端口时，另外的那个端口不可能也是 unnumbered 端口，并且这个端口必须是正常工作的。

无编号 IP 地址有如下限制：

- 串口使用 HDLC、PPP、SLIP、LAPB、Frame Relay 和 Tunnel Interface 打包方式。当串口用帧中继 FR 打包时，必须是点对点的。在 X.25 和 SMDS 打包时,不能使用该特性。
- 不能用 ping 命令来探测端口是否正常工作，因为这个端口是没有 IP 地址的。
- 不能用简单网管协议（SNMP）远程监控端口状态。
- 不能通过 unnumbered 端口远程启动系统。
- 在 unnumbered 端口中不支持 IP 安全选项。

在端口配置模式下，实现 unnumbered 配置的命令格式是：

```
Router(config-if)# ip unnumbered type number
```

【例 6-14】把 Ethernet 0 的地址赋予 Serial 1。Serial 1 是 unnumbered。

```
Router(config) # Interface Ethernet0
Router(config-if) # ip adrees 192.192.8.60 255.255.255.0
Router(config-if) # Interface serial1
Router(config-if) # ip unnumbered Ethernet0
Router(config-if) # exit
```

2. 动态路由与静态路由的配置

在广域网上，由于站点很多，因此不能使用局域网上常用的广播寻址方法。在广域网上，路由器中的路由进程是动态的，路由器每收到一个数据包均交给路由进程处理，路由进程确定一个最佳的路径，将数据包发送出去。

路由进程确定路由的方法有动态路由与静态路由两种方法。

静态路由是依靠手工输入的信息来配置路由表的方法。由于系统管理员指定了静态路由器的每条路由，因而具有较高的安全系数，比较适合较小的网络。在大型的和经常变动的互联网，配置静态路由是不现实的。一般情况下，静态路由不向外广播。

动态路由是指路由协议可以自动根据实际情况生成的路由表的方法，即由路由器按指定的协议格式在网上广播和接收路由信息，通过路由器之间不断交换的路由信息动态地更新和确定路由表，并随时向附近的路由器广播，这种方式称为动态路由。动态路由的主要优点是，如果存在到目的站点的多条路径，运行了路由选择协议（如 RIP 或 IGRP）之后，而正在进行数据传输的一条路径发生了中断的情况下，路由器可以自动地选择另外一条路径传输数据。这对于建立一个大型的网络是一个优点。动态路由器通过检查其他路由器的信息，并根据开销、链接等情况自动决定每个数据包的路由途径。动态路由由于具有灵活性且使用配置简单，已成为目前主要的路由类型。

在 Cisco 路由器上配置路由，有静态路由、动态路由和默认路由 3 种方法。一般路由器检查路由的顺序是静态路由、动态路由和默认路由。如果静态路由表和动态路由表中都没有合适的路由，则通过默认路由将数据包传输出去，可以综合使用这 3 种路由。

（1）静态路由的配置。可以在静态路由表中指定路由，将路由器配置为静态路由器。通过配置静态路由，用户可以人为地指定对某一网络访问时所要经过的路径，其网络结构较为简单，不需要路由协议，但需要网络管理员手工更新路由表。通常网络相对简单、网络与网络之间只通过一条路径路由的情况下，使用静态路由。在大型网络中,首先应考虑使用动态路由。

在全局配置模式下，建立静态路由的命令格式为：

`Router(config) # ` **`ip route`** ` prefix mask {address | interface } [ ` **`permanent`** `]`

其中：

- prefix 为所要到达的目的网络（目的地子网地址）。
- mask 为子网掩码。
- address 为相邻路由器的相邻端口地址，即下一跳的 IP 地址。
- interface 为本地网络端口（本地物理端口号）。
- Permanent 指定即使该端口关闭仍然保持该路由。

【例 6-15】静态路由配置实例。

如图 6-16 所示，在 Router A 上设置了访问 192.2.1.65，其相邻路由器的相邻端口地址，即下一跳的 IP 地址为 192.200.10.6，目的地子网地址为 192.2.1.65。在 Router C 上，设置了访问 192.2.1.129，其相邻路由器的相邻端口地址，即下一跳的 IP 地址为 192.2.1.65。由于在 Router A 上端口 S0 的 IP 地址为 192.200.10.5。192.200.10.6 为直接连接的网，已经存在访问 192.200.10.5 的路径，所以不需要在 Router A 上添加静态路由。

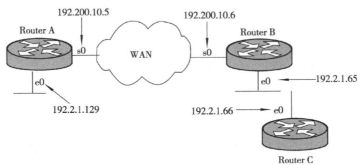

图 6-16　静态路由配置图 1

在 Router A 上的配置：

`Router A(config) # ` **`ip route`** ` 192.2.1.65 255.255.255.0 192.200.10.6`

在 Router C 上的配置：

`Router C(config) # ` **`ip route`** ` 192.2.1.129 255.255.255.0 192.200.10.65`

`Router C(config) # ` **`ip route`** ` 192.200.10.5 255.255.255.0 192.200.10.65`

（2）默认路由的配置。在全局配置模式下，建立默认路由的命令格式为：

`Router(config) # ` **`ip router`** ` 0.0.0.0 0.0.0.0 {address | interface }`

其中：

- address 为相邻路由器的相邻端口地址，即下一跳的 IP 地址。
- interface 为本地网络端口（本地物理端口号）。
- Permanent 指定即使该端口关闭仍然保持该路由。

【例 6-16】如图 6-17 所示的路由器，Router 1 和 Router 2 相连外，不再与其他路由器连接，Router 2 默认路由的设置为：Router2(config)# **ip route** 0.0.0.0 0.0.0.0 192.2.1.65，即只要在路由表里没有找到去特定目的地址的路径，则数据包均被路由到地址为 192.2.1.65 的相邻路由器。

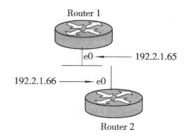

图 6-17　静态路由配置图 2

（3）动态路由的配置。动态路由协议能够使路由器动态地随着网络拓扑中产生(如某些路径的失效或新路由的产生等)的变化，更新其保存的路由表，使网络中的路由器在较短的时间内，无须网络管理员介入自动地维持一致的路由信息，使整个网络达到路由收敛状态，从而保持网络的快速收敛和高可用性。动态路由实际上不需要具体配置路由地址，只需要配置一个默认的路由地址和所使用的动态路由协议就可以了。各种各样的路由协议被用来填写网络中的路由表。像 BGP、OSPF、RIP、IGRP 和 EIGRP 等协议可以传输给所有的路由器一个正确和一致的网络视图。

边界网关协议（Border Gateway Protocol，BGP）是 Internet 外部网关路由协议。它可以从网络中传送的数据分组中收集相邻结点的可到达性信息，并增加了费用、安全等路由属性。BGP 降低了路由信息交换所需的带宽，因为信息的交换是递增方式进行的而不是通过传送整个数据库。

开放最短路径优先（Open Shortest Path First，OSPF）是一种典型的链路状态（Link-State）的路由协议，一般用于同一个路由域内。路由域是指一个自治系统（Autonomous System，AS），它是指一组通过统一的路由政策或路由协议互相交换路由信息的网络。在这个 AS 中，所有的 OSPF 路由器都维护一个相同的描述这个 AS 结构的数据库，该数据库中存放的是路由域中相应链路的状态信息。OSPF 路由器正是通过这个数据库计算出其 OSPF 路由表的。

路由信息协议（Router Information Protocol，RIP）相对于 OSPF 而言，是一种简单的动态路由协议，RIP 是应用较早和较为广泛使用的内部网关协议（Interior Gateway Protocol，IGP），它适用于小型同类网络。RIP 的路由选择只是基于两点间的跳数（Hop Count），用跳数来衡量到达目标主机的距离。从一个路由器到另一个路由器称为一跳。RIP 最多支持的跳数为 15，即在源和目的网间所经过的最多路由器的数目为 15。主机和网关都可以运行 RIP，但是主机只是接收信息，而并不发送。RIP 通过广播 UDP 报文来交换路由信息，每 30 s 发送一次路由信息更新。如果路由器经过 180 s 没有收到来自对端的路由更新信息，则将所有来自该路由器的路由信息标记为不可达，并且如果在其后的 120 s 内仍没有收到更新信息就将其删除。

内部网关路由协议（Interior Gateway Routing Protocol，IGRP）是一种动态距离向量路由协议，它由 Cisco 公司于 20 世纪 80 年代中期设计。距离向量路由协议要求每个路由器以规则的时间间隔向其相邻的路由器发送其路由表的全部或部分。随着路由信息在网络上扩散，路由器就可以计算到所有结点的距离。IGRP 使用组合用户配置尺度，包括延迟、带宽、可靠性和负载。默认情况下，IGRP 每 90 s 发送一次路由更新广播，在 3 个更新周期内(即 270 s)，没有从路由中的第一个路由器接收到更新，则宣布路由不可访问。在 7 个更新周期即 630 s 后，Cisco IOS 软件从路由表中清除路由。

增强型内部网关路由选择协议（Enhanced Interior Gateway Routing Protocol，EIGRP），也称增强型 IGRP，它是 Cisco 公司在 20 世纪 90 年代初在 IGRP 基础上开发的一种新的改进型协议，以提高 IGRP 的工作效率。与 IGRP 相比，EIGRP 收敛速度快、扩展性好、处理路由环路的能力强，能够提供多协议的支持，能支持 IPX 和 AppleTalk。EIGRP 能迅速广播链路状态的变化。与 OSPF 协议一样，EIGRP 路由器寻找它们的邻接路由器并交换 hello 数据包。EIGRP 协议每隔 5 s 传送 hello 数据包。EIGRP 被描述为一种混合路由选择协议。

① RIP 路由协议配置的步骤如下：

在全局配置模式下：

● 启动 RIP 路由，指定使用 RIP 协议。

Router(config)# **router rip**

● 配置参与 RIP 路由的子网。

Router(config- router) # **network** network

其中：network 为子网地址。

● 允许在非广播型网络中进行 RIP 路由广播。

Router(config- router) # **neighbor** ip-adrees

其中：ip-adrees 为相邻路由器相邻端口的 IP 地址。

● 配置 RIP 版本。

RIP 协议有两个版本：版本 1 和版本 2。在默认状态下，Cisco 路由器接收 RIP 版本 1 和版本 2 的路由信息，但只发送版本 1 的路由信息。

【例 6-17】RIP 路由协议配置如图 6-18 所示。

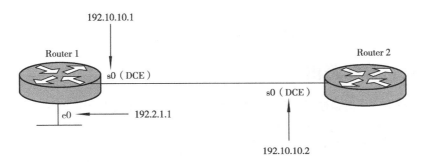

图 6-18　RIP 路由协议配置

在全局配置模式下 Router1 的配置：

Router1(config)# **router rip**
Router1(config- router)# version 2
Router(config- router) # **network** 192. 10.10.0
Router(config- router) # **network** 192. 2.1.0
Router(config- router) # **exit**

② 为 IP 网络配置 EIGRP 路由协议。

EIGRP 的基本配置与 IGRP 完全一致。在全局配置模式下，其命令格式如下：

● 启动 EIGRP 路由协议。

Router(config)# **route eigrp** autonomous-system-number

其中：autonomous-system-number 为 AS（Autonomous–System）号码，即自治域号。路由器必须具有相同的 AS 号码才能交换路由信息（除非使用路由再发布功能）。AS 是一个虚拟的且无实际意义的自治系统。

- 定义本路由器参加动态路由的子网。

Router(config-router)# **network** ip-network-address

其中：ip-network-address 为子网号。

【例 6-18】EIGRP 路由协议配置如图 6-19 所示。

```
RouterA(config)#router eigrp 100
RouterA(config-router)# network 10.71.0.0
//在接口 S0 和 S1 上启用 EIGRP
RouterA(config-router)# network 192.22.1.0
//在接口 S2 上启用 EIGRP
```

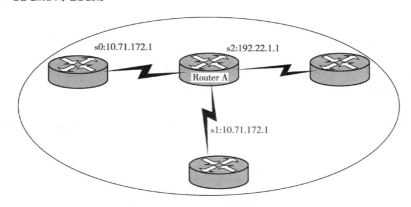

图 6-19　EIGRP 路由协议配置

*6.3.5　重新分配路由

在实际工作中，会遇到使用多种 IP 路由协议的网络。为了使整个网络正常工作，必须在多种路由协议之间进行成功的路由再分配。

重新分配路由的命令有：

（1）**redistribute connected**　　　　　//重新分配直连的路由

（2）**redistribute static**　　　　　//重新分配静态路由

（3）**redistribute ospf** process-id **metric** metric-value

// 重新分配 OSPF 路由

（4）**redistribute rip** metric-value　　　　//重新分配 rip 路由

【例 6-19】OSPF 与 RIP 之间重新分配路由的配置实例，如图 6-20 所示。

路由器 Router A 的 S0 端口和 Router B 的 S0 端口运行 OSPF，在 Router A 的 e0 端口运行 RIP 2，Router C 运行 RIP 2，Router B 有指向 Router D 的 192.16.0.2 网的静态路由，Router D 使用默认静态路由。需要在 Router A 和 Router C 之间重新分配 OSPF 和 RIP 路由，在 Router B 上重新分配静态路由和直连的路由。

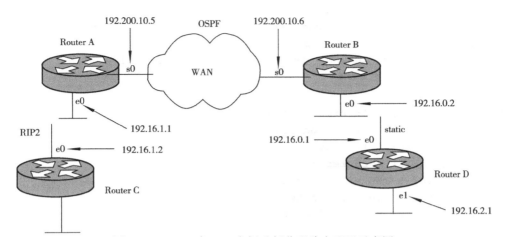

图 6-20　OPPF 与 RIP 之间重新分配路由配置示意图

Router A 的配置:

```
RouterA(config) # Interface Ethernet 0
RouterA(config-if) # ip adrees 192.16.1.1 255.255.255.0
RouterA(config-if)# exit
RouterA(config) # Interface serial 0
RouterA(config-if) # ip address 192.200.10.5 255.255.255.252
RouterA(config-if) # exit
RouterA(config) # router ospf 100
//配置动态路由协议 OSPF, 进程号为 100
Router(config-router) # redistribute rip metric 10
// 重新分配 RIP 路由
RouterA(config-router) # network 192.200.10.5 0.0.0.255 area 0
RouterA(config-router) # exit
RouterA(config) # router rip
RouterA(config- router)# version 2
RouterA(config- router) # ospf 100 metric 1
RouterA(config- router) # network 192. 16.1.0
RouterA(config- router) # exit
```

Router B 的配置:

```
RouterB(config) # interface loopback 1
RouterB(config-if) # ip address 192.16.0.2 255.255.255.0
RouterB(config- if) # exit
RouterB(config) # interface ethernet 0
RouterB(config-if) # ip address 192.16.0.2 255.255.255.0
RouterB(config- if) # exit
RouterB(config) # interface serial 0
RouterB(config- if) # ip address 192.200.10.6  255.255.255.252
RouterB(config- if) # exit
RouterB(config) # router ospf 200
RouterB(config-router) # redistribute connected subnet
RouterB(config-router) # redistribute static subnet
```

```
RouterB(config-router) # network 192. 200.10.0 0.0.0.3 area 0
RouterB(config- router) # exit
RouterB(config) # ip route 192.16.2.0 255.255.255.0 192.16.0.1
RouterB(config-) # exit
```
RouterC 的配置：
```
RouterC(config) # interface ethernet 0
RouterC(config-if) # ip address 192.16.1.2 255.255.255.0
RouterC(config- if) # exit
RouterC(config) # router rip
RouterC(config-router) # version 2
RouterC(config-router) # network 192.16.1.0
RouterC(config- router) # exit
```

RouterD 的配置：
```
RouterD(config) # interface ethernet 0
RouterD(config-if) # ip address 192.16.0.1 255.255.255.0
RouterD(config- if) # exit
RouterD config) # interface ethernet 1
RouterD(config-if) # ip address 192.16.2.1 255.255.255.0
RouterD(config- router) # exit
RouterD(config) # ip route 0.0.0.0 0.0.0.0 192.16.0.2
RouterD config-) # exit
```

★6.3.6   配置广域网协议

广域网的物理层定义了数据终端设备（DTE）和数据通信设备（DCE）的接口。数据终端设备通过 Modem 或数据服务设备等 DCE 设备提供服务。

路由器的串口提供对各种广域网技术的支持。通常路由器作为 DTE 设备连接（也可以作为 DCE 设备使用），DTE 电缆的一端连接在路由器的串口中（或 ISDN 端口上），另一端连接 DCE（或称为 CSU/DSU）设备。

1. 配置 DDN 数字专线

数字数据网络（Digital Data Network，DDN）是利用数字信道传输数字信号的数据传输网络，能提供端到端的物理链路的透明传输，可更快速、稳定地接入 Internet，亦可使外部用户通过固定 IP 地址实现网络间的互访。可以为用户提供各种速率的高质量数字专用电路和其他新业务，以满足用户多媒体通信和组建中高速计算机通信网的需要。DDN 的主要优点是信息传输时延小，电路是"透明"的，即发送端用户发送出的信息没有限制地被传送到接收端，DDN 的传输速率是 64 kbit/s ~ 2 Mbit/s，当信息的传送量较大时，可根据信息量的大小选择所需要的传输速率通道。DDN 的缺点是所占用的带宽是固定的，而且通信的传输通路是专用的，网络资源的利用率较低。随着非结构化数据的爆炸性增长，高性能云计算和网格计算的云存储系统的兴起。目前，DDN 公司已经推出了 DDN 的读/写带宽达到 12 Gbit/s，使用 DDN 一套系统可以满足广电的所有的应用。

DDN 是一种点对点的同步数据通信链路，它支持 PPP、SLIP、HDLC 和 SDLC 等链路层通信协议，允许 IP、Novell IPX、Bridging、CLNS、AppleTalk、DECnet 等多种上层协议在上面运行。

　　在 Cisco 路由器之间用同步专线连接时，采用 Cisco HDLC 比采用 PPP 协议效率高得多。但是，如果将 Cisco 路由器与非 Cisco 路由器进行同步专线连，则不能用 Cisco HDLC，因为它们不支持 Cisco HDLC，可以采用 PPP 协议。

　　（1）基本配置步骤：在配置模式下的基本配置步骤如下：

　　① 进入指定端口：

`Router(config)#`**`interface`**` serial numbe`

　　② 定义该端口 IP 地址：

`Router(config-if)#`**`ip address`**` ip-address mask`

　　③ 指定该端口的打包方式：

`Router(config-if)# `**`encapsulation`**` {PPP| HDLC }`

　　建议在 DDN 专线上，Cisco 路由器之间采用 Cisco HDLC 协议。 在 Cisco 路由器与非 Cisco 路由器之间采用 PPP 协议。

　　注意：Cisco2500 系列、Cisco 2600 系列的同步串口，默认状态下为 HDLC 封装，同步/异步串口默认状态为同步工作方式 HDLC 封装，因此，一般无须显示封装 HDLC。

　　④ 如果本端口连接的是 DCE 线缆，则要设同步时钟：

`clock rate 时钟频率`

　　注意：在实际应用中，Cisco 路由器接 DDN 专线时，同步串口需通过 V.35 或 RS232 DTE 线缆连接 CSU/DSU，则 Cisco 路由器为 DTE，CSU/DSU 为 DCE，由 CSU/DSU 提供时钟，因此无须设置同步时钟。如果将两台路由器通过 V.35 或 RS232 线缆进行直连，则必须由连接 DCE 线缆的一方提供同步时钟，如果路由器为 DCE，则必须配置：

`Router(config-if)# `**`bandwidth`**` bandwidth`
`Router(config-if)# `**`clock rate`**` clock rate`

　　其中：bandwidth 为带宽，clock rate 为同步时钟。

　　Cisco 2500 和 2600 系列产品高速同步串口最高可支持 2 Mbit/s 的数据传输速率，同步/异步串口同步方式下支持 128 kbit/s，异步方式下支持 115.2 kbit/s。

　　⑤ 设置默认路由,在全局配置模式下：

`Router(config)#`**`ip route`**` 0.0.0.0 0.0.0.0 `**`serial`**` {interface-number|neighbor}`

　　其中：interface-number|neighbor 为端口号或对方路由器的相邻端口地址。

　　（2）压缩技术：通常在串口中传输的数据是不压缩的,它允许数据包头在每次传输时正常交换,但每次将浪费带宽。目前，支持数据压缩的有 PPP、Frame Relay、X.25、TCP 等协议。

　　Cisco 的压缩是通过软件完成的,将影响系统性能。故建议路由器 CPU 占用超过 65%时，就不要使用压缩。可以使用 show process cpu EXEC 命令查看当前 CPU 的使用情况。

　　常用的压缩配置命令有：

　　① TCP 传输头压缩：

`Router(config)#`**`ip tcp head-compression [passive]`**

　　其中：passive 表示只有输入包是压缩的时,输出包才压缩。

　　② X.25 压缩：

`Router(config)#`**`X25 compress`**

③ PPP 压缩：

```
Router(config)#ppp compress [predictir|stac]
```

【例 6-20】DDN 配置实例。A 局域网和 B 局域网通过 2.048 Mbit/s 的 DDN 专线连接在一起，网络结构如图 6-21 所示，DDN 专线的带宽为 2 048 kbit/s。s0 端口的子网掩码为 255.255.252.0 子，A 网的子网掩码为 255.255.255.0，B 网的子网掩码为 255.255.255.0；A 网的主域名服务器 IP 地址为 10.71.3.2，备份域名服务器为 10.71.3.3；B 网的主域名服务器 IP 地址为 10.71.20.12，备份域名服务器为 10.71.20.13；A 网的所属域为 xxx.bbb.com，B 网的所属域为 yyy.bbb.com。

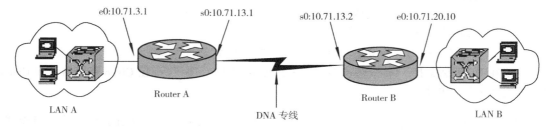

图 6-21　DDN 配置图

首先将 PC 串行口连接到路由器 Console 口上，进入 Windows 的超级终端方式。启动路由器后，进入用户模式：

```
Router>en                               //由用户模式进入特权模式
Password: ******                        //输入密码
Router#conf t                           //从特权模式进入全局配置状态
Router（config）#enable secret ******    //定义超级密码
```

RouterA 的配置：

```
Router(config)# hostname RouterA        //定义路由器的名字为 RouterA
RouterA(config)# ip domain-name xxx.bbb.com   //定义所属域名称
RouterA(config)# nameserver 10.71.3.2   //定义主域名服务器
RouterA(config)# nameserver 10.71.3.3   //定义备份域名服务器
RouterA(config)#ip classless
RouterA(config)#line vty 0 4
//定义 5 个 Telnet 虚拟终端，即可以同时有 5 个用户登录
RouterA(config-line)#password ******    //定义 Telnet 密码
RouterA(config-line)#exit
RouterA(config)#int e0                  // 配置 E0 口
RouterA(config-if)#description the LAN port link to my local network
//端口说明
RouterA(config-if)#ip address 10.71.3.1 255.255.255.0
RouterA(config-if)#no shutdown          //激活 e0 端口
RouterA(config-if)#exit                 //退出以太网口 e0 的配置模式
RouterA(config)#int s0                  //进入同步串行口 s0 的配置模式
RouterA(config-if)#description the WAN port link to RouterB
//端口说明
RouterA(config-if)#encapsulation hdlc
//封装成 HDLC，可选
```

```
RouterA(config-if)#ip address 10.71.13.1 255.255.252.0
//定义互联广域网 IP 地址及子网掩码。
RouterA(config-if)#exit                                    //退出同步串口 s0 的配置模式
RouterA(config-if)#bandwith 2048                          //定义端口速率，单位：kbit/s
RouterA(config-if)#no shutdown                            //激活 s0 端口
RouterA(config-if)#exit
RouterA(config)#
RouterA(config)#Router ospf 199
//配置动态路由协议 OSPF，进程号为 199
RouterA(config-router)#network 10.71.13.0 0.0.3.255 area 0
//设置网络号 10.71.13.0，区域号 0
RouterA(config-router)#network 10.71.3.0 0.0.0.255 area 0
//设置网络号 10.71.3.0 区域号 0
RouterA(config-router)#exit                                //退出路由协议配置模式
RouterA(config)#wr m                                      //将配置文件保存在 NVRAM 中
```
RouterB 的配置：
```
Router(config)# hostname RouterB                          //定义路由器的名字为 RouterB
RouterB(config)# ip domain-name yyy.bbb.com              //定义所属域名称
RouterB(config)# nameserver 10.71.20.12                  //定义主域名服务器
RouterB(config)# nameserver 10.71.20.13                  //定义备份域名服务器
RouterB(config)#ip classless
RouterB(config)#line vty 0 4
//定义 5 个 telnet 虚拟终端，即可以同时有 5 个用户登录
RouterB(config-line)#password ******                     //定义 Telnet 密码
RouterB(config-line)#exit
RouterB(config)#int e0                                    //配置 e0 口
RouterB(config-if)#description the LAN port link to my local network
//端口说明
RouterB(config-if)#ip add 10.71.20.10 255.255.255.0
RouterB(config-if)#no shutdown                            //激活 e0 端口
RouterB(config-if)#exit                                   //退出以太网口 e0 的配置模式
RouterB(config)#int s0                                    //进入同步串行口 s0 的配置模式
RouterB(config-if)#description the WAN port link to RouterB
//端口说明
RouterB(config-if)#encapsulation hdlc
//封装成 HDLC，可选
RouterB(config-if)#ip address 10.71.13.2 255.255.252.0
//定义互联广域网 IP 地址及子网掩码。
RouterB(config-if)#exit                                    //退出同步串口 s0 的配置模式
RouterB(config-if)#bandwith 2048                          //定义端口速率，单位：kbit/s
RouterB(config-if)#no shutdown                            //激活 s0 端口
RouterB(config-if)#exit
RouterB(config)#
RouterB(config)#Router ospf 200
//配置动态路由协议 OSPF，进程号为 200
RouterB(config-router)#network 10.71.13.0 0.0.3.255 area 0
```

```
                //设置网络号 10.71.13.0，区域号 0
RouterB(config-router)#network 10.71.20.0 0.0.0.255 area 0
//设置网络号 10.71.20.0 区域号 0
RouterB(config-router)#exit                    //退出路由协议配置模式
RouterB(config)#exit
RouterB#wr m                                   //将配置文件保存在 NVRAM 中
```

【例 6-21】局域网通过 DDN 专线接入因特网。配置条件为：

- Intranet 内部网采用的网络地址是：193.90.0.0、255.255.255.0。
- 以太网地址：193.90.1.1。
- DNS Server: 193.90.1.10 (主)、193.90.1.11。
- 广域网互联 IP 地址：202.100.22.1、202.100.22.2、255.255.255.255.252。
- 所属域：xxx.yyy.net。
- 专线速率：2 048 kbit/s DDN。

具体配置如下：

```
Router>en                                      //由用户模式进入特权模式
Password: ******                               //输入密码
Router#conf t                                  //从特权模式进入全局配置状态
Router(config)#enable secret ******            //定义超级密码
Router(config)#hostname Router                 //定义路由器的名字为 Router
Router(config)#ip domain-name xxx.yyy.net      //定义所属域名称
Router(config)#nameserver 193.90.1.10          //定义主域名服务器
Router(config)#nameserver 193.90.1.11          //定义备份域名服务器
Router(config)#int e0                          // 配置 E0 口
Router(config-if)#description the LAN port link to my local network
//端口说明
Router(config-if)#ip add 193.90.1.1 255.255.255.0
Router(config-if)#no shutdown                  //激活 e0 端口
Router(config-if)#exit                         //退出以太网口 e0 的配置模式
Router(config)#int s0                          //进入同步串行口 s0 的配置模式
Router(config-if)#description the WAN port link to Internet
//端口说明
Router(config-if)#encapsulation hdlc
Router(config-if)#ip address 202.100.22.1 255.255.255.252
//定义互联广域网 IP 地址及子网掩码
Router(config-if)#bandwith 2048                //定义端口速率，单位: kbit/s
Router(config-if)#no shutdown                  //激活 s0 端口
Router(config-if)#exit
Router(config)#Router ospf 100
//配置动态路由协议 OSPF，进程号为 100
Router(config-router)#network 193.90.0.0 0.0.0.255 area 0
//设置网络号 193.90.0.0，区域号 0
Router(config-router)#network 202.100.22.0 0.0.0.3 area 0
//设置网络号 202.100.22.0,区域号 0
Router(config-router)#exit                     //退出路由协议配置模式
```

```
Router(config)#ip route 0.0.0.0 0.0.0.0 serial 0
//配置默认 IP 路由协议。
Router(config)#exit
Router#wr m                                      //保存配置文件
```

2．PPP 协议配置

PPP(Point-to-Point Protocol)是点对点协议，是一个用串行线路或电话线发送 IP 信息包的 TCP/IP 协议。PPP 是串行线路 Internet 协议（Serial Line IP Protocol，SLIP）的取代者，它提供了跨过同步和异步电路实现路由器到路由器(Router to Router)主机到路由器的连接，也提供了 PC 用它来向主网络的 Ethernet 端口一样通过调制解调器暂时地直接连入 Internet。

要使用 CHAP/PAP 必须使用 PPP 封装。在与非 Cisco 路由器连接时，一般采用 PPP 封装，其他厂家路由器一般不支持 Cisco 的 HDLC 封装协议。

（1）PPP 协议在 DTE 端设置步骤。

在没有用户验证的情况下的配置步骤如下：

① 在端口设置状态下，封装 PPP 协议。

```
Router(config-if)#encapsulation ppp
```

② 配置本端口 IP 地址。

```
Router(config-if)#ip address ip-address mask
```

其中：ip-address 为本端口的 IP 地址，Mask 为子网掩码。

③ 不使用用户验证。

```
Router(config-if)#no ppp authentication
```

Cisco2500 及 2600 系列的同步端口或同步/异步端口在封装 PPP 协议时，默认为没有用户验证，无须此项设置。

（2）使用用户验证时的配置步骤。

在全局设置模式下设置本路由器的名字的步骤如下：

① Router(config)#hostname hostname

其中：hostname 为本路由器的名字。

② 登记对方的路由器。

```
Router(config)#username hostname password password
```

注意：两边路由器的密码必须一致。

③ 在端口设置状态下，设置本端口 IP 地址。

```
Router(config-if)#ip address ip address mask
```

其中：ip address 为 IP 地址，mask 为子网掩码。

④ 在端口设置状态下，封装 PPP。

```
Router(config-if)#encapsulation ppp
```

⑤ 设置 PPP 用户验证协议认证方法。

```
Router(config-if)#ppp authentication {chap | pap }
```

建议使用 chap 比较安全，如果一端用了用户验证协议，另一方必须也使用相同的用户验证协议。

⑥ 指定密码。

`Router(config-if)#`**`username`** *`name`* **`password`** *`secret`*

⑦ 设置 DCE 端线路速度。

`Router(config-if)#`**`clockrate`** `speed`

可以将两个路由器通过 V.35 或 RS232 线缆直接连接。连接 DCE 线缆的路由器必须提供同步时钟及带宽。其他方面与 DTE 的配置完全一样。

【**例 6-22**】图 6-22 所示的路由器 RouterA 和 RouterB 的 s0 口均封装 PPP 协议，采用 CHAP 做认证，在 RouterA 中应建立一个用户，以对端路由器主机名作为用户名，即用户名应为 routerB。同时，在 Router2 中应建立一个用户，以对端路由器主机名作为用户名，即用户名应为 routerA。所建的这两个用户的 password 必须相同。

192.100.6.1　　　　　　　　　192.100.6.2
s0（DCE）　　　　　　　　　s0（DCE）

Router A　　　　　　　　　　　　　　Router B

图 6-22　RouterA 与 RouterB 连接图

具体配置如下：

RouterA 的配置：

```
Router(config)# hostname RouterA          //定义路由器的名字为 RouterA
RouterA(config) #username routerA password ******
RouterA(config) #interface Serial0
RouterA(config-if) #ip address 192.100.6.1 255.255.255.0
RouterA(config-if)#encapsulation ppp
RouterA(config-if)#ppp authentication chap
RouterA(config-if) #clockrate 1000000
```

RouterB 配置：

```
Router(config)# hostname RouterB          //定义路由器的名字为 RouterB
RouterB(config) #username routerB password ******
RouterB(config) #interface Serial0
RouterB(config-if) #ip address 192.100.6.2 255.255.255.0
RouterB(config-if)#encapsulation ppp
RouterB(config-if) #clockrate 1000000
RouterB(config-if)#ppp authentication chap
```

小　　结

本章主要介绍了路由器的基本组成、分类、管理及其基本的配置方法。

路由器是网络层设备，是计算机网络中的主要设备之一。路由器的主要功能是路由选择和路由转发。

路由器由 CPU、操作系统、ROM、主 RAM 等几部分组成。路由器的分类方法较多，按交换能力可将路由器分为高端路由器（核心由器）、中端路由器和低端路由器。

本章主要以目前常用的 Cisco 路由器为例说明路由器的连接方法，并结合配置实例介绍路由器的基本配置方法。

本章重点是路由器的组成、类型特点及路由器的基本配置。

习　　题

一、选择题

1. 路由器是（　　）上的设备。
   A. 数据链路层　　　B. 网络层　　　C. 物理层　　　D. 传输层
2. 按性能分类,路由器可分为（　　）。
   A. 核心路由器　　　　　　　　　B. 非核心路由器
   C. 线速路由器和非线速路由器　　D. 模块化和非模块化结构路由器
3. 下面（　　）与路由器的组成无关。
   A. 内存　　　　　B. 操作系统　　　C. 接口　　　D. 硬盘
4. 下面（　　）与路由器的命令无关。
   A. show　　　　B. dir　　　C. enable　　　D. config terminal

二、简答题

1. 路由器由哪几部分组成？
2. 路由器有哪几种工作模式？
3. 通常，路由器都有哪几种分类方法？
4. 路由器和普通计算机有何异同点？
5. 简述在路由器上配置主机名和密码的步骤。
6. 什么是静态路由？什么是动态路由？
7. 常用的路由协议有哪些？
8. 简述配置 RIP 协议的步骤。
9. 简述配置静态路由协议的步骤。

第 **7** 章　网络故障的诊断与网络维护

当一个网络建设完成之后，将会有大量的维护、故障检测和故障恢复工作要做。任何物理设备都可能出现故障或损坏，所以网络在运行过程中经常会遇到各种各样的问题或故障，以至影响网络的正常运行，进而影响网络用户的正常工作、学习和生活。网络一旦出现故障，就要尽快找出故障点并排除故障，使网络尽快恢复正常运行。所以，网络的故障诊断与排除是每个网络管理员所面临的一个很重要的工作任务。

7.1　网络故障诊断概述

计算机网络是一个复杂的综合系统，它的故障诊断工作也是一个综合性的技术问题，是一个涉及网络技术的、比较困难的和复杂的工作。网络管理工作者往往都遇到过网络异常的困扰。如果发现网络运行速度慢，或者经常出现莫名其妙的现象，则网络就可能存在故障隐患。网络故障诊断是以网络原理、网络配置和网络运行的知识为基础。从故障现象出发，以网络诊断工具为手段获取诊断信息，确定网络故障点，查找问题的根源，排除故障，恢复网络的正常运行。保证网络的正常运行，提高网络的利用率，使网络发挥最大的作用是每个网络管理工作者的重要工作之一。

1．网络故障诊断的目的

网络故障诊断有以下 3 个目的：

（1）确定网络的故障点，恢复网络的正常运行。

（2）发现网络规划和配置中的问题，改善和优化网络的性能。

（3）观察网络的运行状况，及时预测网络通信质量。

2．产生网络故障的原因

产生网络故障的原因很多，可能是网卡，不停地发出坏的数据包；也可能是交换机的端口故障，使有差错的数据包增多；还可能是服务器，硬盘的故障使网络瘫痪；软件的设置错误或其他错误更会引发各种问题；一条链路负载量大，可能形成整个网络的瓶颈。网络故障通常有以下几种可能：

（1）物理层问题：由于物理设备相互连接失败或者硬件及线路本身而引起的问题。

（2）数据链路层问题：包括网络设备接口的配置等问题。

（3）网络层问题：由于网络协议配置或操作引起的错误。

（4）传输层问题：由于性能或通信拥塞引起传输超时问题。

（5）应用层问题：包括网络操作系统（NOS）、网络应用程序或网际操作系统（IOS）自身中的软件错误。

前 3 种是 OSI 数据通信模型中的第一层的物理层至第四层的传输层所出现的问题，第五种是 OSI 数据通信模型中上三层中所出现的问题。因此，诊断网络故障的过程通常的方法是应该先从 OSI 数据通信模型的物理层开始逐层向上进行。首先检查物理层，然后检查数据链路层，依此类推，将能够查清出现问题的故障点。

3. 一般故障排除步骤

网络故障诊断的一个重要问题是确定从何处开始相关的工作。下面就介绍在大多数情况下可以使用的一套故障诊断的框架，具体采用什么样的方法和措施要根据实际情况灵活处理，不能千篇一律。

一般故障排除步骤如下：

（1）故障定位。

（2）收集相关信息。

（3）考虑故障的可能原因。

（4）确定解决方案。

（5）实施解决方案。

（6）测试验证。

（7）记录解决方案。

（8）确定预防措施。

上面的过程中的有些步骤可能需要反复进行，例如第（6）步没有解决问题，就需要重新执行第（2）步 ~ 第（6）步，直到问题解决为止。图 7-1 所示为一般故障排除的流程图。

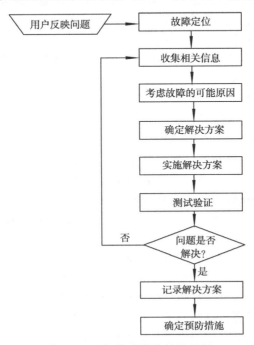

图 7-1　一般故障排除的流程图

上面的这种解决问题的步骤不仅可以用于解决网络环境中的故障，还可在解决现实生活中的各种问题中进行借鉴。

第 1 步：故障的定位。

故障的定位就是要清楚故障的性质及其影响范围，将故障范围缩小到一个网段、某一个结点或某一个网络设备。缩小故障范围是解决问题（故障）的开始。还需要确认故障是否会出现在其他结点上，故障是局限于一个结点还是某个网络设备。明确故障的范围不仅可以帮助确定解决问题的方法的起点，还可以确定解决问题的优先顺序。例如，整个网络的交换机或服务器故障就比单独的工作站的故障优先考虑。对故障进行定位，明确故障的范围是解决问题的第一步，也是非常重要的一步。故障定位还要求有一定的直觉、技巧和经验。

在开始工作之前，应该首先思考下面的问题：

（1）周围的用户是否遇到了相同的问题？

（2）整个楼宇内其他地方的情况如何？

（3）故障出现在所有的应用程序中还是在特定的程序中？

（4）更换到另外一台设备后，故障是否仍然存在？

第 2 步：收集相关信息。

当分析网络故障时，要先了解故障的情况，应该详细说明故障的现象症状，向用户、网络管理员、管理者和其他关键人物了解一些和故障有关的问题，最初收集到的相关信息可能大多都来自于用户。向用户所提问的内容的差异和提问方式的不同会对解决问题的快慢有着较大的关系。所以，网络管理人员要善于通过提问题的方式以及各种不同方式同用户进行交流，全面了解有关信息，可以收集和了解如下信息：

（1）以前工作是否正常。一般情况下，一个曾经工作正常然后出现故障的设备与一个从未正常工作的设备之间存在着巨大的差别。用户一般不会主动提出这类问题，因此我们必须用提问的方式来了解。如果某个发生故障的设备曾经工作正常，我们可以推断一定是什么原因破坏了这种正常工作的过程。一个从未正常工作的设备则可以断定是一开始的时候就存在问题。前者我们应该从进入故障分析模式，并且继续与用户交流；后者，应该进入安装模式并将其列入即将解决的事件（问题）列表。

（2）观察网络设备的指示灯。计算机工作时，观察网卡、交换设备、调制解调器、路由器面板上的 LED 指示灯。一般情况下，绿灯亮表示连接正常（调制解调器需要几个绿灯和红灯都要亮），红灯表示连接故障，不亮表示无连接或线路不通。

（3）故障发生的时间。如果发生故障的部件以前是正常工作的，则必须确认故障发生的时间和日期，同时也是为了确定当时哪些事件导致了故障。例如，当故障发生时是否有其他应用程序正在运行或者正在打开其他电器设备（如空调等）事件。还可以了解故障是一直存在的还是间歇性的，故障是否在固定的时间段出现的，以及当故障出现时是否有其他的程序正在运行。

（4）是否发生了任何改变。必须了解工作环境是否发生了改变。例如，在工作站或服务器上安装新的应用程序、硬件设备或对现有的程序和硬件进行升级都可能导致故障的发生。另外，是否对网络设置进行了更新导致了故障？是否对服务器进行了升级或者是对路由器的配置进行了更新？是否安装了新服务器？网络设备上是否安装了新协议？是否新增或删除广域网路由？网络结构是否发生了变化？如新增路由器、交换机、集线器，以及将大网络分成小网络。网络用户组是否发生了变化？例如，由于工作关系将一组用户变为另一组用户。

（5）不要忽视一些明显的问题。有时候对一些问题没有经过认真分析就用网络分析仪器进行检测网络较大的故障。比如，一个比较简单的故障是：用户忘记了将网线插上。根据工作经验表明，这种故障的可能性其概率不低于 10%。有时的故障是由于相关的设备没有开启的缘故。

（6）确定正常的工作方式。如果对正常的工作方式不了解，就很难掌握关于故障的信息。这就需要详细的工作记录，并且对网络的正常运行基准有一个正确认识。所谓基准是指描述正常网络操作的文档。网络基准应该包括网络使用统计、服务器 CPU 使用统计、内存、硬盘以及其他资源和正常网络通信模式等内容。这些信息可以与实际排除故障时收集到的统计资料进行比较。通过这种比较可以对"反应速度很慢"等问题做出正确的评价，并且可以指明故障的原因，同时还可以帮助确定何时对网络的基础结构或设备（如服务器）进行升级。

除了上述信息之外，还要广泛从网络管理系统、协议分析跟踪、路由器诊断命令的输出报告或软件说明书中收集有用的信息。

第 3 步：考虑分析故障的可能原因。

确定了故障源，收集了足够的信息后，就可以根据故障现象和收集到的信息考虑引发故障的可能原因及其有关的帮助信息，并通过分析，推断出最后产生故障的可能原因，并识别出故障的类型。开始仅用一个最可能的故障原因进行诊断活动，这样可以容易恢复到故障的原始状态。如果一次同时考虑一个以上的故障原因，试图返回故障原始状态就困难多了。在这一阶段，经验就显得非常重要。因为经历的故障越多，就越容易推断出故障发生的可能原因，同时又可收集更多的相关信息。

在这一阶段的目标是要建立一张引发故障的事件列表。在故障分析前一步中，应该排除那些不可能引发故障的因素。有必要时，还可以回到上一步，收集更多的信息。建立了一张引发故障的事件列表之后，可以调查、排除或确认每一种故障原因。

第 4 步：确定解决方案。

当确定了最后可能导致故障的原因之后，就可以方便地制定出相关问题（故障）的解决方案，包括故障的诊断计划。在做故障诊断计划时，有两点必须考虑：一是开始仅用一个可能的故障原因进行诊断活动，来观察这种改变对问题的影响；二是要有一种手段可以把所做的改变恢复为原状。

在设计某一种解决方案之前，必须考虑如下问题：

（1）所确定的原因是否真是故障原因所在，这要经过诊断测试来最后确定。

（2）是否可以对设定的解决方案进行充分的测试，要制订故障的诊断计划。

（3）设定的解决方案应该提出什么样的结果。

（4）所设定的解决方案对于网络的其他部分是如何处理的。

（5）回答这些问题是否需要附加的帮助。

上述的最后一个问题，对于大多数的网络专家而言都是一个棘手的问题。然而，不可能存在一位精通各项事务的专家，同时有些网络故障确实是非常复杂的，并且对于大多部门而言解决问题所需要的仪器的价格是很高的。如果由于网络故障而引发了停产，由此而产生的经济损失要比请一位专家的花费要高得多。

在实施某一项方案或计划之前，必须做好准备工作：方案可能会导致比现有的故障更糟糕的影响。无论故障以及其解决方案涉及的是整个网络还是个别的用户，都必须要清楚地知道如何将事件恢复到应用方案前的初始状态。所以，在实施方案前需要完成如下工作：

（1）保存全部的网络设备配置文件。

（2）对工作站的配置文件进行备份记录。

（3）记录配线室的结构，包括设备的位置及其各设备之间的网线的连接（包括设备的端口）等。

（4）建立最终的基准，以便对新旧结果进行对比，同时在需要恢复时可以作为比较的依据。

第5步：实施解决方案。

在前面的工作完成之后，就着手对解决方案进行实施或应用。在这一阶段中，还要遇到一些中间测试环节。在测试过程中，应该设计一些中间环节，以便可以在一些关键点进行测试，而不是对整个解决方案的测试过程结束之后再对结果作出评价。逐步对一些个别关键点进行测试远比对整个解决方案进行测试要简单得多。解决应用问题的一种较好的方法是制订一个逐步执行的计划，以便于能够对中间环节进行测试。

下面结合对新安装的路由器和交换机测试步骤来讨论。特别是要注意这种方法在应用和测试过程之间的更替。执行诊断计划，认真做好每一步测试、观察和记录，直到故障症状消失。新安装的路由器和交换机的测试步骤如下：

（1）配置路由器。

（2）使用 ping 命令测试每个接口，以确定这是唯一的操作。

（3）将路由器与网络的其他部分相连接。

（4）使用 ping 命令测试，确保网络中所有部件的连接是正确的。

（5）使用 Trace 程序来确定网络路径。

（6）安装和配置交换机。

（7）在新添加的网络中对工作站进行配置。

（8）将工作站与新购置的交换机连接。

（9）确定网络内部连接是正确的。

（10）将路由器和交换机相连接。

（11）确定在工作站上通过 ping 命令可以访问路由器接口。

（12）确定从工作站可以访问其他的网络。

（13）为新建的网络创建一个基准。

在测试过程中合理安排解决方案，可以容易地解决那些不可预见的结果。当制订了详细的解决方案以后，就可以执行相应的措施。

当计划的解决方案对网络中的其他用户产生影响时，必须通知相关用户在测试过程中可能受到的正常工作的影响，以便使用户有足够的时间来安排停机等工作。

在测试过程中，一定要记住每次只能完成一项测试，同时每改变一个参数都要确认其结果。分析结果确定问题是否解决，如果没有解决，继续下去，直到解决。对网络和服务器所做的每一步改变，例如对升级驱动程序或改变 IP 地址等过程进行记录。通过测试记录可以随时了解网络所处的状态，同时网络记录可以在日后的故障检测和升级过程中起到很大的帮助作用。

一旦确定了故障源，通过测试最后确定了故障发生的原因，识别故障类型就比较容易了。对于网络硬件设备来说，最方便的措施就是简单地更换，对损坏部分的维修可以在以后进行。尽可能迅速地恢复网络的所有功能是故障诊断的目的。

如果是软件故障，有两种方法可以解决：第一种方法是，重新安装有问题的软件，删除可能有问题的文件并且确保拥有全部所需的文件；第二种方法是对软件进行重新设置。如果问题是单一用户的问题,通常最简单的方法是整个删除该用户,然后从头开始,或是重复必要的步骤,使该用户重新获得原来有问题的应用。比无目标地进行检查,逻辑有序地执行这些步骤可以更快速地找到问题。

第 6 步:测试验证解决方案,即检验故障是否被排除。

故障是否被排除,要通过操作人员的测试验证。检验故障是否依然存在,这可以确保是否整个故障都已被排除。只是简要地请用户按正常方法操作有关网络设备即可,同时请用户快速地执行其他几种正常操作。要记录相关的信息。有时解决一个地方的问题会引出别处的问题;有时问题是解决了,但也有可能会掩盖其他故障。

第 7 步:记录解决方案。

到了这一步,就意味着问题已经解决,即故障已经排除。现在还需要将测试过程中的相关记录以及测试步骤整合成一篇记录文献或文档,故障已经排除,问题得到了解决,却忽视了记录和文献记载。实际上,这一步骤仍然很重要。因为同样的故障将来极有可能还会出现。通过记录文档可以方便解决类似问题。所以,作为网络管理者,应该养成良好的习惯。不仅仅解决网络故障时如此,在解决其他问题时,同样如此。

记录文献或文档应该包括所有与故障相关的信息,如故障的定位、解决方法、操作过程与步骤及测试手段等内容。

一个成熟的网络管理机构一般都制订有一整套完整的故障管理日志记录机制。

第 8 步:确定预防措施。

当完成了故障排除和文献记录等工作之后,就应该着手制订预防措施,以防止同样的故障再次发生。例如,假若故障是由于某种通过网络传播的计算机病毒所引起的,就可以通过安装相应的防病毒软件或对防病毒软件及时升级,以及强化软件管理、电子邮件下载等有效手段或措施来预防相同故障的发生。预防措施是最简单的,也是有效的方法。设计预防措施是一种主动的网络管理方式,而不是一种被动的管理方式。

4. 网络故障诊断的工具

网络故障诊断(包括故障排除)可以使用包括局域网或广域网分析仪等在内的多种工具,具体包括:

(1)路由器诊断命令。

(2)网络管理工具和其他故障诊断工具,包括网络测试及监视工具。

(3)Cisco 所提供的工具能够排除绝大多数网络故障。

(4)查看路由表,是解决网络故障的好方法。

(5)Internet 控制信息协议(ICMP)的 ping、trace 命令和 Cisco 的 show 命令、debug 命令是获取故障诊断有用信息的网络工具。

通常使用一个或多个命令收集相应的信息。例如:

- ping 命令是测定设备是否可达到目的地的常用方法。ping 从源点向目标发出 ICMP 信息包,如果成功,返回的 ping 信息包就证实从源点到目标之间所有物理层、数据链路层和网络层的功能都运行正常。
- show interface 命令可以非常容易地获得待检查的每个接口的信息。
- show buffer 命令提供定期显示缓冲区大小、用途及使用状况等。

- Show proc 命令和 show proc mem 命令可用于跟踪处理器和内存的使用情况，可以定期收集这些数据，在出现故障时，用于诊断参考。网络故障以某种症状表现出来，故障症状包括一般性的（像用户不能接入某个服务器）和较特殊的（如路由器不在路由表中）。对每一个症状使用特定的故障诊断工具和方法都能查找出一个或多个故障原因。

（6）经验。网络维护、故障诊断和排除过程中最有效的工具就是个人经验。无论是在计算机上、还是计算机网络中都会有充分的机会来扩展和发挥自己的经验。

随时记录所看到的、学到的内容是很重要的。特别是计算机及网络维护人员的这种坚持记录的习惯是非常有用的。尤其是对故障的处理及其有关技巧尤为重要。

（7）同事。自己的同事或者是同学也是一种资源，虚心请教别人往往是一种被人们忽视的解决问题的方法。

（8）制造商的技术支持热线。有些情况下，除了求救之外没有其他的解决方法。所以，拨打制造商的技术支持热线，以寻求问题的尽快解决也是一种方法，有时往往是非常有效的。但是，在拨打技术支持热线之前应该准备好相关的信息，这样技术人员才有可能有效地回答您的问题。准备的相关信息包括：软件版本的编号、硬件设备的序列号、出厂编号，若是路由器或交换机则必须知道固件的修订号，等等。应该尽可能详尽地描述故障的情况。故障不同，相关信息也不相同。除此之外，将已经排除了一些明显的因素或明显的故障原因提供给技术人员，会有助于问题的解决。若是硬件原因，而且在保修期内，也有可能会得到替换品。

（9）互联网络。因为互联网络是世界上最大的电子信息仓库，所以通过互联网络的搜索引擎等方法，有时可以在互联网的知识库中得到故障的解决方法。

（10）网络记录。如果想了解网络故障的原因以及相应的解决方法，任何好的方法都不能取代网络记录。一个详细的网络记录对于缩短故障处理的时间是有比较大的帮助的。网络的安装、维护、故障分析过程等内容，应该都有相应的记录。对于网络管理员而言，网络记录就像用户手册一样，必要时都会有用途。

7.2 网络故障的分类

1. 按照网络故障的性质分类

按照网络故障的性质分类，网络故障可分为物理故障与逻辑故障。

（1）物理故障。物理故障指的是设备或线路损坏、插头松动、线路受到严重电磁干扰等情况。传输介质及网络设备之间的连接出现问题造成线路中断等故障。

一般情况下，出现某条线路突然中断，首先用 ping 命令检查线路是否连通。如果集线器、交换机、多路复用器等网络设备连接不正确也会导致网络中断。还有一些网络连接故障很隐蔽，要诊断这种故障没有特别好的工具，大多是靠经验。

（2）逻辑故障。逻辑故障中最常见的情况就是配置错误。逻辑故障是指网络设备的配置原因而导致的网络异常或故障。

配置错误可能是路由器端口参数设置有误，或路由器路由配置错误以至于路由循环或找不到远端地址，或者是路由掩码设置错误等。例如，某条线路没有流量，但是用 ping 命令来检查，显示线路的两端端口是通的，这时就很有可能是路由配置错误。

另一类逻辑故障就是一些重要进程或端口被关闭，以及系统的负载过高。例如，线路中断，没有流量，用 ping 发现线路端口不通，检查发现该端口处于 down 状态，这就说明该端口已经关闭，因此导致故障。这时，只需重新启动该端口，就可以恢复线路的连通。还有一种常见情况是路由器的负载过高，表现为路由器 CPU 温度太高、CPU 利用率太高，以及内存剩余太少等。

如果网络协议没有安装或配置，网络设备和计算机之间是无法通信的，网络资源也是无法共享的。这类故障又称为协议故障。

2．按照网络故障的对象分类

按照网络故障的对象分类，网络故障分为线路故障、路由故障和主机故障。

（1）线路故障：线路故障最常见的情况就是线路不通，诊断这种情况首先检查该线路上流量是否还存在，然后用 ping 检查线路远端的路由器端口能否响应，用 tracert 命令检查路由器配置是否正确，找出问题逐个解决。

（2）路由器故障：指路由器的路由配置错误等原因而引起的故障，以至于路由循环找不到远端地址，或者是路由掩码设置错误等。线路故障中很多情况都涉及路由器，因此也可以把一些线路故障归结为路由器故障。

（3）主机故障：主机故障是主机（服务器或客户机）上的网络故障。主机故障常见的现象就是主机的配置不当。例如，主机配置的 IP 地址与其他主机冲突，或 IP 地址根本就不在子网范围内，由此导致主机无法连通。主机的另一故障就是安全故障，例如，非法用户的攻击等。攻击者可以通过某些进程的正常服务或 bug 攻击该主机，甚至得到 Administrator 的权限等。另外，不要轻易共享本机硬盘，因为这将导致恶意攻击者非法利用该主机的资源。发现主机故障一般比较困难，特别是别人恶意的攻击。

7.3　网络故障的分层检查

7.3.1　物理层

物理层是 OSI 分层结构体系中的第 1 层，它建立在通信媒体的基础上，实现系统和通信媒体的物理接口，为数据链路实体之间进行透明传输，为建立、保持和拆除计算机和网络之间的物理连接提供服务。

1．线路方面故障

线路方面的故障如下：

（1）没有连接电缆；

（2）电缆连接方式错误，如集线设备之间的连接线该用交叉线却用了直通线等错误（如果是用双绞线连接，大多是用交叉电缆连接）；

（3）连接电缆不正确，如：双绞线采用标准（EIA 568–A 标准和 EIA 568–B）不一致；

（4）违反以太网接线规则和布线标准，如 5–4–3 规则；

（5）网线、跳线或信息座故障。

2．端口设置方面的故障

端口设置方面的故障如下：

（1）两端设备对应的端口类型不统一，如 RS-232 端口和 V.35 端口之间的转换；

（2）速率和双工设置不匹配；

（3）数据收/发的线路没有接通，如路由器中的端口表现为 down 状态。

3．集线器故障

集线器故障主要有以下几点：

（1）连接距离过大造成的网络故障。若局域网的连接范围较大，可以通过集线器之间的级联扩大网络的传输距离。

在 10 Mbit/s 网络中最多可以级联四级，使网络的最大传输距离可以达到 600 m。但是，当网络从 10 Mbit/s 升级到 100 Mbit/s 或新建一个 100 Mbit/s 的局域网时，就只允许两个 100 Mbit/s 集线器之间进行级联，而且两个 100 Mbit/s 集线器之间的连接距离不能大于 5 m。所以，100 Mbit/s 局域网在使用集线器时最大传输距离为 205 m。

如果是千兆以太网：62.5 μm 的多膜光纤，1000Base-SX 标准最大传输距离为 260 m，1000Base-LX 标准最大传输距离为 550 m；50 μm 的多膜光纤，1000Base-SX 标准最大传输距离为 525 m；1000Base-LX 标准最大传输距离为 550 m；单膜光纤（9 μm）连接的最大距离为 3 km。如果实际连接距离不符合上述要求，网络无法连接。这一点用户在进行网络规划时一定要足够重视，否则会引起严重的错误。

（2）未采用交叉电缆连接。交换机或集线器之间用双绞线连接时，要采用交叉线连接，在以太网的双绞线制作过程中，1、2 为发送线，3、6 为接收线。采用交叉线连接就是将 1、3 和 2、6 线序对调，否则会造成网络不通。

（3）端口出现故障。若某个接口有问题，可以换一个接口来试一试。另外，有些集线器或交换机的级联口和与之紧靠的一个端口不是独立的两个端口，而是属于同一个端口（虽然存在两个独立的物理端口）。如果将其中一个端口作为级联端口使用，则另一个端口将无效。

可以观察交换机或集线器的指示灯作为工作正常与否的依据。一般情况下，绿灯亮表示工作正常，红灯亮表示有故障。

4．电源方面的故障

电源方面的故障主要有以下两点：

（1）掉电。

（2）超载、欠压等故障。

5．网卡故障

网卡为计算机和其他设备提供了连接到网络介质的接口。网卡接收比特信号并将其发送到数据链路层。目前，网卡用得最多的类型就是 PCI 网卡，另外还有 EISA 和 ISA 类型的网卡。PCI 网卡的数据传输率快于 EISA 或 ISA 类型的网卡。速度为 33 MHz 和宽度为 32 位的总线理论上支持的数据传输速率可以达到 133 Mbit/s。网卡的最大传输速率在 80 Mbit/s ~ 90 Mbit/s 之间。速度为 66 MHz 和宽度为 64 位的总线理论上可以支持 532 Mbit/s 的数据传输速率。速度为 33 MHz 和宽度为 32 位的 PCI 总线已经使网卡足够达到 100 Mbit/s 的速度。

如果网卡支持两种速率，如 10 Mbit/s 和 100 Mbit/s，则有两个独立的连接指示灯：一个是 10 Mbit/s 的速度，另一个是 100 Mbit/s 的速度。网卡连接在集线器只能是半双工式模式。若是全双工模式网卡并连接在交换机上，全双工指示灯就会亮。网卡出现故障的概率也是比较大的，网卡发生故障的原因如下：

（1）网卡参数设置错误。网卡的参数设置包括全双工状态、绑定帧类型、中断号（IRQ）、I/O 端口、DMA 通道设置，如果这些参数设置错误，就会导致系统设备之间的冲突，网卡就不能正常工作。

以网卡的中断号（IRQ）为例，如果发生冲突，就必须修改参数，若还不行，则更换一个插槽重新插网卡试一试。此外，CMOS 参数设置也会有影响，例如，在 CMOS 中有 PNP/PCI CONFIGURATION 一项，可以将 IRQ 状态设置为 Legacy ISA（保留 ISA 总线设备）和 PCI/ISA PnP，如果设置为 Legacy ISA，则使用该 IRQ 的 PCI 总线的网络将无法正常工作，这时要将其改为 PCI/ISA PnP。

（2）在同一网段的网络设备的全双工状态、绑定帧的类型等参数要设置一致，否则网络速度会变慢甚至不通。例如，将服务器、工作站网卡被设置为全双工状态，而交换机、集线器等工作在半双工状态，这样其服务器、交换机和工作站的工作状态就不匹配，就会产生大量冲突的数据帧和错误帧，访问速度将变得非常慢。此外，如果网卡绑定帧（802.3 帧）类型和工作站、服务器运行得数据帧类型不匹配，则不能上网。这些错误往往是因操作人员的疏忽而造成的。

（3）对网卡的干扰。网卡出现故障的原因也有可能是因各种干扰造成的。例如，信号干扰、接地干扰、电源干扰、辐射干扰等都可能会对网卡性能产生较大的影响，有的干扰可能会导致网卡损坏。干扰信号可能会窜到网卡输出端口，入网后将占用大量的网络带宽，破坏其他工作站的正常数据包，形成众多的 FCS 帧校验错误数据包，造成大量的重发帧和无效帧，而且比例会随着各个工作站的流量的增加而增加，从而导致整个网络系统的正常运行受到严重干扰。有时干扰不严重时，网卡也能勉强工作，当数据通信量不大时用户往往是感觉不到的，但在大量数据通信时，操作系统会出现"网络资源不足"的提示，造成死机等现象。

（4）网卡驱动不正常。这类情况也比较多，可能是驱动程序没有安装，或者是没有安装协议，或网卡驱动程序不能正常工作。处理这类情况的方法是删除网络适配器，重新安装网卡驱动程序，并为该网卡正确安装和配置网络协议。如果网卡不能正确安装，很有可能是网卡坏了，需要更换网卡。也有的网卡的驱动程序及协议都能正确安装，但是无法上网，这时也有可能网卡坏了，有时往往更换网卡后，就能正常工作。

7.3.2 数据链路层

数据链路层的主要任务是在不可靠的物理线路上进行可靠的数据传输，即网络层无须了解物理层的特征而获得可靠的传输。数据链路层为通过链路层的数据进行打包和解包、差错检测和一定的校正能力，并协调共享介质。在数据链路层交换数据之前，协议关注的是形成帧和同步设备。

数据链路层故障检查包括以下几个方面：

（1）数据链路层数据帧的问题，包括帧错发、帧重发、丢帧和帧碰撞。

（2）流量控制问题。

（3）数据链路层地址的设置问题。

（4）链路协议的建立问题，在连接端口应该使用同一数据链路层协议封装。

（5）同步通信的时钟问题，表现在端口上设置了不正确的时钟。

（6）数据终端设备的数据链路层驱动程序的加载问题。

查找和排除数据链路层的故障，需要查看路由器的配置，检查连接端口的共享同一数据链路层的封装情况。每对接口要和与其通信的其他设备有相同的封装。通过查看路由器的配置检查其封装，或者使用 show 命令查看相应接口的封装情况。

7.3.3 网络层

网络层提供建立、保持和释放网络层连接的手段，包括路由选择、流量控制、传输确认、中断、差错及故障恢复等。网络层故障检查主要包括以下几个方面：

（1）路由协议没有加载和网络路由的设置错误，如 IGRP 路由协议使用了错误的自治系统号。

（2）IP 地址和子网掩码的错误设置。

（3）IP 和 DNS 不正确的绑定。

排除网络层故障的基本方法是：沿着从源到目标的路径，查看路由器路由表，同时检查路由器接口的 IP 地址。如果路由没有在路由表中出现，应该通过检查来确定是否已经输入适当的静态路由、默认路由或者动态路由。然后，手工配置一些丢失的路由，或者排除一些动态路由选择过程的故障，包括 RIP 或者 IGRP 路由协议出现的故障。例如，对于 IGRP 路由选择信息只在同一自治系统号（AS）的系统之间交换数据，查看路由器配置的自治系统号的匹配情况。

7.3.4 传输层

传输层故障检查主要包括以下几方面：

（1）差错检查方面如数据包的重发等。

（2）通信拥塞或上层协议在网络层协议上的捆绑方面，如微软文件和打印共享协议在 IPX 协议上的绑定等。

7.3.5 应用层

应用层故障检查主要包括以下几方面：

（1）操作系统的系统资源（如 CPU、内存、输入/输出系统、核心进程等）的运行状况。

（2）应用程序对系统资源的占用和调度。

（3）管理方面问题，如安全管理、用户管理等。

7.4 网络故障诊断及网络维护命令

用操作系统自带的命令诊断网络故障和进行网络维护是最基本的和最方便的一种方法。作为一个园区网或校园网的网络管理员，经常要处理网络故障，了解和掌握几个常用的网络测试命令将会有助于更快地检测到网络故障所在，从而节省时间，提高效率。表 7-1 给出了常用的 Windows 命令、UNIX 命令、Linux 和 Cisco 路由器的几个命令。Windows 命令和路由器命令是不区分大小写，而 UNIX 命令是区分大小写的。

表 7-1　常用网络诊断命令

Windows 命令	UNIX(solaris)命令	Linux 命令	路由器诊断命令
ping	ping	ping	ping
ipconfig	ipconfig	ipconfig	show interface
route	route	ripquery	show ip rout
netstat	netstat	netstat	debug
tracert	tracerout	traceroute	trace
arp	arp	arp	telnet

下面对 Windows 命令逐一进行介绍。

7.4.1　ping

Ping（Packet Internet Groper,封包网际搜索器）命令最初的含义表示潜水艇声呐探测目标时发出的脉冲，该脉冲遇到目标后会反射回来。这也提示了 ping 命令的工作原理。ping 是 UNIX、Windows、Linux 及路由器上使用 TCP/IP 协议组中的因特网报文控制协议（Internet Control Messaging Protocol，ICMP）。ping 命令是测试网络连接状况以及信息包发送和接收状况的非常有用的工具，是网络测试最常用的命令。ping 是 Windows 软件自带的程序，在 MS-DOS 提示符下或在"运行"对话框中直接执行。

ping 向目标主机(地址)发送一个回送请求数据包，要求目标主机收到请求后给予答复，从而判断网络的响应时间以及本机是否与目标主机(地址)连通。

如果执行 ping 不成功，则可以预测故障出现在以下几个方面：网线故障，网络适配器配置不正确，IP 地址不正确。如果执行 ping 成功而网络仍无法使用，那么问题很可能出在网络系统的软件配置方面；ping 成功只能保证本机与目标主机间存在一条连通的物理路径。

1．命令格式

在命令提示符下输入：

```
ping 目的地址 [-t] [-a] [-n count] [-l size]
```
其中"目的地址"是指 IP 地址或主机名或域名。

2．主要功能

用来测试一帧数据从一台主机传输到另一台主机所需的时间，从而判断主机响应时间。

3．参数含义

-t：不停地向目标主机发送数据，直到用户按【Ctrl+C】组合键为止；

-a：以 IP 地址格式来显示目标主机的网络地址；

-n count：指定要 ping 多少次，具体次数由 count 来指定，默认值为 4；

-l size：指定发送到目标主机的数据包的大小，默认值为 32，最大值为 65 527。

当 ping 命令后的参数记不住或忘记时，可以使用"？"进行求助。在 DOS 提示符下，输入"ping /?"命令，按【Enter】键后，屏幕显示如下：

```
C:\WINDOWS>ping /?

Usage: ping [-t] [-a] [-n count] [-l size] [-f] [-i TTL] [-v TOS]
            [-r count] [-s count] [[-j host-list] | [-k host-list]]
            [-w timeout] destination-list

Options:
    -t                Ping the specified host until stopped.
                      To see statistics and continue - type Control-Break
                      To stop - type Control-C.
    -a                Resolve addresses to hostnames.
    -n count          Number of echo requests to send.
    -l size           Send buffer size.
    -f                Set Don't Fragment flag in packet.
    -i TTL            Time To Live.
    -v TOS            Type Of Service.
    -r count          Record route for count hops.
    -s count          Timestamp for count hops.
    -j host-list      Loose source route along host-list.
    -k host-list      Strict source route along host-list.
    -w timeout        Timeout in milliseconds to wait for each reply.


C:\WINDOWS>
```

4. 常见的错误信息

常见的错误信息有如下 4 种情况：

（1）unknown host：不知主机名。这种错误信息的含义是远程主机的名字不能被命名服务器转换成 IP 地址。出现故障的原因可能是命名服务器有故障，或者其名字不正确，或者网络系统与远程主机之间的通信线路有故障。例如：

```
C:\WINDOWS>ping www.online.sh.cn
Unknown host www.online.sh.cn.


C:\WINDOWS>
```

（2）Network unreachable：网络不能到达。这种错误信息是本地系统没有到达远程系统的路由，可以用 netstat –rn 检查路由表来确定路由配置情况。

（3）No answer：无响应。这种错误信息是远程系统没有响应。此故障说明了本地系统有一条到达远程主机的路由，但却接收不到它发给该远程主机的任何分组报文。故障原因可能是远程主机没有工作，本地或远程主机网络配置不正确，本地或远程的路由器没有工作，或者通信线路有故障，远程主机存在路由选择问题等诸多原因中的一种。

（4）Timed out：超时。与远程主机的连接超时，数据包全部丢失。出现故障的原因可能是到路由器的连接问题、路由器不能通过，也可能是远程主机已经关机。

【例 7-1】ping 到 IP 地址为 203.93.7.25 的计算机的连通性，该例为不连通，屏幕显示如下：

```
Pinging 203.93.7.25 with 32 bytes of data:

    Request timed out.
    Request timed out.
    Request timed out.
    Request timed out.

    Ping statistics for 203.93.7.25:
        Packets: Sent = 4, Received = 0, Lost = 4 (100% loss),
    Approximate round trip times in milli-seconds:
        Minimum = 0ms, Maximum = 0ms, Average = 0ms

    C:\WINDOWS>
```

【例 7-2】ping 到 IP 地址为 **61.128.99.133** 的计算机的连通性。该例为连接正常，屏幕显示如下：

```
C:\WINDOWS>ping 61.128.99.133

Pinging 61.128.99.133 with 32 bytes of data:

Reply from 61.128.99.133: bytes=32 time=6ms TTL=247
Reply from 61.128.99.133: bytes=32 time=3ms TTL=247
Reply from 61.128.99.133: bytes=32 time=4ms TTL=247
Reply from 61.128.99.133: bytes=32 time=3ms TTL=247

Ping statistics for 61.128.99.133:
    Packets: Sent = 4, Received = 4, Lost = 0 (0% loss),
Approximate round trip times in milli-seconds:
    Minimum = 3ms, Maximum = 6ms, Average = 4ms

C:\WINDOWS>
```

【例 7-3】ping 到 www.163.com 服务器的连通性。该例为连接的速度较慢，而且数据包有部分丢失。屏幕显示如下：

```
C:\WINDOWS>ping www.163.com

Pinging www.163.com [202.108.36.153] with 32 bytes of data:

Reply from 202.108.36.153: bytes=32 time=198ms TTL=49
Reply from 202.108.36.153: bytes=32 time=186ms TTL=49
Reply from 202.108.36.153: bytes=32 time=174ms TTL=49
Request timed out.

Ping statistics for 202.108.36.153:
    Packets: Sent = 4, Received = 3, Lost = 1 (25% loss),
Approximate round trip times in milli-seconds:
```

```
     Minimum = 174ms, Maximum =  198ms, Average =  185ms
C:\WINDOWS>
```

7.4.2   tracert

tracert 命令与 ping 命令相同，也是 UNIX、Windows、Linux 及路由器上使用 TCP/IP 协议组中的因特网控制报文协议（ICMP）。tracert 命令用来显示数据包到达目标主机所经过的路径，并显示到达每个结点的时间。命令功能同 ping 类似，是 ping 命令的扩展，但它所获得的信息要比 ping 命令详细得多。它不但能够显示数据包等待和丢失等信息，还能够给出数据包所走的全部路径、结点的 IP 以及花费的时间都显示出来，通过所显示的信息可以判断数据包在哪个路由器处堵塞。该命令比较适用于大型网络。

1. 命令格式

在命令提示符下输入：

tracert 目的地址 [-d][-h maximum_hops][-j host_list] [-w timeout]

其中"目的地址"是指 IP 地址或主机名或域名。

2. 主要功能

判定数据包到达目的主机所经过的路径、显示数据包经过的中继结点清单和到达时间。

3. 参数含义

–d：不将地址解析为主机名；

–h maximum_hops：指定搜索到目标地址可经过的最大跳数；

–j host_list：按照主机列表中的地址释放源路由；

–w timeout：指定超时时间间隔，程序默认的时间单位是毫秒（ms）。

当 tracert g 命令后的参数记不住或忘记时，同样在 MS-DOS 下或在"运行"对话框中输入 tracert 命令后按【Enter】键，即可在屏幕上显示很详细的参数说明。

```
C:\WINDOWS>tracert

Usage: tracert [-d] [-h maximum_hops] [-j host-list] [-w timeout] target_name

Options:
    -d                 Do not resolve addresses to hostnames.
    -h maximum_hops    Maximum number of hops to search for target.
    -j host-list       Loose source route along host-list.
    -w timeout         Wait timeout milliseconds for each reply.
```

【例 7-4】跟踪路由信息，若要了解自己的计算机与目标主机 www.sohu.com 之间详细的传输路径信息，可以在 MS-DOS 方式下或在"运行"对话框中输入 tracert www.sohu.com，按【Enter】键后，便可显示所跟踪的路由信息，以及每次经过一个中转站时花费了多长时间。通过这些时间，可以很方便地查出用户主机与目标网站之间的线路到底是在什么地方出了故障等情况。屏幕显示的信息如下：

```
C:\WINDOWS>tracert www.sohu.com

Tracing route to www.souhu.com [210.192.103.87]
over a maximum of 30 hops:

  1   138 ms   130 ms   130 ms  61.243.72.2
  2   125 ms   130 ms   130 ms  61.243.72.62
  3   130 ms   130 ms   130 ms  61.243.80.133
  4    *        *        *      Request timed out.
  5   165 ms   130 ms   130 ms  211.94.46.65
  6   130 ms   130 ms   140 ms  211.94.44.157
  7   185 ms   175 ms   180 ms  211.94.43.113
  8   175 ms   179 ms   169 ms  219.158.28.73
  9   190 ms   175 ms   179 ms  219.158.11.121
 10    *       175 ms   190 ms  202.96.12.26
 11   180 ms    *       205 ms  202.106.192.158
 12   255 ms   220 ms   248 ms  202.96.13.130
 13    *      211.99.58.17  reports: Destination net unreachable.

Trace complete.
```

7.4.3　netstat

netstat 命令可以帮助我们了解网络的整体使用情况。它可以显示当前正在活动的网络连接的详细信息，例如显示网络连接、路由表和网络接口信息，可以统计目前总共有哪些网络连接正在运行。

该命令的使用格式是在 DOS 命令提示符下或者直接在"运行"对话框中输入如下命令：netstat [参数]，利用该程序提供的参数，可以了解该命令的其他功能信息，例如显示以太网的统计信息，显示所有协议的使用状态，这些协议包括 TCP 协议、UDP 协议以及 IP 协议等。另外，还可以选择特定的协议并查看其具体使用信息，还能显示所有主机的端口号以及当前主机的详细路由信息。

1．命令格式

在命令提示符下输入：

netstat [-r] [-s] [-n] [-a]

2．主要功能

该命令可以使用户了解到自己的主机是怎样与因特网相连接的。

3．参数含义

-r：显示本机路由表的内容；

-s：显示每个协议的使用状态(包括 TCP 协议、UDP 协议、IP 协议)；

-n：以数字表格形式显示地址和端口；

-a：显示所有主机的端口号。

我们可以在 DOS 提示符下或在【运行】对话框中输入 "netstat / ？" 命令来查看该命令的使用格式以及详细的参数说明。屏幕显示如下：

```
C:\WINDOWS>netstat /?

Displays protocol statistics and current TCP/IP network connections.

NETSTAT [-a] [-e] [-n] [-s] [-p proto] [-r] [interval]

  -a        Displays all connections and listening ports.
  -e        Displays Ethernet statistics. This may be combined with the -s
            option.
  -n        Displays addresses and port numbers in numerical form.
  -p proto  Shows connections for the protocol specified by proto; proto
            may be TCP or UDP.  If used with the -s option to display
            per-protocol statistics, proto may be TCP, UDP, or IP.
  -r        Displays the routing table.
  -s        Displays per-protocol statistics.  By default, statistics are
            shown for TCP, UDP and IP; the -p option may be used to specify
            a subset of the default.
  interval  Redisplays selected statistics, pausing interval seconds
            between each display.  Press CTRL+C to stop redisplaying
            statistics.  If omitted, netstat will print the current
            configuration information once.
```

示例：显示本机路由表的内容、每个协议的使用状态（包括 TCP 协议、UDP 协议、IP 协议），以及以数字表格形式显示地址和端口。

在 DOS 方式下或在 "运行" 对话框中输入 netstat –r –s –n 命令，或输入>netstat –rsn 命令，按【Enter】键后屏幕显示如下：

```
C:\WINDOWS>netstat -rsn

IP Statistics

  Packets Received                   = 427
  Routing Discards                   = 0
  Discarded Output Packets           = 0
  Output Packet No Route             = 0
  Reassembly Required                = 0
  Reassembly Successful              = 0
  Reassembly Failures                = 0
  Datagrams Successfully Fragmented  = 0
  Datagrams Failing Fragmentation    = 0
  Fragments Created                  = 0


ICMP Statistics
```

	Received	Sent
Messages	265	268
Errors	0	0
Destination Unreachable	1	0
Time Exceeded	0	0
Parameter Problems	0	0
Source Quenchs	0	0
Redirects	0	0
Echos	261	4
Echo Replies	0	261
Timestamps	0	0
Timestamp Replies	0	0
Address Masks	0	0
Address Mask Replies	0	0

TCP Statistics

```
Active Opens                    = 0
Passive Opens                   = 0
Failed Connection Attempts      = 0
Reset Connections               = 0
Current Connections             = 0
Segments Received               = 455
Segments Sent                   = 455
Segments Retransmitted          = 0
```

UDP Statistics

```
Datagrams Received    = 2
No Ports              = 4
Receive Errors        = 0
Datagrams Sent        = 2
```

Route Table

Active Routes:

Network Address	Netmask	Gateway Address	Interface	Metric
0.0.0.0	0.0.0.0	61.243.67.195	61.243.67.195	1
61.0.0.0	255.0.0.0	61.243.67.195	61.243.67.195	1
61.243.67.195	255.255.255.255	127.0.0.1	127.0.0.1	1
61.255.255.255	255.255.255.255	61.243.67.195	61.243.67.195	1
127.0.0.0	255.0.0.0	127.0.0.1	127.0.0.1	1
224.0.0.0	224.0.0.0	61.243.67.195	61.243.67.195	1
255.255.255.255	255.255.255.255	61.243.67.195	61.243.67.195	1

```
Active Connections

  Proto  Local Address        Foreign Address       State

  C:\WINDOWS>
```

netstat 还有一个应用，经常上网的人一般都使用 ICQ（网上寻呼机，它支持在 Internet 上聊天、发送消息和文件等），当他通过 ICQ 或其他工具与你相连时（例如你给他发一条 ICQ 信息或他给你发一条信息），你立刻在 DOS 提示符下或在"运行"对话框中输入 netstat –n 或 netstat –a 命令，按【Enter】键后就可以看到对方上网时所用的 IP 或 ISP 域名，甚至可以显示出 Port。

7.4.4 winipcfg

winipcfg 命令以窗口的形式显示 IP 协议的具体配置信息，此命令可以显示网络适配器的物理地址、主机的 IP 地址、子网掩码以及默认网关等，还可以查看主机名、DNS 服务器、结点类型等相关信息。其中，网络适配器的物理地址在检测网络错误时非常有用。

1．命令格式

在命令提示符下输入：

```
winipcfg [/?] [/all]
```

2．主要功能

以窗口的形式显示网络适配器的物理地址、主机的 IP 地址、子网掩码以及默认网关等 IP 协议的具体配置信息。

3．参数含义

/all: 显示所有的有关 IP 地址的配置信息；
/batch [file] :将命令结果写入指定文件；
/renew_ all:重试所有网络适配器；
/release_all :释放所有网络适配器；
/renew N :复位网络适配器 N；
/release N :释放网络适配器 N。

【例 7-5】显示 winipcfg 的命令行选项。

运行结果如图 7-2 所示。

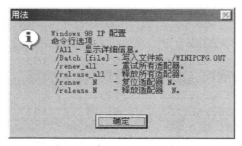

图 7-2 例 7-5 的运行结果

【例 7-6】用 winipcfg 命令显示网卡的配置信息。

运行结果如图 7-3 所示。

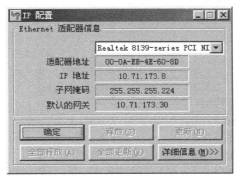

图 7-3　例 7-6 的运行结果

【例 7-7】用 winipcfg 命令显示网卡的所有配置信息。

运行结果如图 7-4 所示。

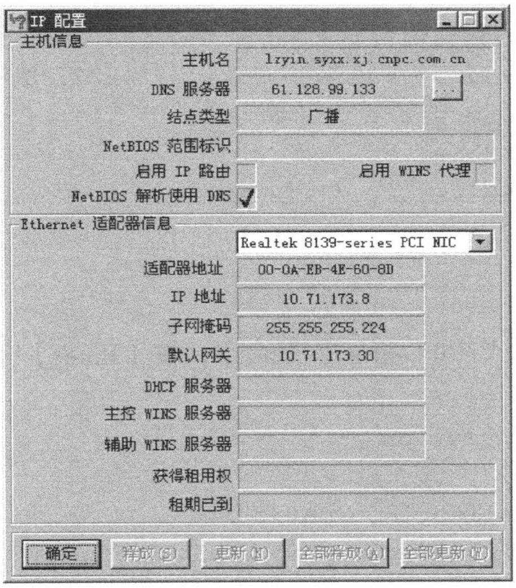

图 7-4　例 7-7 的运行结果

7.4.5　ipconfig

ipconfig 命令与 winipcfg 命令的功能、参数基本相同，所不同的是显示方式不同。

【例 7-8】在 DOS 下输入 ipconfig 命令，按【Enter】键后，显示如下：

```
C:\WINDOWS>ipconfig
Windows 98 IP Configuration
0 Ethernet adapter :
        IP Address. . . . . . . . . : 10.71.173.8
        Subnet Mask . . . . . . . . : 255.255.255.224
        Default Gateway . . . . . . : 10.71.173.30
```

```
C:\WINDOWS>
```

【例 7-9】在 DOS 下输入 ipconfig /all 命令，按【Enter】键后，显示如下：

```
        Host Name . . . . . . . . . : lzyin.syxx.xj.cnpc.com.cn
        DNS Servers . . . . . . . : 61.128.99.133
                                     61.128.97.73
                                     10.71.172.11
        Node Type . . . . . . . . : Broadcast
        NetBIOS Scope ID. . . . . :
        IP Routing Enabled. . . . . : No
        WINS Proxy Enabled. . . . . : No
        NetBIOS Resolution Uses DNS : Yes
0 Ethernet adapter :
        Description . . . . . . . : Realtek 8139-series PCI NIC

        Physical Address. . . . . . : 00-E0-4C-A0-02-A4
        DHCP Enabled. . . . . . . : No
        IP Address. . . . . . . . : 10.71.173.8
        Subnet Mask . . . . . . . : 255.255.255.224
        Default Gateway . . . . . : 10.71.173.30
        Primary WINS Server . . . . :
        Secondary WINS Server . . . :
        Lease Obtained. . . . . . :
        Lease Expires . . . . . . :
```

```
C:\WINDOWS>
```

【例 7-10】在 DOS 下输入"ipconfig /?"命令，按【Enter】键后，显示如下：

```
C:\WINDOWS>ipconfig /?
Windows 98 IP Configuration
Command line options:
 /All - Display detailed information.
 /Batch [file]  - Write to file or ./WINIPCFG.OUT
 /renew_all     - Renew   all adapters.
 /release_all   - Release all adapters.
 /renew  N      - Renew   adapter N.
 /release N     - Release adapter N.
```

7.4.6 route

route 命令也是在 MS-DOS 下运行。route 命令有许多用法，可以操作路由表，包括建立和删除路由。

1. 输入 route 命令

在 DOS 提示符下，输入 route（或输入 route / ?）命令后，会显示 route 命令的使用格式及其参数的详细说明。

【例 7-11】在 DOS 提示符下输入 route 命令，按【Enter】键后，显示如下：

```
Manipulates network routing tables.

ROUTE [-f] [command [destination] [MASK netmask] [gateway] [METRIC metric]]

  -f            Clears the routing tables of all gateway entries.  If this is
                used in conjunction with one of the commands, the tables are
                cleared prior to running the command.

  command       Must be one of four:
                PRINT    Prints   a  route
                ADD      Adds     a  route
                DELETE   Deletes  a  route
                CHANGE   Modifies an existing route
  destination Specifies the destination host.

  MASK          Specifies that the next parameter is the 'netmask' value.

  netmask       Specifies a subnet mask value to be associated
                with this route entry. If not specified, it defaults to
                255.255.255.255.

  gateway       Specifies gateway.

  METRIC        Specifies that the next paramenter 'metric' is the
                cost for this destination

All symbolic names used for destination are looked up in the network database
file NETWORKS. The symbolic names for gateway are looked up in the host name
database file HOSTS.

If the command is PRINT or DELETE, wildcards may be used for the destination
and gateway, or the gateway argument may be omitted.
Diagnostic Notes:
    Invalid MASK generates an error, that is when (DEST & MASK) != DEST.
    Example> route ADD 157.0.0.0 MASK 155.0.0.0 157.55.80.1
          The route addition failed: 87

Examples:

    > route PRINT
    > route  ADD 157.0.0.0   MASK 255.0.0.0   157.55.80.1 METRIC  3
            ^destination     ^mask      ^gateway          ^metric
    > route PRINT
    > route DELETE 157.0.0.0
```

```
> route PRINT
C:\WINDOWS>
```

2. 输入 route print 命令

route print 命令用于显示路由表中的当前信息。根据显示的信息可知本机的网关、IP 地址、广播地址、环回测试等信息，如图 7-5 所示。

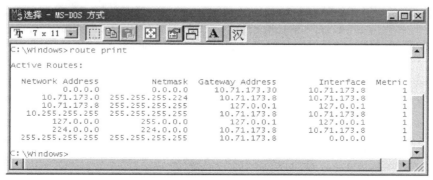

图 7-5　输入 route print 后显示的信息

3. 输入 route add 和 route delete 命令

使用 route add 和 route delete 命令可以增加和删除路由信息。利用 route delete 和 route add 两条命令还可以实现跨网段访问，此时计算机应安装双网卡。下面举例说明。

【例 7-12】如图 7-6 所示，当计算机 C 上安装有 2 块网卡时，route 命令可实现手工添加路由信息，实现两个跨网段访问。两个 IP 分别是两个网段的网关：10.71.1.10 和 61.128.66.111。命令如下：

```
rout delet 0.0.0.0
Route add 10.71.0.0 mask 255.255.255.0 61.128.66.111 metrc 1
Route add 0.0.0.0 mask 255.255.255.0 10.71.173.10  metrc 1
```

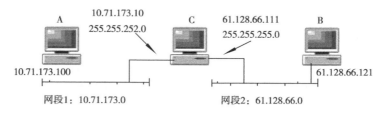

图 7-6　跨网段访问示意图

7.4.7　arp

arp 是一个重要的 TCP/IP 协议，并且用于确定对应 IP 地址的网卡物理地址。

1. 命令格式

在命令提示符下输入：

```
arp -s inet_addr eth_addr [if_addr]
arp -d inet_addr [if_addr]
```

```
arp -a [inet_addr] [-N if_addr]
```
其中：inet_addr 为 IP 地址；eth_addr 以太网卡地址。

2．主要功能

显示和修改 arp 缓冲区的内容，该缓冲区内存放 IP 地址和对应的 MAC 地址，即使用能够显示并修改 Internet 到以太网的地址转换表。

3．参数说明

–a：显示当前 arp 高速缓存中的所有项目。如果已指定 inet_addr，则只是指定主机的 IP 地址和物理地址。如果有一个以上的网络接口使用 arp，将显示各 arp 中的内容。–a 可被视为 all，即全部的意思。

–d：删除指定 IP 地址的主机，即能够人工删除一个静态项目。

–s：增加主机和与 IP 地址相对应的以太网卡地址。即向 arp 高速缓存中人工输入一个静态项目。该项目在计算机引导过程中将保持有效状态，或者在出现错误时，人工配置的物理地址将自动更新该项目。

–g 同 –a 参数结果一样。–g 一直是 UNIX 平台上用来显示 arp 高速缓存中所有项目的选项，而 Windows 用的是 arp –a。–f 用于读取一个给定名字的文件，根据文件中的主机名创建 arp 表的项目。

注意：使用 "arp/？" 可以显示 arp 命令的格式和参数说明。

【例 7-13】在 DOS 提示符下输入 "arp /?"，按【Enter】键后，显示如下：
```
C:\WINDOWS>arp /?
Displays and modifies the IP-to-Physical address translation tables used by
address resolution protocol (ARP).

ARP -s inet_addr eth_addr [if_addr]
ARP -s inet_addr eth_addr [if_addr]
ARP -d inet_addr [if_addr]
ARP -a [inet_addr] [-N if_addr]
  -a         Displays current ARP entries by interrogating the current
             protocol data.  If inet_addr is specified, the IP and Physical
             addresses for only the specified computer are displayed.  If
             more than one network interface uses ARP, entries for each ARP
             table are displayed.
  -g         Same as -a.
  inet_addr  Specifies an internet address.
  -N if_addr Displays the ARP entries for the network interface specified
             by if_addr.
  -d         Deletes the host specified by inet_addr.
  -s         Adds the host and associates the Internet address inet_addr
             with the Physical address eth_addr.  The Physical address is
             given as 6 hexadecimal bytes separated by hyphens. The entry
             is permanent.
  eth_addr   Specifies a physical address.
```

```
    if_addr     If present, this specifies the Internet address of the
                interface whose address translation table should be modified.
                If not present, the first applicable interface will be used.
Example:
  > arp -s 157.55.85.212   00-aa-00-62-c6-09  .... Adds a static entry.
  > arp -a                                    .... Displays the arp table.


C:\WINDOWS>
```

【例7-14】在 DOS 提示符下输入 arp –a，按【Enter】键，结果如图7-7所示。

图7-7　输入 arp-a 后的运行结果

7.4.8　pathping

pathping 命令是一个路由跟踪工具。pathping 命令在一段时间内将数据包发送到最终目标的路径上的每个路由器，然后基于数据包的计算机结果从每个跃点返回。由于命令显示数据包在任何给定路由器或连接上丢失的程度，因此可以很容易地确定可能导致网络故障的路由器或连接。

【例7-15】在 DOS 提示符下输入 pathping www.sin.com，按回车后，运行结果如图7-8所示。

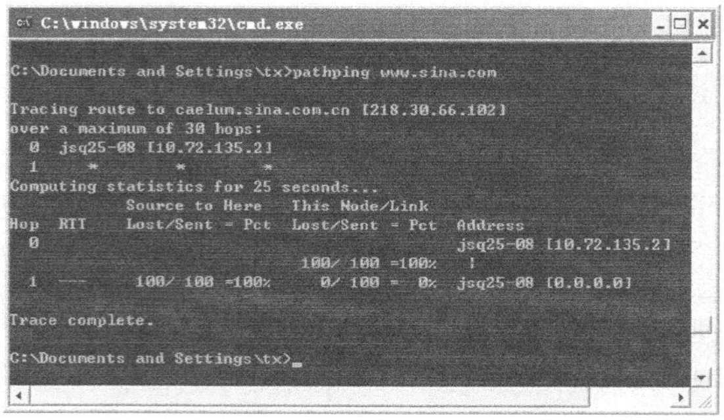

```
C:\Documents and Settings\tx>pathping www.sina.com

Tracing route to caelum.sina.com.cn [218.30.66.102]
over a maximum of 30 hops:
  0  jsq25-08 [10.72.135.2]
  1  *      *
Computing statistics for 25 seconds...
            Source to Here   This Node/Link
Hop RTT   Lost/Sent = Pct  Lost/Sent = Pct  Address
  0                                          jsq25-08 [10.72.135.2]
                            100/ 100 =100%   |
  1      100/ 100 =100%      0/ 100 =  0%    jsq25-08 [0.0.0.0]

Trace complete.
C:\Documents and Settings\tx>_
```

图7-8　例7-15运行结果

7.5　网络故障诊断的硬件工具

在网络测试和故障排除过程中，使用一些工具就会事半功倍。网络故障的诊断工具有软件工具和硬件工具两种形式。上一节已经介绍网络诊断命令等都是网络故障诊断工具的软件形式，本节主要介绍硬件形式的网络故障诊断工具。按照 OSI 定义的网络参考模型，可以将硬件形式的网络故障测试工具大致分类如下：

- 物理层工具：万用表、电缆测试仪、时间反射仪、示波器、接地电阻测试仪等。
- 物理层到网络层工具：网络测试仪。
- 物理层到应用层工具：协议分析仪、网络万用表。

7.5.1　万用表

万用表是在网络诊断和测试中经常用到的工具。

用电阻、电压、电流挡来分别测电缆或电路的电阻、电压或电流，如经常用在电源测试，对传输介质如细缆和双绞线的电阻（连通情况）的检测，以及 BNC 连接器的电阻等测试。

万用表在使用过程中要特别注意挡位和量程的选择，例如在测电压时，如果选错为电流或电阻挡，有可能会把万用表烧坏。图 7-9 所示为数字式万用表。

图 7-9　数字式万用表

7.5.2　电缆测试仪

电缆测试仪是常用的网络故障诊断工具。电缆测试仪不仅能够测试电缆的连通性、开路、短路、跨接、反接、串绕，以及电缆的长度等各种参数，而且能够用来诊断网络中电缆出现的故障和综合布线的论证测试。图 7-10 所示为美国福禄克(Fluke)公司的数字式 F620、DSP-100 和 DSP4000 电缆测试仪。

图 7-10　数字式电缆测试仪

Fluke 公司的数字式 F620、DSP-100 和 DSP4000 电缆测试仪可以测试所有类型的 UTP 局域网电缆和连接硬件的端到端的连通性是否有问题，同样适用于 STP、FTP 和同轴电缆。按照

EIA/TIA 568 布线标准或以测试端到端的连通性、单端测量电缆长度、报告电缆故障（开路/短路/错对/串绕）；可做布线/连通故障定位，显示开路和短路的距离位置等，具有故障诊断功能。DSP4000 还具有对 6 类电缆系统提供极高的测试精度。DSP-4000 系列可以监视 10BASE-T 和 100BASE-TX 以太网系统的网络流量，监视双绞线电缆上的脉冲噪声，帮助确定 Hub 端口的位置并判定所连接 Hub 端口支持的标准。另外，脉冲噪声性能可以探测并排除串扰测试过程中的噪声源干扰。

DSP-4000 除了提供高性能的测试，还提供了测试管理软件，用于收集、组织和搜寻测试结果，并且提供了模块化的测试方法，即使用适配器与测试的电缆匹配。这种模块化的产品还提供了光纤测试适配器，提供多膜、单膜和吉比特以太网测试。

图 7-11 所示为 Microtest 公司的光纤测试工具 SimpliFiber。SimpliFiber 是一种低价位的光源及功率计，用于精确测量单模及多模光缆的损耗，使用简易，可测多种波长，能存储测量结果，还可以自动设定波长范围，采用免费的 Scanlink 软件来打印专业的测试报告。能存储 100 个测试结果至测试仪的非易失存储器中，从而不必手工记录测试结果，防止了手工记录可能产生的错误。能够用 Scanlink 轻易将数据传到 PC，以 850/1300 nm LED 光源一次测两种波长，是多种波长 850/1300/1310/1550 nm 的功率表；有 1 310 nm 雷射光源做单模测量，有 1 550 nm 雷射光源做单模测量，有 SC 及 ST 连接器选件。

图 7-11　Microtest 公司的光纤测试工具

7.5.3　网络测试仪

网络测试仪包括了大部分的电缆测试仪的功能，而且还将网络分析仪的大部分底层功能集成在仪器之中。这类仪器可以收集网络的统计资料并用图表形式显示出来。网络测试仪既可用于被动的工作方式（即出了问题去查找），也可用于主动方式（即网络动态监测）。网络测试仪可以对广播帧、错误帧、帧检测序列 FCS、短帧、长帧、冲突帧进行检测。能够对流量进行网络测试，可以检测到诸如噪声、前导帧冲突等。较高级的网络测试仪能够将网络管理、故障诊断以及网络安装调试等众多功能集中在仪器里，可以通过交换机、路由器很容易地观察整个网络的状况。

图 7-12 所示为 Pinger 网络 IP 测试仪。Pinger 网络 IP 测试仪是一款全新的手持式测试仪，适用于安装及维护计算机局域网。Pinger 运用了强有力的 Ping 功能来检测网络连通性，检验传送及接收数据的完整性，根据数据的回显时间显示网络的通信负载，鉴别 IP 地址冲突，侦测 IP

地址对应的 MAC 地址，无法到达默认网关时提出警告等。Pinger 可以识别由于不正确的线对联结而产生的极性相反现象，并提供可选闪烁速率的端口侦测功能，用于定位交换机或集线器与哪个模块相连接。另外，Pinger 还提供一个 DHCP 客户端模拟功能，允许它登入网络，定位 DHCP 服务器，同时显示分配的 IP 地址、网关 IP 地址和子网掩码。如果 DHCP 服务器中没有指定网关，Pinger 将会显示 DHCP 服务器的 IP 地址等。在设备移动、增加、改变（MAC 地址）后，通过检查网络联结状况和运行 Ping 测试命令，可以很简易地处理故障。

图 7-13 所示为安捷伦 WireScope 350 网络测试仪。它全面支持所有当前的和新兴的局域网电缆认证标准。它采用全模块化设计，实现了软件和硬件升级能力，保证最大限度地支持超过六类/E 级的未来局域网和布线标准。

图 7-12　Pinger 网络 IP 测试仪　　　　图 7-13　WireScope 350 网络测试仪

图 7-14 所示为 Fluke 公司的 F68X 网络测试仪，它是集网络管理、故障诊断、网络安装及维护于一身的网络测试工具，能实时分析，动态获得并不断更新网络基本参数，包括利用率、错误率、协议种类、发送／接收最多者、广播以及信标等。能进行协议统计，如 Netbios、Novell NetWare、TCP/IP 协议等；支持 SNMP，可对整个企业级网络进行诊断（F68X）；可以快速追踪；可产生 IP、IPX、LLC 流量并同时进行网络分析测试等。

图 7-14　F68X 网络测试仪

7.5.4　协议分析仪

协议分析仪的主要目的是捕获和解码穿过网络的数据帧。物理层安装可能已经通过验证，但是应用程序、协议栈、联网设备、设备驱动程序可能造成电缆测试仪不能诊断的网络故障。虽然协议分析仪可以检测数据错误，如 CRC 错误、碎片帧错误、长帧等，但它们的主要作用是解码数据帧，使用户可以清晰地看到数据链路层、网络层和传输层的数据报头，以及每个数据帧中的数据。协议分析仪将信息包解码后使其成为比特或字节，然后按照协议帧格式对其进行分析，从而查找故障源。使用协议分析仪不像网络分析仪提供的信息简单易懂，而是要具备计算机网络的专业知识。

图 7-15 所示为 Fluke 公司的 IP 协议分析仪。需要利用专业协议分析工具进行监控、诊断和故障定位。Fluke 的全系列协议分析能够帮助定位和解决任何网络

图 7-15　IP 协议分析仪

问题。可以使用协议分析仪和网络监控软件对端口进行详细分析，能对 10/100/1 000Mbit/s 以太网和令牌环网提供全部 7 层协议包的捕捉、解码和滤波能力。

7.5.5　网络万用表

目前，不少厂家生产的协议分析仪，不但实现了协议分析功能，而且还具有电缆测试仪和网络测试仪的大部分功能。有些产品被称为网络万用表。

网络万用表包括了电缆测试的功能，从而不需要另外的电缆测试工具，其他的功能还包括：能够记录网络问题，可以连续记录所发现的 PC 和网络问题，例如它不但能实现协议分析，还能对复杂的 PC 至网络连通等问题进行诊断（如 IP 地址相关问题、默认网关，Mail 和 Web 服务器等问题）；同时监测全双工网络的健康问题（发送的帧、利用率、广播、错误、碰撞），并对 PC 和网络通信的每个帧进行计数，显示 PC 和网络之间不匹配的问题，识别不需要的协议。

美国 Fluke 网络公司推出了世界第一台网络万用表(Net Tool)，它结束了依靠猜测来解决 PC 至网络连通性问题的办法，它将电缆测试、网络测试、PC 设置测试集成在一个手掌大小的工具中，拥有了网络万用表就拥有了解决 PC 至网络连通性故障所需要的一切。

图 7-16 所示为美国 Fluke 网络公司的 Net Tool 网络万用表。其主要功能如下：

（1）迅速验证和诊断 PC 和网络的连通性问题。

（2）迅速判定插口的类型，包括以太网、电话、令牌环或者是没有开通的插口。

（3）解决复杂的 PC 至网络连通设置问题，例如 IP 地址、默认网关、E-mail 和 Web 服务器。

（4）迅速显示 PC 所使用的网络关键设备，例如服务器、路由器和打印机。

（5）检查连接脉冲、网络速度、通信方式（半双工或全双工）、电平以及接收线对。

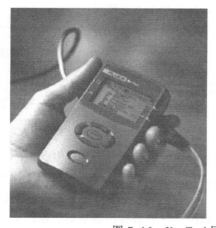

图 7-16　Net Tool 网络万用表

7.6　常见的网络故障及其解决方法

网络系统建立好之后，网络管理员要进行日常的维护、故障诊断及排除，保证网络的正常运行，发挥其作用。要做到这一点，也并非易事，首先要了解局域网的理论知识，还要知道网络常见故障的解决方法，以及网络故障诊断工具的使用，同时还要有一定的网络维护管理经验或经历。随着经验的积累，对于复杂的网络故障就能容易排除。

7.6.1　工作站故障

主机故障常见的现象就是主机的配置不当。例如，主机配置的 IP 地址与其他主机冲突；IP 地址或子网掩码设置不正确；没有安装网络通信协议，没有指定网关或配置不正确；DNS 设置不正确；路由器设置有问题等。这些原因都会导致主机不能连通。主机的另一故障就是安全故障，比如，主机没有控制其上的 finger、RPC、rlogin 等多余服务。而攻击者可以通过这些多余进程的正常服务或 bug 攻击该主机，甚至得到 Administrator 的权限等。需要再次强调的是：不要轻易地共享本机硬盘，因为这将导致恶意攻击者非法利用该主机的资源。发现主机故障一般比较困难，特别是别人恶意的攻击。

1．IP 地址冲突

使用 TCP/IP 协议时每台主机必须具有独立的 IP 地址，有了 IP 地址的主机才能与网络上的其他主机进行通信。一般情况下，IP 地址设置不正确，主要表现在 IP 地址冲突。在 Windows NT/2000 操作系统能够自动检测出 IP 地址冲突，并显示出提示信息。也可以修改 IP 地址后，ping 原来的 IP 地址，如果能够 ping 通，则说明网络中存在相同的 IP 地址。

出现 IP 地址冲突首要的任务是要找出非法的 IP 地址的主机。首先更改自己的 IP 地址，然后通过运行 ping 命令和 nbtstat –a 命令就可以找出对方。具体步骤如下：

（1）使用 ping 命令，确认非法使用 IP 地址的主机还在网络上。

【例 7-16】假设冲突的 IP 地址为 10.71.173.10，在 MS-DOS 提示符下，命令格式及显示结果如下：

```
C:\WINDOWS>ping 10.71.173.10

Pinging 10.71.173.10 with 32 bytes of data:

Reply from 10.71.173.10: bytes=32 time<10ms TTL=128
Reply from 10.71.173.10: bytes=32 time<10ms TTL=128
Reply from 10.71.173.10: bytes=32 time<10ms TTL=128
Reply from 10.71.173.10: bytes=32 time<10ms TTL=128

Ping statistics for 10.71.173.10:
    Packets: Sent = 4, Received = 4, Lost = 0 (0% loss),
Approximate round trip times in milli-seconds:
    Minimum = 0ms, Maximum = 0ms, Average = 0ms

C:\WINDOWS>
```

（2）使用 nbtstat –a ，确定机器的 MAC 地址和主机名。

示例：C:\WINDOWS> nbtstat –a 10.71.173.10，按【Enter】后，显示如下：

```
C:\WINDOWS>nbtstat -a 10.71.173.10


    NetBIOS Remote Machine Name Table
```

```
    Name             Type         Status
    ---------------------------------------------
    TSG2       <00>   UNIQUE       Registered
    TSGTSG     <00>   GROUP        Registered
    TSG2       <03>   UNIQUE       Registered
    TSG2       <20>   UNIQUE       Registered
    TSGTSG     <1E>   GROUP        Registered

    MAC Address = 00-05-5D-05-91-89
    C:\WINDOWS>
```

这就说明冲突 IP 地址 10.71.173.10 处网卡的 MAC 地址是 00-05-5D-05-91-89，主机名为 TSG2。知道了主机名，也就确定了是谁抢占了你的 IP 地址。

在局域网中，由于 IP 地址管理不善，出现 IP 地址冲突的事会经常发生。这就要加强 IP 地址的管理，以预防为主。

预防 IP 地址冲突有如下两种方法：

- 捆绑 MAC 地址和 IP 地址。在 DOS 命令提示符下，输入 Ipconfig /all 命令，查出你的 IP 地址及对应的 MAC 地址，如 IP 地址为 10.71.173.8，MAC 地址为 00-E0-4C-A0-02-A4，则输入命令如下：

```
ARP - s 10.71.173.8 00-E0-4C-A0-02-A4
```

这样就把 MAC 地址和 IP 地址捆绑在一起，就不会再出现 IP 地址被盗用的情况。

- 加强 IP 地址的管理。记录好 IP 地址及 MAC 地址等信息的记录，并以表格的形式进行记录，出现故障后，容易查寻。记录信息包括主机名、分配的 IP 地址、网卡的 MAC 地址（在每台计算机上通过 Ipconfig /all 命令可以得到）。另外，就是要动态监视网络中的 IP 地址变化。

网络运行后各个用户很有可能自行修改 IP 地址，所以还应动态地监视网络中的 IP 地址变化。使用 nbtstat –a 远程计算机的名字，可显示出要测试的远程计算机网卡的 MAC 地址。

【例 7-17】在 DOS 提示符下，输入 Ipconfig /all 命令，按【Enter】键后，屏幕显示如下：

```
Windows 98 IP Configuration
        Host Name . . . . . . . . . : lzyin.syxx.xj.cnpc.com.cn
        DNS Servers . . . . . . . . : 61.128.99.133
                                      61.128.97.73
        Node Type . . . . . . . . . : Broadcast
        NetBIOS Scope ID. . . . . . :
        IP Routing Enabled. . . . . : No
        WINS Proxy Enabled. . . . . : No
        NetBIOS Resolution Uses DNS : Yes


0 Ethernet adapter :

        Description . . . . . . . . : Realtek 8139-series PCI NIC

        Physical Address. . . . . . : 00-E0-4C-A0-02-A4
```

```
    DHCP Enabled. . . . . . . . : No
    IP Address. . . . . . . . . : 10.71.173.8
    Subnet Mask . . . . . . . . : 255.255.255.224
    Default Gateway . . . . . . : 10.71.173.30
    Primary WINS Server . . . . :
```
...

【例 7-18】在 DOS 提示符下，输入 nbtstat –a 　tsg 命令，按【Enter】键后，屏幕出现如下提示：

```
C:\WINDOWS>Nbtstat -a  tsg8
        NetBIOS Remote Machine Name Table
    Name                Type        Status
    ---------------------------------------------
    TSG8          <00>  UNIQUE      Registered
    TSGTSG        <00>  GROUP       Registered
    TSG8          <03>  UNIQUE      Registered
    TSG8          <20>  UNIQUE      Registered
    TSGTSG        <1E>  GROUP       Registered

    MAC Address = 00-00-B4-97-85-66
C:\WINDOWS>
```

根据显示就可以知道主机名为 tsg8 的计算机网卡的 MAC 地址为 00-00-B4-97-85-66

除了使用 nbtstat 命令来监视网络中的 IP 地址变化外，还可使用工具软件来自动生成 IP 地址与 MAC 地址对应表。使用 nbtstat 命令的速度慢、效率低，而用一些工具软件可以快速地生成所需要的 IP 地址和 MAC 地址的对应表格。如 Tamosoft 公司的 Essential NetTools 软件就可以做这项工作。

Essential NetTools 工具软件的操作步骤如下：

（1）下载并安装 Essential NetTools 软件。

（2）运行软件 Essential NetTools，出现如图 7-17 所示的窗口。

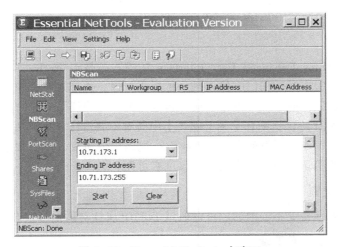

图 7-17　Essential NetTools 主窗口

（3）单击窗口左边的 NBScan 按钮，在 Starting IP address 文本框中输入起始 IP 地址，在 Ending IP address 文本框中输入终止 IP 地址。

（4）单击 Start 按钮，开始扫描，屏幕上就会显示出扫描到的计算机名、工作组名、IP 地址及网卡的 MAC 地址。

（5）选择 File→Save Report→As HTML 命令，就可以把扫描到的结果保存为 HTML 文件，这样就不用手工建立计算机名、IP 地址和网卡 MAC 地址的对照表。

2．子网掩码设置不正确

在同一个网段中的计算机应该具有相同的子网掩码。如果子网掩码不同，就算位于同一个网段的计算机也是 ping 不通的。所以，出现同一网段的两台计算机不能互通的故障，除了两台计算机的 IP 地址设置正确外，还要查看它们的子网掩码是否相同。

3．没有安装网络协议

常用的局域网协议有 TCP/IP 协议、NetBEUI 协议和 IPX/SPX 3 种通信协议。

TCP/IP 协议是因特网协议，也是网络互联的基础，如果不安装该协议，网络是不能实现互联，也就无法上网，任何和因特网有关的操作都离不开 TCP/IP 协议。是否安装了 TCP/IP 协议，也可以通过 ping 命令检测 TCP/IP 协议。

例如，ping 127.0.0.1(回测地址)成功能与否。

【例 7-19】在 DOS 提示符下，输入 ping 127.0.0.1 命令，按【Enter】键后，屏幕显示如下：

```
Pinging 127.0.0.1 with 32 bytes of data:

Reply from 127.0.0.1: bytes=32 time<10ms TTL=128
Reply from 127.0.0.1: bytes=32 time<10ms TTL=128
Reply from 127.0.0.1: bytes=32 time<10ms TTL=128
Reply from 127.0.0.1: bytes=32 time<10ms TTL=128

Ping statistics for 127.0.0.1:
    Packets: Sent = 4, Received = 4, Lost = 0 (0% loss),
Approximate round trip times in milli-seconds:
    Minimum = 0ms, Maximum =  0ms, Average =  0ms

C:\WINDOWS>
```

NetBEUI 是 NetBios Enhanced User Interface 的缩写，是指 NetBios 增强用户接口。它是 NetBIOS 协议的增强版本。NetBEUI 协议是一种短小精悍、通信效率高的广播型协议，安装后不需要进行设置，特别适合于在"网络邻居"传送数据。该协议是不能跨路由的协议，如果计算机没有安装 NetBEUI 协议，则在【网上邻居】中既看不到自己，也无法看到别人。

IPX/SPX 协议是 Novell 开发的专用于 NetWare 网络中的协议，目前常用于联机的游戏中。如果不在局域网中联机玩游戏，那么这个协议可有可无。

4．网关没有设置

不设置网关，同样是上不了网的。可以通过 TCP/IP 属性对话框来检查和设置网关。

5．DNS 地址设置不正确

DNS 设置不正确，就不能对 IP 地址进行解析，也就无法使用域名进行访问网络，而只能使用 IP 地址进行网络访问。假若在访问一个网站时，在浏览器中的 URL 地址框中，输入 IP 地址能够访问某一网站，而输入域名就无法访问。这种情况下，首先检查是否设置了 DNS 地址，如果 DNS 地址设置没有问题，则大多是网站的域名服务器出现了问题。

7.6.2　服务器故障及其解决方法

一般情况下，用户可以访问正常的服务器，但是不能访问有故障的服务器。由于服务器上连接的用户比较多，而且运行更多的服务或进程，所以服务器除了与用户端的客户机有同样的故障外，还可能会出现更多的故障或更复杂的故障。一旦服务器出现故障，就要根据服务器的操作记录、所出现的问题种类以及服务器上的错误信息日志等，综合判断及时找到原因。

1．服务器常见的故障及其排除方法

服务器常见的故障及排除方法如下：

（1）服务器中的某项服务被停止。由于用户过多，内存占用过大等原因，服务器上的服务被停止,这时可以在服务器上检查出该项服务是否被停止,若被停止,则重新启动该项服务即可。

（2）流量问题。由于服务器需要为大量的用户提供大量的服务，由于流量过大或大量的错误帧的出现，都有可能产生拥塞现象甚至是广播风暴，导致服务器的性能下降甚至死机。通常，如果利用率过高（平均值大于 40%，瞬时峰值高于 60%），则网络负荷就过重了。如果利用率很高，其持续峰值超过 60%，而平均碰撞小于 10%，那么网络就饱和了。这种情况可以利用网络分析仪等工具对服务器网卡的流量和数据帧进行检测，同时可以分析异常流量来自何处，以便采取相应的措施。

（3）系统资源不足。服务器上提供的服务越多，服务器对设置和硬件要求也就越高。若服务器的软、硬件系统资源不能满足要求，或由于计算机蠕虫等病毒抢占计算机资源，也可能会造成计算机性能下降或网络故障。如果是前者原因，其解决的方法是提升软、硬件设备的能力，或对系统资源重新设置。例如，对服务器的内存加大、加大缓冲内存和删除不必要的临时文件，这在一定程度上可以缓解或解决系统对内存的要求。若是后者，查杀病毒并重新启动服务器即可。但要以防止病毒的入侵为主，安装防止病毒的软件等措施。

（4）服务器软件故障。服务器软件故障是在服务器故障中占有比例最高的部分，约占 70%。导致服务器出现软件故障的原因有很多，最常见的是服务器 BIOS 版本太低、服务器的管理软件或服务器的驱动程序有 BUG、应用程序有冲突及人为造成的软件故障。服务器软件设置不当也会可能造成网络故障。例如，每一个网络服务都要有相应的服务端口，如果其端口被其他的软件占用，则该服务就不能正常运行。这种情况，一般可以通过改变端口的设置来解决。另外，客户机的浏览器本身有故障或配置不正确会导致连接不到服务器，这种情况可以通过重新安装浏览器来解决。

（5）管理方面的问题。服务器由于管理不善造成一些问题，如用户的账户和安全设置方面的潜在问题，服务权限没有给用户、配置不当或限制某些服务等问题，这些问题需要重新配置即可。

2．服务器故障排除的基本原则

服务器出现故障时，若尚未备份数据，应该先把服务器的数据备份出来，然后再进行检查及排除故障。

在没有找到服务器的确切原因时，要及时做好记录，包括故障的现象、可能的原因以及所采取的措施等情况要详细地进行记录。服务器故障排除的基本原则如下：

（1）尽量恢复系统默认配置，包括硬件资源和软件资源等。

（2）从基本到复杂。首先将存在故障的服务器独立运行，待测试正常后再接入网络运行，观察故障现象变化并处理；然后，从可以运行的硬件开始逐步到现实系统为止；最后，从基本操作系统开始逐步到现实系统为止。

（3）交换对比。首先在最大可能相同的条件下，交换操作简单效果明显的部件；其次是交换 NOS 载体，即交换软件环境；再者是交换硬件，即交换硬件环境；最后是交换整机，即交换整体环境。

在服务器故障排除时，需要收集如下一些信息：

- 服务器信息：机器型号(P/N:)、机器序列号(S/N:)、Bios 版本、是否增加其他设备（如网卡、SCSI 卡、内存、CPU 等）、硬盘如何配置（如是否做阵列、阵列级别）和安装什么操作系统及版本。
- 故障信息：在 POST（加电自检）时,屏幕显示的异常信息、服务器本身指示灯的状态和报警声，以及操作系统的事件记录文件等信息。

以 HP LH6000 服务器来说，有红、黄、绿 3 种指示灯，绿灯常亮表示服务器正常；绿灯亮而黄灯闪烁表示服务器有故障，但不是致命的；如果红、黄、绿三灯闪烁就表示服务器有致命故障，服务器停止运行。指示灯只能提示比较笼统的故障。

- 确定故障类型和故障现象：开机无显示；上电自检阶段故障；安装阶段故障和现象；操作系统加载失败和系统运行阶段故障。

★7.6.3　路由器接口故障及其解决方法

路由器是计算机网络中十分重要的网络设备之一。通过对路由器故障的分析，可以加深对计算机网络及其设备的了解，而且有助于其他网络设备的诊断分析和排除。

一般 Cisco 路由器的 rom、flash、credict card(slot)内部都存有一份操作系统（即 ISO），ISO 操作系统软件提供了一组功能丰富的命令，可以用来进行故障诊断与排除以及性能检测。这类命令大致分为两类：show 命令和 debug 命令。通过一系列的 show 命令，可以监控路由器的运行和排除某些故障。表 7-2 所示为 Cisco 路由器的 show 命令及其功能。

表 7-2　show 命令及其功能

命　　令	功　　能
Show process CPU (memory)	显示有关活动进程和内存的使用信息
Show protocols	显示路由器运行的协议信息以及路由协议的每个接口的地址信息
Show version	显示系统的软件版本、硬件配置、配置文件的名称和来源、启动映像信息以及最近一次路由器由于临时重启而完全崩溃的相应错误信息
Show running-config	显示活动的配置文件（在 RAM 中）
Show startup-config	显示备份的配置文件（在 NVRAM 中）
Show mem	显示路由器内存的统计信息，包括空闲内存的统计信息
Show ip route	显示路由表摘要信息

续表

命　　　　　令	功　　　　　能
Show stack	显示进程和终端全程使用的堆栈，提供路由器临时重启的原因。堆栈记录需要由 Cisco TAC(Cisco 技术助理中心)工程师解码
Show buffers	显示有关路由器的缓冲空间的统计信息
Show flash	显示与内存有关的信息
Show interface	显示路由器上进行配置的所有端口信息

1. 路由器的硬件故障

路由器的硬件故障主要集中在接口控制器、RAM 模块、路由处理器以及路由器风扇等方面。路由器的硬件故障通常要注意考虑以下子系统：

（1）电源和冷却系统的故障：

- 当接通电源时，电源指示灯发亮，检查风扇是否正常工作。
- 若电源在启动后很快死机，则可能是环境过热引起的。路由器的工作环境温度应在 0℃～40℃之间。如果路由器的负载过高，表现为路由器 CPU 温度太高、CPU 利用率太高以及剩余内存太少等原因所致。这些情况都会影响网络的质量。如果风扇能正常工作，最好更换路由器。
- 若路由器无法启动，但电源指示灯发亮，检查电源是否正常。
- 若路由器连续地或间歇地自动重启，可能是处理器或软件的故障，也可能是某条 DRAM 的安装不正确。

（2）端口、电缆及连接的故障：

- 若路由器无法确认某端口，检查电缆连接得是否正确。
- 当接通电源时，检查电源指示灯是否发亮。若不亮，检查电源及电源线。
- 若启动了系统，但屏幕没有反应，检查终端设置是否正确。

（3）通过检查 LED 指示灯发现故障。指示灯显示路由器的目前的工作状态。通过观察指示灯，可以发现某些路由器的故障。下面以 Cisco 2600 系列路由器为例来说明。

- POWER 指示灯：显示路由器的工作状态。POWER 指示灯亮则表示路由器已经接通电源，可以开始工作。
- 冗余电源 RPS（Redundant Power System）指示灯：RPS 指示灯熄灭说明没有连接冗余电源；RPS 指示灯亮说明已经连接冗余电源，并可以工作；RPS 指示灯闪动，说明连接了冗余电源，但有错误。
- ACTIVITY 指示灯：ACTIVITY 指示灯熄灭说明 Cisco IOS 操作系统已经运行，但没有网络活动；ACTIVITY 指示灯闪动，500 ms 亮，500 ms 灭，说明没有错误；若指示灯闪动，500 ms 亮，500 ms 灭，亮与灭之间间隔 2s，说明有错误出现；若指示灯闪动少于 500 ms，说明操作系统软件已经运行，闪动的速率表明网络活动的水平。
- LINK 指示灯：发亮时表明与线路另一端的集线器或交换机的连接已经建立。
- ACT 指示灯：在 Ethernet 端口上正在传送或接收数据包。
- FDX 指示灯：发亮时表示端口在全双工状态下，熄灭是在半双工状态下。
- Mb/s 指示灯：发亮时表示端口速度为 100 Mbit/s，熄灭时端口的速度为 10 Mbit/s。

（4）判断线路是否中断：

- DDN 线路：查看 DTU 的指示灯，DTU 上共有 4 种指示灯：Power、Line、DTR 和 Resdy 指示灯。Power 指示灯在 DTU 是上电后应保持长亮，而 Line 和 Ready 指示灯表示了该 DTU 与 DDN 结点设备连接的情况，正常情况下这两个指示灯也应该长亮。DTR 指示灯表示 DTU 与 DTE（路由器）的连接情况，当路由器上电后，若串口状态正常，则 DTU 上的 DTR 指示灯应保持长亮（当线路不通时，偶尔闪一下）。
- 模拟线路：查看 Modem 上的指示灯，一般对于同步专线来说 CD、TD、RD 应保持长亮，当有数据在广域网线路上传输时，TD 和 RD 指示灯将不停地闪烁。

2．端口故障及排除

路由器端口包括串口、以太口、异步通信端口等。端口故障往往是由于网络设备的配置问题而导致的逻辑故障。下面就对 3 种端口的故障进行判断及排除。

（1）串口故障的诊断与排除。对于串口故障的诊断，一般是用 show interface serial number 串口诊断命令来查看串口链路的状态，通过对这些屏幕显示内容的分析，可以找出串口问题之所在。show interface serial number 命令输出的 5 种状态（即 5 种串口和线路协议的可能组合），如表 7-3 所示。

表 7-3　show interface serial number 命令输出的 5 种状态

串口及线路协议状态	故 障 原 因	解 决 方 案
串口运行、线路协议运行，即： Serial x is up, line protocol is up		正常状态，表明该串口和线路协议已经初始化，并正在交换协议的存活信息
串口线路协议都关闭，即： Serial x is down, line protocol is down	路由器未检测到载波信号 传输线路不通 路由器的连接线未连接，或未正确连接 路由器硬件故障	检测传输线路 检查是否使用正确的电缆与端口 改变路由器的其他端口，以确认是否是路由器硬件故障
串口和线路协议管理性关闭，即： Serial x is administratively down, line protocol is down	路由器端口配置中存在 shutdown 命令 冲突的 IP 地址	检查路由器配置是否存在 shutdown 命令 使用 no shutdown 端口命令去掉 shutdown 命令 使用 show running-config 命令检查是否存在冲突的 IP 地址 若存在冲突的 IP 地址，则改变 IP 地址
串口运行,线路协议关闭，即： Serial x is up, line protocol is down	本地或远程路由器配置错误 远程路由器未配置 keepalives 参数 传输线路错误： problem-noisy line or misconfigured or failed switch 本地或远程的 CSU/DSU 或调制解调器故障 路由器硬件故障	先设置端口本地自环，再用 show interface serial command 命令观察线路协议是否为 up 状态，若为 up 状态则表明故障原因在于传输线路或远程路由器配置错误 检查确认电缆是插在正确的端口、正确的 CSU/DSU 及正确的配线架端口上 若认为路由器硬件故障，更换端口进行测试

5 种状态简要描述如下：

- 串口运行、线路协议运行，这是正常的工作条件。该串口和线路协议已经初始化，并正在交换协议的存活信息。

- 串口和线路协议都关闭，可能是电信部门的线路故障、电缆故障或者是调制解调器故障。
- 串口和线路协议管理性关闭，这种情况是在接口配置中输入了 shutdown 命令。通过输入 no shutdown 命令，打开管理性关闭。
- 串口运行、线路协议关闭，这个显示说明路由器与提供载波检测信号的设备连接，表明载波信号出现在本地和远程的调制解调器之间，但没有正确交换连接两端的协议存活信息。可能的故障发生在路由器配置问题、调制解调器操作问题、租用线路干扰或远程路由器故障或数字式调制解调器的时钟问题，通过链路连接的两个串口不在同一子网上等情况，都会出现这个报告。
- 串口运行、线路协议运行，但处于自环状态。线路中存在自环设置分为硬件自环和软件自环。

接口和线路协议都运行的状况下，虽然串口链路的基本通信建立起来了，但仍然可能由于信息包丢失和信息包错误会出现许多潜在的故障问题。正常通信时接口输入或输出信息包不应该丢失，或者丢失的量非常小，而且不会增加。如果信息包丢失有规律性地增加，表明通过该接口传输的通信量超过接口所能处理的通信量。解决的办法是增加线路容量。查找其他原因发生的信息包丢失，查看 show interface serial 命令的输出报告中的输入/输出保持队列的状态。当发现保持队列中信息包数量达到了信息的最大允许值时，可以增加保持队列设置的大小。

【例 7-20】show interface serial number 命令显示的串口的状态。

```
Router>show int s0
1 Serial 0 is up ,line protocol is up
2 Hardware is HD64570
3  MTU 1500 bytes,BW 1544 kbit,DLY20000 usec rely 255/255,load 1/255
4  Encapsulation FRAME-RELAY,loopback not set,keepalive set (10 sec)
5  LMI enq sent 35,LMIstat recvd 0,DTE LMI up
6  LMI enq recvd 0,LMI stat sent 0,LMI upd sent 0
7  LMI DLCI 1023 LMI type is CISCO frame relay DTE
8  FR SVC disabled, LAPF state down
9  Broadcast queue 0/64,broadcasts sent/dropped 22/0,interface broadcasts
   22
10  Last input 09:00:07,output 09:00:07,output hang never
11 Last clearing of "show interface" counters never
12  Input queue:0/75/0(size/max/drops):Total output drops:0
13  Queueing strategy:weighted fair
14  Output queue:0/64/0(size/threshold/drops)
15    Conversations 0/1(active/max active)
16    Reserved conversations 0/0(allocated/max allocated)
17  5 minute input rate 0 bits/sec,0 packets/sec
18  5 minute output rate 0 bits/sec, 0 packets/sec
19    61 packets input,3001 bytes,0 no buffer
20    Received 0 broadcast ,0 runts,0 giants
21    0 input errors ,0 CRC,0frame,0 overrun,0 ignored,0 abort
22    20 packets output,2814 bytes,0 underruns
23    0 output errors,0 collisions,3 interface resets
24    0 output buffer failures,0 output buffers swapped out
```

```
25      4 carrier transitions
26      DCD=up DSR=up DTR=up RTS=up CTS=up
```

在该例中：

- 第 1 行中 Serial 0 is up 表明 OSI 模型的第一层成功启动，即串口运行。

line protocol is up 表明 OSI 模型中的第二层成功启动，即线路协议运行。

- 第 3 行中 MTU 指定最大传输单元，用户可以配置。BW、DLY、rely、load 分别表示带宽、延迟、可靠性和负载，这些参数与 IGRP/EIGRP 标准有关。带宽和延迟的配置可以影响到路由选择。在工作正常的接口中，可靠性的值为 255。除非在十分繁忙的条件下，否则负载通常不应超过 150/255。

- 第 4 行中 Encapsulation 指出串口的第二层封装协议，在该例中表明了封装帧中继协议，并表明串口没有设置 loopback 和 keepalive 参数，这两个参数用户可以重新再设置。其中，路由器两端需要配置相同的协议打包方式。例如，路由器 A 封装协议为 HDLC，而路由器 B 封装协议为 PPP，那么两台路由器的 line protocol 始终是 down 的，可以使用 Router#config t、Router(config)#interface serial 0 和 Router(config-if)# encapsulation ppp 来改变封装协议的方式。loopback 配置主要为测试之用。

- 第 5 行到第 8 行是帧中继的本地管理接口（LMI）的信息，以及帧中继临时虚电路（SVC）和 LAPF 协议状态。

- 第 9 行表示广播包状态。

- 第 10 行是显示从路由器串口输入到输出的时间为 7s，且输出从未被挂起。

- 第 11 行表示接口计数器没有被清零过。在评估接口的统计信息时，通常可以将计数器清零以便作进一步的监视。

- 第 13 行表示接口所采用的是加权公平队列规则。

- 第 15 行～第 16 行表示会话数和保留会话数。

- 第 17 行～第 18 行显示每 5s 通过路由器接口的平均信息量（以字节为单位），以及报文数。

- 第 19 行～第 21 行显示路由器串口接收数据及出现的错误信息。其中，runts 是指大小小于最小值的报文；giants 指大小超过线路可以承受的最大值的报文；input errors 指到达报文中检测到的错误，也可能表明网段本身发生了错误；CRC 指由于报文传输过程中出现差错的以太网校验码和检测到的循环冗余校验的错误码，它可能由于网段的噪声引起，或者由于网卡故障、报文冲突引发。CRC 的频率应是每 100 000 个输入报文中发生一次；frame 指接收到的帧的类型与路由器帧中继的帧类型不匹配；abort 指在冲突检测中过度地重传而导致的问题。

- 第 22 行～第 24 行显示路由器串口输出数据及出现的错误信息。其中，collisions 表示冲突，以字节数为单位。

- 第 26 行表示串口信号 DCD（数据载波检测）、DSR（数据设置就绪）、DTR（数据终端就绪）、RTS（请求发送）和 CTS（清楚发送）等信号有效。

（2）以太接口故障诊断与排除。以太接口的典型故障是：带宽的过分利用；碰撞冲突次数频繁；使用不兼容的帧类型。使用 show interface ethernet 命令显示以太接口的状态，包括该接口的吞吐量、碰撞冲突、信息包丢失和帧类型等有关内容。通过对这些内容的分析，可以找出以太网端口故障的所在地。

- 通过查看接口的吞吐量可以检测网络的利用。若网络广播信息包的百分比很高，则网络性能开始下降。光纤网转换到以太网段的信息包可能会淹没以太接口。互联网发生这种情况时可以采用优化接口的措施，即在以太接口使用 no ip route-cache 命令，禁用快速转换，并且调整缓冲区和保持队列。
- 两个接口试图同时传输信息包到以太电缆上时，将发生碰撞。以太网要求冲突次数很少，不同的网络要求是不同的，一般情况发现冲突每秒有 3 ~ 5 次就应该查找冲突的原因。碰撞冲突过多就会出现拥塞现象，其原因通常是由于网络拓扑结构的问题（如某一网段的线路上负载过重），或网络布线不符合标准要求（如敷设的电缆过长等）等。以太网络在物理设计和敷设电缆系统管理方面应有所考虑，超规范敷设电缆可能引起更多的冲突发生。
- 接口和线路协议报告运行状态，并且结点的物理连接都完好，但是不能通信。引起问题的原因也可能是两个结点使用了不兼容的帧类型。解决问题的方法是重新配置使用相同的帧类型。如果要求使用不同的帧类型的同一网络的两个设备互相通信，可以在路由器接口使用子接口，并为每个子接口指定不同的封装类型。

若以太网端口 0，输入 show interface Ethernet 0 命令后，输出 4 种状态，如表 7-4 所示。

表 7-4　show interface Ethernet 0 命令输出的 4 种状态

串口及线路协议状态	故 障 原 因	解 决 方 案
Ethernet 0 is up ,Line protocol is up	正常	不需处理
Ethernet 0 is up ,Line protocol is down	连接故障，路由器未接到 LAN 上	检查连接
Ethernet 0 is down ,Line protocol is down（disable）	接口故障	检查接口
Ethernet 0 is administratively down,Line protocol is down	接口被人为地关闭	可在 interface_mode 配置状态中去掉 shutdown 命令

若怀疑端口有物理故障，可用 show version 命令显示正常的端口，有物理故障的端口将不会显示出来。

（3）异步通信端口故障检测与排除。路由器异步通信端口总是连接调制解调器。其任务是为用户提供可靠服务，但又是故障多发部位。主要的问题是，在通过异步链路传输基于 LAN 通信时，将丢失的信息包的数量降至最少。

异步通信端口故障一般的外部因素如下：

- 拨号链路性能低劣。
- 电话网交换机的连接质量问题。
- 调制解调器的设置。
- 检查链路两端使用的调制解调器：连接到远程客户机端口的调制解调器的问题不太多，因为每次生成新的拨号时通常都初始化调制解调器，利用大多数通信程序都能在发出拨号命令之前发送适当的设置字符串。
- 连接路由器端口的问题较多，这个调制解调器通常等待来自远程调制解调器的连接，连接之前，并不接收设置字符串。如果调制解调器丢失了它的设置，应采用一种方法来初始化远程调制解调器。可以将调制解调器接到路由器的异步接口，建立反向 Telnet,发送设置命令配置调制解调器。路由器异步通信端口故障用 show interface async 命令和 show line 命令来诊断。

show interface async 命令显示路由器异步端口的信息。接口状态报告关闭的唯一的情况是接口没有设置封装类型。线路协议状态显示与串口线路协议显示相同。

show line 命令显示接口接收和传输速度设置以及 EIA 状态显示。show line 命令可以认为是接口命令 show interface async 的扩展。

show line 命令显示的是 EIA 信号及网络状态：

- noCTS noDSR DTR RTS：调制解调器未与异步接口连接。
- CTS noDSR DTR RTS：调制解调器与异步接口连接正常，但未连接远程调制解调器。
- CTS DSR DTR RTS：远程调制解调器拨号进入并建立连接。

确定异步通信口故障一般可用下列步骤：

- 检查电缆线路质量；
- 检查调制解调器的参数设置；
- 检查调制解调器的连接速度；
- 检查 rxspeed 和 txspeed 是否与调制解调器的配置匹配；
- 通过 show interface async 命令和 showline 命令查看端口的通信状况；
- 从 show line 命令的报告中检查 EIA 状态显示；
- 检查接口封装；
- 检查信息包丢失及缓冲区丢失情况。

3．路由协议检测及解决

某些路由器路由设置不正确。可以使用 traceroute 命令查看路由走向，当发现需要检测时，用 show ip route 命令查看路由表，其路由表中是否存在所需要的路由。若不存在所需要的路由，可以用 ip route 等命令来添加路由。

4．debug 命令

除了 show 命令能非实时地显示路由器状态外，Cisco 路由器还提供了能够实时地显示路由器的工作状况的命令——debug 命令。默认状态下，debug 信息只能在与 console 端口连接的终端上显示。如果想在远程 Telnet 方式下查看 debug 信息，则在超级权限模式下进行设置。使用 debug 命令占用系统资源，引起一些不可预测的现象，终止使用 debug 命令可以使用 no debug all 命令。

小　结

本章介绍了网络故障的诊断与网络维护的有关知识和内容。

首先介绍了网络诊断的目的、产生网络故障的原因、故障定位的方法、一般故障排除的步骤、网络故障的分类及其分层和分段诊断。最后，介绍了网络诊断的工具和网络常见的故障及其解决方法。

分层检查的方法就是把故障分别定位到物理层、数据链路层、网络层、传输层和应用层中的某一层次中。分段诊断就是把网络故障定位在某一网段的设备上。

网络诊断工具分为软件工具和硬件工具两大类。

网络诊断的软件工具常用的命令是 ping、tracert、netstat、winipcfg、ipconfig、route 和 arp 命令。介绍了这些命令的格式、主要功能和使用方法。

网络硬件工具有很多，本章主要介绍了常用的万用表、电缆测试仪、网络测试仪、协议分析仪和网络万用表。

本章重点是掌握故障排除过程、找出故障的原因，并能够运用网络诊断工具排除故障。

习　题

一、选择题

1. 网络交换机级联电缆发生了错误属于（　　）故障。
   A. 物理层　　　　B. 数据链路层　　　C. 网络层　　　D. 应用层
2. 将两个子网重新断开作为两个独立的子网进行测试属于（　　）检查。
   A. 分层　　　　　B. 分段　　　　　　C. 整体　　　　D. 其他
3. ping 命令的（　　）参数表示不停地向目标主机发送数据，直到同时按下【Ctrl】键和【C】键为止。
   A. t　　　　　　B. a　　　　　　　C. n　　　　　D. 无参数
4. 若向目标主机发送超过 32 个字节的数据包以检测数据的丢包情况和线路的传输状况，可以使用（　　）命令。
   A. winipcfg　　　B. tracert　　　　C. netstat　　　D. ping
5. netstat 命令的（　　）参数表示显示所有连接和侦听的端口。
   A. r　　　　　　B. s　　　　　　　C. n　　　　　D. a
6. ping 命令失败了，这时可注意 ping 命令显示的出错信息，这种错误信息通常是（　　）。
   A. unknown host　　　　　　B. network unreachable
   C. no answer　　　　　　　 D. 以上都正确
7. 不属于物理层的网络诊断工具有（　　）。
   A. 电缆测试仪　　B. 万用表　　　　C. 协议分析仪　D. 光缆测试仪
8. arp 命令的（　　）参数用于删除 IP 地址。
   A. a　　　　　　B. s　　　　　　　C. d　　　　　D. f
9. 在浏览器的地址栏中输入 IP 地址可以访问网站，而输入域名则不能访问网站，这种可能是（　　）。
   A. 子网掩码设置不正确　　　　B. IP 地址设置错误
   C. 网关设置错误　　　　　　　D. DNS 设置不正确
10. IP 地址发生了冲突,可以使用（　　）命令来查找非法使用 IP 地址的主机。
    A. netstat　　　B. winipcfg　　　C. tracert　　　D. nbtstat

二、简答题

1. 排除一般网络故障包括哪些步骤？
2. 按照网络故障的性质可以将网络故障分为哪几类？

3. 按照网络故障的对象可以将网络故障分为哪几类？

4. 如何诊断网卡发生了故障？

5. 网卡发生故障的原因有哪些？

6. 常用的网络故障的软件诊断工具有哪些常用的命令？

7. 常用的网络故障的硬件诊断工具有哪些？

8. 如何查找 IP 地址冲突的主机？

9. 服务器故障排除的基本原则有哪些？

10. 分析服务器可能出现故障的原因。

11. 分析集线器和交换机可能出现故障的原因。

12. 分析工作站客户机出现故障的可能原因。

附录 A 习题参考答案

第 1 章

简答题
参考答案略。

第 2 章

一、选择题
1. B   2. A   3. B
二、简答题
参考答案略。

第 3 章

一、选择题
1. A、F   2. A   3. C   4. A
二、简答题
参考答案略。

第 4 章

一、选择题
1. C   2. C   3. C   4. B   5. B   6. B   7. C   8. D   9. B   10. D
二、简答题
参考答案略。

第 5 章

一、选择题
1. C   2. D   3. C   4. A   5. A
二、简答题
参考答案略。

第 6 章

一、选择题
1. B   2. C   3. D   4. B
二、简答题
参考答案略。

第 7 章

一、选择题
1. A   2. B   3. A   4. D   5. D   6. D   7. C   8. C   9. D   10. D
二、简答题
参考答案略。

参 考 文 献

[1] 王伟. Windows Server 2003 维护与管理技能教程[M]. 北京:北京大学出版社，2009.

[2] 李金虎,等. Windows Server 2003 管理与应用项目教程[M]. 北京：中国电力出版社，2009.

[3] 王达. Cisco/H3C 交换机配置与管理完全手册[M]. 北京：中国水利水电出版社，2009.

[4] 胡谷雨. 网络管理技术教程[M]. 北京：希望出版社，2002.

[5] 刘晓辉. 网络管理标准教程[M]. 北京：人民邮电出版社，2002.

[6] 方耿，刘铭，王少峰，等. 网络管理员培训教程[M]. 北京：冶金出版社，2003.

[7] 骆耀祖，刘永初，李强. Cisco 路由器实用技术教程[M]. 北京：电子工业出版社，2002.

[8] [美]LEWIS C. CISCO TCPIIP 路由管理[M]. 潇湘工作室，译. 北京：机械工业出版社，1999.

[9] 曾明，李建军. 网络工程与网络管理[M]. 北京：电子工业出版社，2003.

[10] 高虹. 网络管理技术教程[M]. 北京：国防工业出版社，2002.

[11] 孟洛明. 现代网络管理技术教程（修订版）[M]. 北京：北京邮电大学出版社，2001.

[12] 徐武，王贵柱，等. 计算机网络工程与实训教程[M]. 北京：电子工业出版社，2008.